中共海南省委党校（省行政学院、省社会主义学院）资助出版

中国—东盟国家
区域海洋合作机制构建研究

余珍艳 ◎ 著

国文出版社
·北京·

图书在版编目（CIP）数据

中国—东盟国家区域海洋合作机制构建研究 ／ 余珍
艳著 ． —— 北京 ：国文出版社，2024． —— ISBN 978-7
-5125-1782-0

I.P74

中国国家版本馆 CIP 数据核字第 2024GH5782 号

中国—东盟国家区域海洋合作机制构建研究

作　　者	余珍艳
责任编辑	马燕冰
责任校对	于慧晶
出版发行	国文出版社
经　　销	全国新华书店
印　　刷	文畅阁印刷有限公司
开　　本	710 毫米×1000 毫米　　　16 开
	17.5 印张　　　239 千字
版　　次	2025 年 2 月第 1 版
	2025 年 2 月第 1 次印刷
书　　号	ISBN 978-7-5125-1782-0
定　　价	78.00 元

国文出版社

北京市朝阳区东土城路乙 9 号　　　　邮编：100013

总编室：（010）64270995　　　传真：（010）64270995

销售热线：（010）64271187

传真：（010）64271187-800

E-mail：icpc@95777.sina.net

前言

自 20 世纪 90 年代以来，中国与东盟国家以 "南中国海" 为纽带，围绕南海相关问题领域开展合作，构建了一系列双边和多边合作机制。但这些合作机制整体制度化水平较低，仍停留在非正式机制层面，所能发挥的效用十分有限。中国与东盟国家南海区域合作机制的构建现状，显然与南海地区局势对更高层次合作机制的需求不符，也与其他半闭海较高程度的海洋合作模式不相称。为什么中国与东盟国家的南海区域合作机制经过 30 年的发展，依然制度化水平比较低？为什么正式的南海区域合作机制难以创设？同时，为什么作为南海争端方之一和地区性负责任大国的中国，其在中国—东盟国家南海区域合作机制构建中所发挥的作用与其自身力量对比也并不相称？为解答这一系列问题，本书以国际机制理论为基础，在对新现实主义、新自由制度主义和建构主义这三大国际关系理论流派关于国际机制创设的解释模式进行相对全面梳理和分析的基础上，构建出对于影响国际机制创设主要变量的分析框架，并以此展开对影响中国—东盟国家南海区域合作机制构建相关变量的深入探讨。同时，在此基础上对其推进路径做出了理性思考。该研究有助于我们对中国—东盟国家南海区域合作机制的发展前景做出研判，具有一定的理论价值和现实意义。

具体而言，本书主体部分主要分为 4 章。第一章是本书的理论基础及对理论分析框架的构建：首先，对国际机制的概念进行了明确辨析，并以此为基础探讨了国际机制的分类、有效性和局限性；随后重点对新现实主义、新自由制度主义和建构主义这三大理论流派关于国际机制创设的解释模式进行相对全面的梳理和分析。其次，在选择性接受前人研究成果精华和对其进行批判的基础上，构建出本人对于影响国际机制创设主要变量的分析框架，即影响国际机制创设的主要变量为扮演"领导者"角色的国家或国家集团、共同利益和集体认同等促进变量，以及包含国内政治和外部结构性压力在内的两个干扰变量。第二章从历史的角度详述了中国与东盟国家所构建的双边、多边协商机制的发展脉络，并对其有效性与局限性进行了综合分析。第三章以上文搭建的关于影响国际机制创设的主要变量的分析框架为基础，对影响中国—东盟国家南海区域合作机制建立的变量进行分析。从是否存在扮演"领导者"角色的国家或国家集团来看，南海地区在机制建设上"领导者"缺位，能在结构型、企业家型和智慧型3个方面发挥领导者角色的内部领导力量尚未出现。从共同利益上看，当前南海周边国家在维护南海地区和平稳定、以和平方式处理南海问题并以规则治理南海，以及在诸多低敏感问题领域的确存在着足以构建相关合作机制的共同利益。但一方面，南海问题的高度敏感性使得这些共同利益易被政治问题所捆绑；另一方面，在一些具体问题上相关国家的国家利益存在巨大差异和国家实力的悬殊，在很大程度上影响了参与机制创设的南海诸国对成本—收益的考量，使得更高层次的合作机制难以建立。从集体认同上看，依照影响"集体身份"建立的相互依存、共同命运、同质性和自我约束4个主变量对南海地区国家进行分析，可以发现：南海地区仍不具备形成"集体身份"的条件，南海地区认同的建立依然道阻且长。从干扰变量方面来看，在国内政治上，随着领导层更迭而带来的相关南海政策变化，会对能否成功创设及创设正式或非正式的南海区域合作机制产生正向或反向的影响；在外部结构性压力上，外来霸权的干涉与大国对抗对南海区域合作机制的构建上将产生反向和消极的影响。总的来说，在中国—东盟国家南海区域合作机制的构建中，扮演"领导者"角色的国家或国家集团的缺位使建立合作机制的推动力不足；共同利益易被捆绑影响了相关国家在机制建设中主要动力和根本性鼓励作用的发挥；地区认同的缺乏和难以建立，使机制建设缺少黏合利益分歧及协调利益政策预期的助推力；作为干扰变量的国内政治所发挥的影响有时是正向的，有时是反向的，而以美国为首的域外国家的介入整体影响力有限。第四章对在诸多变量影响下中国—东盟国家南海区域合作机制应如何推进做出了理性思考，并探讨了中国的应对之策：首先，对南海区域合作机制构建中存在的法律、实践、理念和现实 4 个方面进行了探讨；其次，从"领导者"、共同利益和地区认同 3 个主要影响变量层面及机制构建层面，探讨如何破解中国—东盟国家南海区域合作机制构建的困境和推进其发展的现实之路；最后，针对在南海区域合作机制的构建中中国所发挥的作用与其自身力量对比不对称，提出了中国的应对之策。

目 录

第四章 中国—东盟国家南海区域合作机制推进的思考与中国的应对之策

绪论

一、选题缘起与研究意义

（一）选题缘起

南海是太平洋上最具地缘战略意义的地区之一。它不仅拥有全球性的重要贸易航道，还覆盖着大片渔场，蕴藏着丰富的石油和天然气资源。自 20 世纪 70 年代中期以来，越南、菲律宾、马来西亚、文莱和印度尼西亚（以下简称印尼）等国家开始对南沙群岛主权及相关海域管辖权提出争议，并侵占我岛礁，南海问题由此形成；而自 20 世纪 90 年代初冷战结束以来，美国、日本、印度、澳大利亚等域外国家开始将注意力集中在东南亚地区，加强与东盟一些成员国的政治、经济和军事关系，并越来越多地介入南海争端，在一定程度上加剧了南海局势的复杂性和国际化程度。

根据 1982 年《联合国海洋法公约》（以下简称《公约》），中国与其他南海声索国都同意通过友好协商谈判来解决南海争议，并在争议地区保持克制，探索合作途径。为缓解南海领土争端的紧张局势，维护南海地区和平与稳定，推进区域海洋合作，自 20 世纪 90 年代以来，中国与东盟国家建立了一系列双边和多边合作机制。但现有南海合作机制制度化水平较低，仍停留在非正式机制层面。虽然非正式南海合作机制在降低冲突发生的可能性、提供信息沟通渠道进而避免行为误判等方面的确起到了不容忽视的作用，但受限于其制度化水平，现有南海合作机制不仅无助于解决资源分配和岛礁的主权归属问题，无法有效约束相关国家的侵占行为，甚至无法通过建立信任措施促进实质性合作。这一态势与全球范围内其他一些海域合作机制建设的蓬勃发展是不相称的，与南海地区国家之间蓬勃发展的经贸和人文联系也是不相称的。那么究竟是什么原因导致南海区域合作机制没能向更高层次发展呢？为什么正式的南海区域合作机制难以创设？对于这一问题，学界已经提出了很多建设性的观点。例如，南海争端问题、法律博弈的复杂性、域外国家的介入、地区内国家的南海政策及在南海争端上的互动等问题。但鲜有学者从国际机制理论研究层面，全面系统地探讨中国—东盟国家南海区域合作机制的构建现状及存在的问题，尤其是集中阐述影响南海区域合作机制向更高层次方向迈进的主要变量问题，因而对这一问题的探讨变得十分迫切和有意义。

（二）研究意义

1. 理论意义

从 1975 年国际机制概念被提出至今，国际机制理论大体经过了初创、发展和深化 3 个阶段。可以说，国际机制宏观理论已经得到了较为全面和深入的发展。作为具有较强解释力和可操作性的理论，国际机制理论具有极大的应用价值。但传统的国际机制理论，即西方国际机制理论，往往集中于对有约束力的正式机制的探究，且由于其主要是在美国及欧洲一些国家的学术界推动下发展起来的，不可避免地带有美欧属性。再加上其中的理性主义机制理论是为维护现存的霸权结构服务的，利益倾向具有偏狭性，因而其在西方不发达国家或非西方国家所寻求加入或构建国际机制等问题的分析上解释力明显欠缺。本书并不是一篇关于理论研究的论文，旨在对西方国际机制理论三大理论流派进行阐释和批判性吸收的基础上，构建适用于非西方国家的区域合作机制创设问题的分析框架，并将其应用于对中国—东盟国家南海区域合作机制的分析中，可谓是一种理论与实践的结合。对南海区域合作机制的现状，尤其是影响南海区域合作机制往更高层次方向发展的影响因素的分析，不仅能够检视本人所搭建的分析框架的可行性与价值，为我们研究南海区域合作机制创设问题提供一个不同的理论视角，也有助于弥补国际机制理论在此方面研究的不足，进而完善国际机制理论的研究框架。

2. 现实意义

南海争端作为地区问题，由于具有深远的地缘政治、经济及环境影响，已经成为亚太地缘战略博弈的新焦点，甚至可能会演变为一个世界问题。南海问题涉及 6 国 7 方，由一个不受关注的岛礁领土主权争议问题，逐步发展成为利益相关国的博弈之地。针对南海问题，各相关方拥有各自的南海政策，而为解决南海问题，相关各方也都提出了各自的解决方案。但不论是菲律宾的"北海模式"、越南的"U 形方案"，还是印尼的"环形方案"，它们都严重损害了中国在南海法理上和事实上的领土主权。为管控南海地区的冲突和分歧，维护南海地区的和平与稳定，中国与东盟国家构建了一系列双边和多边合作机制，在一定程度上促进了对各方分歧和冲突的管控，也有助于推动中国与东盟国家间的区域海洋合作，尤其是《南海各方行为宣言》（以下简称《宣言》）的签署，可谓是南海问题解决方式步入机制建设轨道的里程碑。但由于其自身固有的缺陷和不足，使各相关方对当前正在进行的第二轮"南海行为准则"磋商寄予厚望，意欲构建一份具有约束力的南海区域合作机制。尽管南海的基本主权问题并不会在这种多边机制下得到解决，但其对构建南海地区秩序的重要性不容忽视。因此，从国际机制创设的角度审视，探讨中国—东盟国家南海区域合作机制的现状、有效性与局限性，尤其是深入分析影响其创设的主要变量，不失为研究南海区域合作机制构建的一个独特视角。这不仅有助于知悉当前南海区域合作机制建设所面临的困境，也可以使中国更加明确在南海区域合作机制创设中的立场和姿态，积极参与机制建设磋商进程，发挥中国作为负责任大国的应有作用，维护我国在南海的权益。

二、研究现状述评

本书的研究主题是中国—东盟国家南海区域合作机制的构建问题，所以文献回顾部分将主要围绕国际机制理论和南海区域合作机制的研究现状两个大的方面展开。关于国际机制理论和南海问题的研究文献可谓是卷帙浩繁，但本书将根据具体探讨的问题，缩小文献回顾的范围以突出本书研究的核心内容。具体来讲，关于国际机制理论发展的文献回顾部分，主要涉及从宏观层面回顾西方国际机制理论的发展历程，以及国内学者对国际机制的相关研究；关于南海区域合作机制的文献回顾部分，主要集中于国内外学者对南海区域合作机制构建现状的研究、南海问题解决方式的国际法路径探索，以及关于制约南海合作机制化建设的影响因素的研究等几个方面。

（一）关于国际机制理论发展的一般性研究

在 20 世纪 70 年代，国际局势发生巨大变化。受世界权力结构影响，西方国际关系理论领域以国家为中心的研究方向受到极大挑战，伴随着复合相互依赖理论的产生和国际机制理论兴起并不断发展。

1975 年，国际机制的概念由美国著名国际关系理论家恩斯特·哈斯与约翰·鲁杰首次正式提出。[①] 由此，学术界很快认可并接受了国际机制这一研究主题，进而催生了国际机制理论这一种新的国际关系理论。1977 年，罗伯特·基欧汉与约瑟夫·奈合著出版了《权力与相互依赖：转变中的世界政治》一书，率先以国际机制为分析视角初步探讨了国际问题，[②] 可谓国际机制研究的开山之作。此后，重点围绕着对国际机制的研究，新自由主义与新现实主义之间掀起了

[①] Ernst Hass,Is there a hole in the whole? Knowledge,Technology,Interdependence, and the Construction of International Regimes," *International Organization*,Vol.29,1975;John Ruggie.International Responses to Technology: Concepts and Trends," [J]. *International Organization*,Vol.29,1975.

[②] Robert O.Keohane and Joseph S.Nye,*Power and Interdependence:World Politics in Transition*,Boston:Little,Brown and Company,1977.

论战。

1983 年，斯蒂芬·克拉斯纳编纂出版《国际机制》一书，被公认为是国际机制研究步入系统化的开始。1984 年，新自由制度主义领军人物基欧汉出版《霸权之后：世界政治经济中的合作与纷争》一书。[①]基欧汉在该书中通过引入大量的微观经济学概念和分析工具来分析国际机制的产生及其重要作用，并详细阐释了霸权后合作的可能性与现实性，对国际机制问题做出了十分精彩的论述。1988 年 12 月，基欧汉发表《国际制度：两种方法》一文，承认在国际机制的研究中，建构主义理论与理性主义理论拥有平等的地位，[②]标志着新自由主义、新现实主义与建构主义三足鼎立局面的出现。基欧汉于 1989 年出版的《国际制度与国家权力》[③]论文集，集中体现了新自由主义和新现实主义在国际机制理论上的沟通融合。自此之后，对国际机制的研究开始既系统构建国际机制理论及实现其理论创新，也集中关注安全机制、人权机制、环保机制等各种专门领域机制的运行，研究的趋势开始突破结构主义的窠臼，从早期注重纯理论的分析开始转向更多的背景式实证研究。[④]本书的研究便属于实证研究，旨在探求在全球性国际机制尤其是地区性国际机制及双边机制蓬勃发展的背景下，缘何南海合作机制经过将近 30 年的发展制度化水平仍比较低。

伴随着新自由主义国际机制理论的不断发展，新现实主义学者对国际机制的研究也不断加深。罗伯特·吉尔平问世于 1981 年的著作《世界政治中的战争与变革》阐述了在国际制度规则的形成过程中，

---

① Robert O.Keohane, *After Hegemony:Cooperation and Discord in the World Political Economy*,Princeton:Princeton University Press,1984.

② Robert O.Keohane, "International Institutions:Two Approaches," *International Studies Quarterly*,Vol.32,No,4,1988.

③ Robert O.Keohane,*International Institutions and State Power:Essays in International Relations Theory*,Boulder:Westview Press,1989.

④ 苏长和：《全球公共问题与国际合作：一种制度的分析》，上海：上海人民出版社 2009 年。

权力和利益因素所发挥的基石性作用，①新现实主义国际机制理论的分析框架得以初步建立。1982 年，温和现实主义者克拉斯纳发表《结构性原因和机制的后果：机制作为干预变量》一文，②批评了强现实主义者认为国际机制只是强国手中的工具的极端说法，认为在一定国际政治权力结构的条件下，国际机制这一干预变量可以影响国家的合作和冲突行为。在出版于 1987 年的《国际关系政治经济学》一书中，吉尔平系统性地完善了霸权稳定论，即阐述了国际社会中一定国际机制的存在是完全受霸权国力量、意愿的支配的，③这标志着新现实主义国际机制理论渐趋成熟。冷战的结束促使国际关系理论呈现活跃的景象，也使新现实主义与新自由主义的争论进入白热化，这集中反映在 1995 年《国际安全》杂志开辟专刊，集中发表了新自由主义理论家对新现实主义理论家约翰·米尔斯海默于 1994 年发表于该杂志的《国际制度论的虚假前提》一文的回应，以及米尔斯海默针对这些回应做出"再回应"的相关文章。④而随着论战的深入，逐渐呈现出"新—新综合"之势。在克拉斯纳所写的另一篇关于国际机制的地位和作用的文章——《现实主义机制的限制：机制作为自由变量》中，通过对两个以权力为基础的现实主义模型的阐述，克拉斯纳得出：机制在被建立时是受国家权力的分配影响的，但由于机制中的基本原则和规范是长久存在的，因而机制有自己的生命力，在长期实施后会与权力国的关系相分离，即机制可以是自由变量。对于机制的这一地位，克拉斯纳还分别从机制的滞后和反馈作用两个方面进行了分析。在出版于 2001 年的《全球政治经济学：解读国

---

① Robert Gilpin,*War and Change in World Politics*,New York:Cambridge University Press,1981.

② Stephen D.Krasner, "Structural Causes and Regime Consequences: Regimes as Intervening Variables," *International Organization*,Vol.36,No.2,1982.

③ Robert Gilpin,*The Political Economy of International Relations*, Princeton:Princeton University Press,1987.

④ John Mearsheimer, "The False Promise of International Institutions," International Security,Winter,1994/95.

际经济秩序》一书中，吉尔平认为，国际政治经济体系的运作需要国际机制所提供的规则，并提出了霸权与大国政策协调及国际合作并存的观点，对国际机制给予了新的评价。[①]

在新自由主义与新现实主义围绕国际机制展开的论战下，国际机制研究的系统性大为增强，研究范围也大大扩展，尤其是对于具体国际机制的经验研究甚至已经扩展到国际生活的各个方面。而自20世纪80年代中后期以来，建构主义的兴起和加入促使国际机制研究的宏理论基础，无论是在本体论还是方法论上，都呈现多元化的趋势，推动了国际机制理论研究向纵深发展。自此，建构主义、新自由主义与新现实主义的争论构成了国际机制理论研究的基本内容。

实质上，早在1982年《国际组织》杂志发表的"国际机制"专辑中，鲁杰所作的《国际机制、社会相互作用与变革：战后经济秩序中的嵌入式自由主义》一文，便是从社会建构的角度初步探讨了国际机制。[②]弗里德里克·克拉托奇维于1989年出版的《规则、规范与决策》一书可谓早期建构主义国际机制理论的代表作，该书围绕规范研究，阐释了国际规范的主体间特性及其对国际机制的影响。[③]1992年，亚历山大·温特发表于《国际组织》杂志的《无政府状态是国家建构的：权力政治的社会建构》一文，[④]可谓主流建构主义的宣言式之作。20世纪80年代末90年代初，建构主义在对国际机制的研究中开始关注国际机制的表现形式，将多边主义研究置于对本体论的讨论之中，探讨多边条件下集体身份形成问题。自20世纪90年代以来，欧洲学界异军突起，成为以社会学视角研究国际机制的重要力

[①]　Robert Gilpin,*Global Political Economy:Understanding the International Economic Order*,Princeton:Princeton University Press,2001.

[②]　John G.Ruggie, "International Regimes,Transactions,and Change: Embedded Liberalism in the Postwar Economic Order," *International Organization*,Vol.36,No.2,1982.

[③]　Friedrich V.Kratochwil,*Rules,Norms,and Decisions:On the Conditions of Practical and Legal Reasoning in International Relations and Domestic Affairs*,New York:Cambridge University Press,1989.

[④]　Alexander Wendt, "Anarchy is What States Make of it:The Social Construction of Power Politics," *International Organization*,Vol.46,1992.

量，出版的一系列国际机制研究著作也产生了很大的影响。其中比较有代表性的如德国图宾根大学学者沃科尔·里特伯格等编著的《机制理论与国际关系》《国际机制理论》《东西方政治中的国际机制》等。[①] 此外，这一时期也开始出现记录三大理论流派争鸣的理论综述类文章，如 1992 年，彼得·哈斯为《国际组织》杂志编辑的"知识、权力与国际政策协调"专辑；[②] 奥兰·扬、列维等合著的《国际机制研究》。[③] 新自由主义国际机制理论的旗手基欧汉，为应对建构主义的挑战，不仅在 20 世纪 80 年代末就对其理论体系做出调整（上文已经提及，在 1988 年，基欧汉便发表著名演说承认建构主义在国际机制研究领域中的地位），还于 1993 年参与编纂《观念与外交政策：信念、制度与政治变迁》一书，[④] 揭示在外交决策中，观念因素与物质因素发挥着同等重要的作用，并系统地论证了观念因素是如何对外交决策产生影响。该书可谓是连接新自由主义与建构主义的桥梁，是两大理论流派相互借鉴的结晶，同时也标志着国际机制理论的进一步发展。

与此同时，对于国际机制研究的路径和模式，也有不少学者进行了总结和归纳。如克拉斯纳将国际机制研究模式分为 3 种：保守的结构主义模式、修正的结构主义模式和格劳修斯主义模式。[⑤] 斯蒂芬·哈格德和贝斯·西蒙斯将对国际机制理论研究所采用的研究途径归纳为 4 种：结构式途径、博弈论途径、功能主义途径和认知论

[①] Andreas Hasenclever, Peter Mayer, and Volker Rittberger, *Theories of International Regimes*, London: Cambridge University Press, 1977; Volker Rittberger ed., International Regimes in East-West Politics, London: Oxford: Clarendon Press, 1990.

[②] Peter Haas, "Knowledge, Power and International Policy Coordination," *International Organization*, Vol.46, 1992.

[③] Levy, Oran Young, "The Study of International Regimes," *European Journal of International Relation*, Vol.1, No.3, 1995.

[④] Judith Goldstein and Robert O.Keohane, eds., *Ideas and Foreign Policy: Beliefs, Institutions, and Political Change*, Ithaca: Cornell University Press, 1993.

[⑤] Stephen D. Krasner, "Structural Cause and Regime Consequences: Regimes as Intervening Variables," *International Organization*, Vol.36, 1982.

途径。[①]里特伯格根据不同学派机制理论选择的解释变量的差异将国际机制研究方法总结为3种：基于权力的研究方法、基于利益的研究方法和基于知识的研究方法，[②]该分类方法与三大传统西方国际关系理论的范式分析可谓殊途同归。本书便是以里特伯格的分析模式为蓝本，并结合国际关系理论的范式分析。而基欧汉则直接将国际制度理论研究的方法归纳为两类：一类是理性选择的研究方法，另一类是反思性的研究方法。[③]

总的来看，国际机制理论正是在新自由主义与新现实主义的激烈论战下走上系统化的轨道，并由于建构主义的加入而向纵深方向不断发展。尽管这些不同的理论流派和理论研究路径互相持批评态度，但它们之间并不是完全相互排斥的——"新—新综合"及新自由主义与建构主义国际机制理论的相互借鉴便是明证。事实上，对国际机制最有说服力的解释往往是不同国际机制研究路径和方法的综合，未来国际机制研究的发展方向将是不同理论的相互借鉴，理性主义方法和社会学方法的相互融合。

国内学者对国际机制的研究起步比较晚。当西方国家学者提出国际机制概念，并将其引入国际关系理论中时，中国正值改革开放初期，对于国际机制理论国内学术界可以说知之甚少。从20世纪90年代中后期开始，我国才从真正意义上对国际机制理论展开研究。事实上，纵观20多年来国内学者对国际机制理论进行研究的相关学术成果，可以发现，其追随着中国积极参与、主动创设乃至主导相关机制的步伐，与中国融入国际社会、参与国际机制的策略密不可分。基于历史与现实的原因，中国对国际社会的融入进程可谓是历经曲折，自20世纪80年代初之后，伴随着中国外交政策的大调整，中

[①] Stephan Haggard and Beth A. Simmons, "Theories of International Regimes," *International Organization*, Vol.41, No.3, 1987.

[②] Andreas Hasenclever, Peter Mayer, and Volker Rittberger, *Theories of International Regimes*, London: Cambridge University Press, 1977, pp.1-2.

[③] Robert O. Keohane, "International Institutions: Two Approaches," *International Studies Quarterly*, Vol.32, No,4, 1988, pp.379-396.

国积极参与国际机制的策略才真正确立。①自冷战结束，尤其是20世纪90年代中期以来，伴随着全球化的浪潮，以及中国政治民主化进程的加快和经济发展步入健康快车道，中国开始将自己视为崛起大国而不仅仅是国际社会的适应者，而1997年"做国际社会中负责任大国"的宣布，表明在承担国际责任上，中国的自我认同已发展为负责任大国的新认同，与之相关联，中国愈加希望自己被视为国际机制负责任的参与者和积极的建设者。在此背景下，中国不仅积极参与全球性和地区性国际机制，还主动创设乃至主导区域性、次区域合作机制，同时与一些国家之间的双边关系机制化建设也不断发展，融入国际社会的进程不断加快。

具体而言，我将国内学者对国际机制的相关研究大致分为3个阶段，在此我只进行概括式总结与分析。第一阶段为20世纪90年代中后期至2010年。在此阶段，国内学者有关国际机制的研究侧重于纯理论式分析，多围绕对西方机制理论的翻译、引介及评论。1999年和2000年，国内探讨国际关系理论的重要刊物《世界经济与政治》与《欧洲》（现为《欧洲研究》）刊登了数十篇讨论国际机制理论与实践的文章，②不过并未上升到理论建构的高度，多数还属于引用或评论的层次。2002年，王杰主编的《国际机制论》出版。该书可谓中国首部全面且系统地研究国际机制理论的专著。作者不仅对国际机制理论的渊源、发展历程及理论流派进行了探究，还对国际机制各理论流派的内在缺陷及中国与国际机制的关系进行了剖

---

① 王杰：《国际机制论》，北京：新华出版社2002年版，绪论，第7页。

② 需要注意的是，此时一些学者将国际机制（International Regime）译为国际体制。可参见俞晓秋：《欧亚多边安全机制之比较分析》，《世界经济与政治》，1999年第6期；江忆恩：《中国参与国际体制的若干思考》，《世界经济与政治》，1999年第7期；门洪华：《国际机制理论的批评与前瞻》，《世界经济与政治》，1999年第11期；陈向阳：《从国际制度角度看冷战后的中美关系》，《世界经济与政治》，2000年第1期；李钢：《西方国际制度理论探析》，《世界经济与政治》，2000年第2期；门洪华：《对国际机制理论主要流派的批评》，《世界经济与政治》，2000年第3期；任东来：《国际关系研究中的国际体制理论》，《欧洲》，1999年第2期；苏长和：《重新定义国际制度》，《欧洲》，1999年第6期；门洪华：《国际机制理论与国际社会理论的比较》，《欧洲》，2000年第2期。

析，为此后国际机制理论研究提供了基础和理论框架。[①] 同时，该时期还有不少学者从不同视角对国际机制理论进行全面解读和分析。这些研究成果多散见于一些学术期刊，其中也有一些研究生的毕业论文。比较有代表性的如，于营在提炼、整合已有的国际机制相关研究成果的基础上对全球化背景下的国际机制问题进行了整体性的思考和论述；[②] 田野从经济学的交易成本视角出发探讨了国际关系中的制度选择；[③] 刘志云从概念辨析到跨学科合作方面探讨了国际机制理论与国际法学之间的互动；[④] 刘宏松对非正式国际机制进行了一系列的深入探讨。[⑤] 此外，也有一些学者对具体问题领域内的国际机制，如全球公共问题与国际制度的关系、[⑥] 全球气候治理领域中的非正式国际机制等进行研究，[⑦] 以及对一些现存的国际机制，如联合国集体安全机制、[⑧] 上海合作组织、[⑨] 东亚"10+3"合作机制[⑩] 等从国际机制理论视角进行分析，还有一部分学者探讨了中国对国际机制的认

---

① 王杰：《国际机制论》，北京：新华出版社 2002 年版。

② 于营：《全球化时代的国际机制研究》，吉林大学 2008 年博士学位论文。

③ 田野：《国际关系中的制度选择：一种交易成本的视角》，上海：上海人民出版社 2006 年版。

④ 刘志云：《国际机制理论与国际法的发展》，《现代国际关系》，2004 年第 10 期；刘志云：《国际机制理论与国际法学的互动：从概念辨析到跨学科合作》，《法学论坛》，2010 年第 2 期。

⑤ 刘宏松：《正式与非正式国际机制的概念辨析》，《欧洲研究》，2009 年第 3 期；刘宏松：《非正式国际机制与全球福利》，《国际观察》，2010 年第 4 期；刘宏松：《非正式国际机制的形式选择》，《世界经济与政治》，2010 年第 10 期。

⑥ 苏长和：《全球公共问题与国际合作：一种制度的分析》，上海：上海人民出版社 2009 年版。

⑦ 徐婷：《全球气候治理中的非正式国际机制研究——以八国集团为例》，上海外国语大学 2010 年博士学位论文。

⑧ 门洪华：《和平的纬度：联合国集体安全机制研究》，上海：上海人民出版社 2002 年版。

⑨ 何卫刚：《国际机制理论与上海合作组织》，《俄罗斯中亚东欧研究》，2003 年第 5 期；刘国锋：《从国际机制理论看上海合作组织的发展动力和制约因素》，苏州大学 2008 年硕士学位论文。

⑩ 吴小宪：《东亚"10+3"合作机制建设研究——以权力、利益、观念为视角》，山东大学 2010 年硕士学位论文。

识、参与和遵循等。① 但整体来看，这一阶段的相关学术成果多注重纯理论式分析，缺少对具体问题领域内的国际机制的实证研究。

第二阶段为 2011 年至 2015 年。随着对国际社会的融入程度和对国际机制参与程度的不断加深，中国不仅积极参与和推进一些全球性和区域性合作机制，还力求在其中发挥建设性作用，尤其是注重于对区域性合作机制的主动创设，同时也积极寻求与其他国家双边关系的机制化建设。具体来说，该阶段相关研究成果主要围绕以下 3 个方面展开：首先，一些学者专注于探究自 20 世纪 90 年代初以来中国参与国际机制的历史进程和内外动力，以及中国国家形象的建构，认为参与并融入国际机制是中国化解国际压力的战略选择。② 其次，伴随着二十国集团（G20）机制及金砖国家合作机制的发展，一些学者开始进行探讨和分析；③ 更多的学者集中探讨在国际机制理论下对区域性合作机制的分析，如对于东亚区域相关合作机制、④ 东

① 可参见门洪华：《国际机制与中国的战略选择》，《中国社会科学》，2001 年第 2 期；王逸舟：《磨合中的建构——中国与国际组织关系的多视角透视》，北京：中国发展出版社 2003 年版；唐永胜、徐弃郁：《寻求复杂的平衡：国家安全机制与主权国家的参与》，北京：世界知识出版社 2004 年版；白嵘：《中国参与国际环境机制的理论分析》，中国政法大学 2008 年博士学位论文；刘杰：《多边机制与中国的定位》，北京：时事出版社 2007 年版。

② 可参见胡春艳：《中国对国际机制的参与与国家形象的建构》，《国际问题研究》，2011 年第 1 期；甄文东：《冷战后中国参与国际机制的进程及利弊分析》，辽宁大学 2011 年硕士学位论文；王少华：《对中国融入国际机制的分析与思考》，辽宁大学 2012 年硕士学位论文；焦世新：《中国融入国际机制的历史进程与内外动力》，《国际关系研究》，2013 年第 1 期；王旭华：《参与国际机制——中国化解国际压力的战略选择》，南京师范大学 2015 年硕士学位论文。

③ 可参见曹玮、王俊峰：《G20 机制化建设与中国的对策》，《亚非纵横》，2011 年第 4 期；汪晶：《G20 机制析论》，华中师范大学 2012 年硕士学位论文；徐凡：《G20 机制化建设研究》，对外经济贸易大学 2014 年博士学位论文；成志杰、王宛：《金砖国家治理型国际机制：内涵及中国的作为》，《国际关系研究》，2014 年第 4 期。

④ 可参见刘宇：《中日韩低碳合作机制化的途径与作用》，辽宁大学 2011 年硕士学位论文；万秋波：《论冷战后东亚安全机制——以国家对外安全行为为视角》，上海师范大学 2012 年硕士学位论文；李承奉：《朝鲜半岛和平统一与东北亚安全合作机制研究》，中国海洋大学 2011 年硕士学位论文；吴蕾：《朝鲜半岛和平机制初探》，华东师范大学 2012 年硕士学位论文；周磊：《新自由制度主义视域下东亚区域合作机制分析》，黑龙江大学 2012 年硕士学位论文。

盟自由贸易区（CAFTA）、① 欧盟机制② 等的研究；也有少量的对于全球问题领域，如全球气候变化领域、国际环境保护领域等国际机制创设及有效性的探讨。③ 最后，也有一部分学者分析中美、中印双边关系中的机制化建设，④ 并对其原因、必要性与可能性等进行了探析。还有学者探讨了在国际多边机制下中美之间的互动。⑤ 此外，也有少量学者对国际机制相关理论问题进行探讨。⑥

第三阶段为 2016 年至今，伴随着"一带一路"倡议的持续、有效推进，"一带一路"合作机制不断创设和发展，同时，中国与"一带一路"沿线区域之间的相关区域合作机制也得以构建和推进，在此背景下，国内学者对相关问题的研究成果颇丰。同时，随着近几年中国同周边国家之间次区域合作机制的构建和不断发展，相关研究成果也不少。具体而言，首先，作为正在生成的新兴国际机制，对于"一带一路"合作机制的构建吸引了不少学者的目光，例如，对于绿色"一带一路"合作机制、"一带一路"争端解决机制构建的研究。⑦ 其次，

① 可参见李洋：《国际机制理论视角下的 CAFTA 建设》，《东南亚南亚研究》，2012 年第 1 期；周丽：《中国—东盟自由贸易区争端仲裁解决机制探析》，《广西社会科学》，2015 年第 8 期。

② 楚丰翼：《欧盟机制化合作的动力、有效性与有限性研究》，郑州大学 2011 年硕士学位论文；周乔：《欧盟理事会对外决策机制研究——以对华政策为例》，山东大学 2015 年博士学位论文。

③ 可参见左超：《全球气候变化领域国际机制创设及其影响因素的分析》，南开大学 2011 年硕士学位论文；王明国：《国际制度有效性研究——以国际环境保护制度为例》，复旦大学 2011 年博士学位论文。

④ 戴永红：《中印关系中机制化建设的必要性与可能性》，《南亚研究季刊》，2012 年第 2 期。

⑤ 可参见靖国华：《中美关系机制化建设原因探析》，《前沿》，2012 年第 24 期；袁征：《国际多边机制下的中美互动》，北京：中国社会科学出版社 2015 年版。

⑥ 可参见刘长玲：《基欧汉关于国际机制的理论》，《理论观察》，2011 年第 2 期；张祎：《国际制度变迁的动力机制分析》，《理论观察》，2015 年第 9 期。

⑦ 可参见武宇琪：《"一带一路"：正在生成的新兴国际机制》，华东政法大学 2018 年硕士学位论文；鲍婉璐：《绿色"一带一路"合作机制构建研究》，郑州大学 2019 年硕士学位论文；王贵国等：《"一带一路"争端解决机制》，杭州：浙江大学出版社 2017 年版。

更多的学者聚焦于探讨中国与"一带一路"国家所构建的区域性及双边合作机制，[①] 也有学者分析了"一带一路"沿线机制的融合问题。[②] 最后，随着大湄公河次区域合作机制的不断发展，尤其是由中国主导创设的澜湄合作机制的建立和推进，相关次区域合作机制研究成果在不断增多。[③] 此外，有学者开始关注外太空相关合作机制的构建问题，[④] 作为国际机制研究的新领域和新视角有其现实意义和价值，未来该研究方向会吸引越来越多学者的目光。

（二）南海区域合作机制相关研究

南海问题自出现以来，便吸引了国外和国内专家学者的关注。对南海问题的研究也逐渐由历史、法律两个领域向包括历史、地理、法律和国际关系等在内的多学科领域发展。冷战结束以来，中国国际关系学界开始真正系统地对南海问题进行研究，但相关研究成果同西方和日本学界相比仍较为薄弱。以 2009 年为节点，随着南海问

① 可参见徐大海、廖智鹏：《"一带一路"机制建设中的中蒙俄经济走廊运作与效用评价——以国际机制理论为视角》，《内蒙古大学学报（哲学社会科学版）》，2019 年第 3 期；王凯、黄凤志：《"一带一路"倡议下的中蒙关系机制化建设研究》，《广西社会科学》，2020 年第 3 期；郭一恒：《"一带一路"背景下中国—中亚区域性国际投资争端解决机制的构建策略》，《对外经贸实务》，2020 年第 8 期；叶玮：《"一带一路"背景下中国与阿拉伯国家金融合作机制研究》，《阿拉伯世界研究》，2020 年第 5 期；余晓钟、白龙：《"一带一路"背景下国际能源通道合作机制创新研究》，《东北亚论坛》，2020 年第 6 期；姚勤华、胡晓鹏等：《"21 世纪海上丝绸之路"与区域合作新机制》，上海：上海社会科学院出版社 2018 年版。

② 王剑峰：《理解国际机制融合的社会化逻辑——兼谈"一带一路"沿线机制融合问题》，《国际观察》，2019 年第 3 期。

③ 可参见许正：《大湄公河次区域安全机制构建研究》，苏州大学 2017 年博士学位论文；金珍：《大湄公河次区域经济合作与澜沧江—湄公河合作比较研究》，云南大学 2018 年博士学位论文；卢光盛、聂姣：《澜湄合作的动力机制——基于"利益—责任—规范"的分析》，《国际展望》，2021 年第 1 期。

④ 可参见皇甫素伟、邱楠：《空间碎片减缓的"国际机制"概述》，《国际太空》，2017 年第 6 期；李杨：《外空安全机制研究》，中共中央党校 2018 年博士学位论文。

题的再度升温，国内相关研究成果大量涌现。近年来有关南海问题的相关研究文献也呈上升之势，已有多位学者对国内和国外南海问题研究做出了十分有价值的文献综述。① 同时，一些学者也开始关注南海问题某一具体方向的研究成果，相关研究综述使对南海问题的文献综述更加精细化。②

现有南海问题的研究综述，尤其是其中对南海问题解决方案，特别是关于机制问题的分析和探讨，为本书的文献综述提供了基础。同时，自20世纪70年代以来，国外学者便开始从南海的历史考察、法理依据及合作方式等领域开展研究，并逐渐涌现出一批南海问题研究专家，其中西方学者一直以来主导着南海研究的学术话语和研究路径。但随着2009年南海问题的再度升温，东南亚学者在国际学术界对南海问题的研究中扮演的角色日渐凸显，并形成自身的特色——除了延续历史和法律这两个研究视角，更为重视南海地区机制建设，尤其是对建立"南海行为准则"的研究。同时，一些东南亚学者还重视东盟在南海问题上所持立场和发挥的作用，并且通过研究现有海洋合作模式和提出不同的"路线图"等研究路径，来探讨南海问题的解决方式。具体而言，国内外学者关于南海合作机制

① 刘中民、滕桂青：《20世纪90年代以来国内南海问题研究综述》，《中国海洋大学学报》（社会科学版），2006年第3期；曾勇：《国内南海问题研究综述》，《现代国际关系》，2012年第8期；曾勇：《国外南海问题研究述评》，《现代国际关系》，2012年第6期；张悦、陈宗海：《国内南海问题相关研究概述》，《东南亚南亚研究》，2014年第1期；江红义、周理：《关于南海问题研究的回顾与反思——兼论海洋政治分析的基本要点》，《世界经济与政治论坛》，2013年第4期；钟飞腾：《南海问题研究的三大战略性议题——基于相关文献的评述与思考》，《外交评论》，2012年第4期；孙智超：《文献计量角度下国内外南海研究比较分析》，《晋图学刊》，2016年第6期；李欣鑫：《2000—2018年国内南海问题研究热点与前沿分析》，《黑河学刊》，2020年第1期。

② 可参见曾勇：《国外有关南海问题解决方案述评》，《中国边疆史地研究》，2014年第3期；王森、杨光海：《对美国与南海关系相关研究的学术史考察》，《亚太安全与海洋研究》，2017年第3期；任远喆：《东南亚国家的南海问题研究：现状与走向》，《东南亚研究》，2013年第3期；白续辉：《追踪与研判：〈南海行为准则〉制定问题的研究动向》，《南洋问题研究》，2014年第1期；刘静烨：《南海区域合作机制研究综述》，《中国边疆学》，2018年第2期。

的相关研究成果主要围绕以下几个方面展开：

1. 南海区域合作机制构建研究

在南海合作机制的构建现状及构建路径上，国内外学者已有一定的研究成果，尤其是对于具体问题领域合作机制的研究可谓是成果颇丰。具体而言，我将主要围绕着南海合作机制构建路径、南海争端管控机制、南海安全合作机制、南海低敏感领域合作机制4个方面的研究成果进行分析。

（1）南海区域合作机制构建路径研究

在对现有南海合作机制进行综合分析的基础上，不少国内外学者从宏观层面提出构建南海合作机制的路径。周意岷认为，建立国际机制更适合南海问题，并提出南海机制的构建应利用现有条约和机制，以及发挥非政府组织的作用；[①]丁梦丽和刘宏松在对现有南海合作机制进行综合探究的基础上，得出南海合作机制仍处于非正式机制的发展阶段，其冲突管理效用有限，因而中国与东盟国家应共同努力构建正式南海机制；[②]洪农搭建了一个由借两岸合作寻求南海问题突破、将海洋环境安全作为南海合作的驱动力、将渔业合作作为解决南海争端的起点、将《联合国海洋法公约》作为海洋治理的框架、以思维转化引领政策和研究的方向5个维度组成的南海争议务实解决模式；[③]陈婉姝和李乐凡认为，南海岛礁主权争端应在坚持"主权在我"的前提下，以合作共赢为基础，通过外交途径、共同开发途径和司法途径来解决；[④]杜兰、曹群等学者认为，可以借鉴北极理事会的模式和经验,将推动设立南海合作理事会作为努力目标[⑤]

---

① 周意岷：《构建南海机制分析》，《东南亚南亚研究》，2013 年第 2 期。

② 丁梦丽、刘宏松：《南海机制的冲突管理效用及其限度》，《太平洋学报》，2015 年第 9 期。

③ 洪农：《试析南海争议的务实解决机制——推进南海争议逐步解决合作性方案分析》，《亚太安全与海洋研究》，2017 年第 1 期。

④ 陈婉姝、李乐凡：《南海岛礁主权争端解决路径探析》，《湖南工业大学学报（社会科学版）》，2020 年第 1 期。

⑤ 杜兰、曹群：《关于南海合作机制化建设的探讨》，《国际问题研究》，2018 年第 2 期。

莱赛克·布斯新斯基提出南海问题的解决方式为进行多边谈判、制订法律解决方案和构建合作机制；① 雷纳托·克鲁兹·德·卡斯特罗运用查尔斯·库普乾的"稳定和平"理论，对当前如何应对南海争端及如何通过声索国之间的稳定和平来合作解决南海争端这两个问题进行了探讨，认为中国应首先单方面迁就南海周边小国的观点和利益，以防止它们形成以美国为首的制衡联盟并得到日本的支持；② 斯科特·斯奈德、布拉德·格洛瑟曼和拉尔夫·A.科萨认为，应在通过强调公开性和透明度以加强区域国家之间相互信任的基础上，通过多边途径构建南海地区信任措施；③ 拉丽莎·邦佩里文探讨了解决南海争端的多种方式，如建立信任措施和东盟地区论坛等，并提出解决南海冲突的多种可能性路径：制定"准则"、多边冲突决议和其他联合发展合作。④

（2）南海争端管控机制研究

当前，南海争端管控机制主要是指 2002 年签署的《南海各方行动宣言》及正在构建中的"准则"。

关于《南海各方行为宣言》的研究。在《南海各方行动宣言》签署之后，国内学者对《南海各方行动宣言》的探讨主要着眼于其起源、内容、性质、作用、执行过程中面临的困境，以及中国的应对措施等方面。李金明详细探讨了《宣言》由最初的"南海行为准则"构思到最终签署的过程，并认为《宣言》的制定不仅使东盟与中国政治信任发展到一个新的水平，对维护南海地区和平与稳定也将起

---

① Leszek Buszynski, "Rising Tensions in the South China Sea Prospects for a Resolution of the Issue," *Security Challenges*,Vol. 6,No. 2,2010.

② Renato Cruz De Castro, "The Challenge of Conflict Resolution in the South China Sea Dispute: Examining the Prospect of a Stable Peace in East Asia," *International Journal of China Studies*,Vol.7,No.1,2016.

③ Scott Snyder,Brad Glosserman and Ralph A. Cossa, "Confidence Building Measures in the South China Sea," Pacific Forum CSIS,No. 2-01,August 2001.

④ Lalita Boonpriwan, "The South China Sea dispute: Evolution,Conflict Management and Resolution," Lalita Boonpriwan–ICIRD,2012.

到一定的促进作用；①崔海培阐述了《宣言》的签署过程，探讨了在《宣言》框架下中国与相关国家在政治、安全等领域的合作情况，分析了《宣言》面临的困境问题，并在此基础上提出《宣言》的存在整体上弊大于利，其应该被一个更具法律效力、规定更为明确的文件所取代；②宋燕辉认为，《宣言》是兼具政治与法律性质的文件，具有法律约束力，并以此得出菲律宾提出南海仲裁的做法为反对《宣言》中"友好磋商与协商"的承诺，违反国际法有关"禁反言"和"诚信"的原则；③樊文光在对《宣言》的条约属性进行论证的情况下得出其在争端解决问题上构成了具有法律约束力的国家间条约，并且从海洋法和条约法两个视角分析了《宣言》对《公约》争端解决机制的排除。④

国外学者尤其是部分东南亚学者普遍质疑《宣言》的效力。越南外交学院南海研究项目主任陈长水认为，《宣言》体现了中国对于解决南海争端由只同意进行双边谈判到接受多边谈判的战略调整，但《宣言》并未达到东盟期待出台一部具有约束力行为准则的目标，且自实施以来，《宣言》取得的成果有限；⑤河内国家大学的阮红操教授指出，寄希望于《宣言》来使相关方停止采取可能导致局势复杂化的行动是不现实的；⑥来自新加坡东南亚研究所的学者鲁道夫·塞

①　李金明：《从东盟南海宣言到南海各方行为宣言》，《东南亚》，2004年第3期。

②　崔海培：《论〈南海各方行为宣言〉的进展与困境》，外交学院2008年硕士学位论文。

③　宋燕辉：《由〈南海各方行为宣言〉论"菲律宾诉中国案"仲裁法庭之管辖权问题》，《国际法研究》，2014年第2期。

④　樊文光：《论〈宣言〉的条约属性及对〈公约〉争端解决机制的排除》，《亚太安全与海洋研究》，2018年第2期。

⑤　[越南] 陈长水：《海上问题的妥协与合作——〈南海各方行为宣言〉签署的案例》，《南洋资料译丛》，2015年第1期。（原文发表于2009年11月在越南河内举办的首届南海国际研讨会）

⑥　Nyuyen Hong Thao, "The Declaration on the Conduct of Parties in the South China Sea: A Vietnamese Perspective, 2002—2007," in Sam Bateman and Ralf Emmers eds., Security and International Politics, 2009, p. 211.

韦里诺阐述了《宣言》由最初具有法律约束力的准则降格为政治宣言的原因，认为地理范围问题、地区行为准则应由中国与作为整体的东盟，或者只是同个别主权国家之间达成是主要原因。①

关于"南海行为准则"的研究。从 2013 年第二轮"准则"磋商进程开启之后，国内学者才逐渐关注于对"准则"的研究，且多数研究停留在探讨"准则"的演变、进展、重大争议问题、前景展望及中国的应对策略等方面。高阳在对《宣言》的缺陷进行分析的基础上，从指导原则、总体目标和具体内容 3 个方面对构建"准则"法律框架提出建议；② 蒋国学和林兰钮认为，东盟国家出于确保其既得利益、制约中国在南海的行动、强化东盟国家抱团与中国对抗等原因力推"准则"，签署"准则"不利于中国当前维护南海权益，却有利于维持南海局势稳定；③ 罗国强分析了东盟的"核心要素"和印尼的"零号草案"等关于"准则"的议案，认为由不具法律约束力的《宣言》发展到具有法律约束力的"准则"是大势所趋，因此，中国应积极参与"准则"磋商并在其中发挥应有的作用，具体分析议案条文的消极和积极影响，明确自身立场并提出有针对性的主张和建议；④ 周士新对"准则"磋商前景进行了分析，认为"准则"已进入实质性磋商的深水区，由于各方利益和诉求的差异，面对的一些问题仍需要通过外交途径稳步解决，"准则"并不能代替甚至推翻相关国家之前达成的各项文件；⑤ 黄瑶认为，《宣言》中争议不休的主要条文将成为在"准则"磋商中的主要争议焦点，"准则"能

---

① Rodolfo Severino, "A Code of Conduct for the South China Sea?" Pacific Forum CSIS, Number 45A, 17 August, 2012.

② 高阳：《〈南海行为准则〉法律框架研究》，《贵州大学学报（社会科学版）》，2012 年第 5 期。

③ 蒋国学、林兰钮：《制订"南海行为准则"对中国南海维权的影响及对策分析》，《和平与发展》，2012 年第 5 期。

④ 罗国强：《东盟及其成员国关于〈南海行为准则〉之议案评析》，《世界经济与政治》，2014 年第 7 期。

⑤ 周士新：《关于"南海行为准则"磋商前景的分析》，《太平洋学报》，2015 年第 3 期。

否最终达成关键取决于南海地区国家的政治意愿与合作共识，而中国的作用是举足轻重的；① 瞿俊锋和成汉平回顾并对比了《宣言》签署与"准则"磋商的历史进程，分析了"准则"案文磋商过程中面临的域外势力介入与域内势力掣肘的挑战，认为"准则"案文磋商的过程将是异常艰苦复杂的，并在此基础上做出了对策性思考；② 朱佳懿、宝淇及王玫黎和李煜婕等学者都对"准则"案文磋商可能存在的重大争议问题进行探讨，并提出了有参考价值的解决方案。③ 此外，也有学者探讨中美大国竞争下的"准则"磋商问题，如陈慈航和孔令杰不仅探讨了中美两国因受议题身份、利益关切和政策偏好的影响而在对"准则"认知上存在的诸多差异，还分析了两国围绕"准则"问题展开的政策互动，并且认为在"准则"问题上，未来美国的政策将呈现煽动国际舆论唱衰、拉拢域外国家的趋势，中国应在积极推进"准则"磋商的同时致力于构建负责任大国形象，并增进中美良性互动。④

多数国外学者对"准则"的制定持积极态度，认为其不仅有助于稳定南海地区的紧张局势，也可以制约中国在南海的行动。但他们也普遍承认"准则"的制定过程充满艰难险阻，前景并不乐观。阮当胜和阮氏胜河在分析了《宣言》的具体缺陷后，指出新"准则"的制定必须比《宣言》更进一步，并对中国与东盟应签署怎样的"准则"提出了初步设想，还指出应尽可能详细地罗列出相关国家在争议地区允许和被禁止的活动，同时认为未来"准则"的适用地理范围将

---

① 黄瑶：《"南海行为准则"的制定：进展、问题与展望》，《法治社会》，2016 年第 1 期。

② 瞿俊锋、成汉平：《"南海行为准则"案文磋商演变、现状及我对策思考》，《亚太安全与海洋研究》，2018 年第 5 期。

③ 朱佳懿：《"南海行为准则"重大争议问题研究》，华东政法大学 2018 年硕士学位论文；宝淇：《中国与东盟国家磋商制定"南海行为准则"所涉重大争议条款研究》，华东政法大学 2018 年硕士学位论文；王玫黎、李煜婕：《"南海行为准则"谈判主要争议问题研究》，《国际论坛》，2019 年第 5 期。

④ 陈慈航、孔令杰：《中美在"南海行为准则"问题上的认知差异与政策互动》，《东南亚研究》，2018 年第 3 期。

是整个南海地区。此外，还应建立严格的监督和调查机制，整体来说，作者认为中国可能不会热衷于签署另一份比《宣言》更为严格的文件，因此，东盟与中国签署"准则"的前景黯淡，建议东盟成员国之间相互接受签署"准则"，即使不接受这一提议，它们也应采取必要的准备步骤，开始考虑"准则"草案；①卡莱尔·A.塞耶概述了东盟与中国为达成"准则"所做出的外交努力，分析了自1992年东盟首次就南海问题发表关切声明，到2013年9月第二轮"准则"磋商正式启动期间东盟南海政策的演变，以及中国就推进"准则"磋商进程的立场和态度，最终得出结论，认为"准则"的制定过程即使不是无止境的，也很可能是旷日持久的；②伊恩·斯托里分析了中国与东盟国家于2017年签署的"准则"框架，认为其是在南海冲突管理过程中向前迈出的一步，为"准则"的进一步磋商奠定了基础，但因其内容缺少细节，且与《宣言》中的许多原则和规定相同，也没有提及是否具有法律约束力、适用地理范围及执行和仲裁机制等，因此，对于那些迫切希望尽快达成具有法律约束力、全面有效的"准则"的东南亚国家来说，"准则"的磋商和制定可能是漫长且令人沮丧的；③普拉尚特·帕拉梅斯瓦兰认为，中国与东盟国家在"准则"的构建上并没有取得真正的突破，所谓的"准则"框架只是中国与东盟国家之间长达1/4个世纪的"求同存异"的延续，框架只是一份单页轮廓，包含一系列乏味的原则和规定，很难真正帮助规范中国在南海的行为，从这份框架会看到"准则"签署的遥遥无期，即使最终达成一个有约束力和有意义的"准则"，它也会变得毫无意义，

① Nguyen Dang Thang and Nguyen Thi Thang Ha, "the Code of Conduct in the south China sea:the intenational law Perspective," *The South China Sea Reader*, Manila,Philippines,pp.5-6 July,2011.

② Carlyle A. Thayer, "ASEAN,China and the Code of Conduct in the South China Sea," *SAIS Review*,Vol.33,No.2,2013.

③ Ian Storey, "Assessing the ASEAN-China Framework for the Code of Conduct for the South China Sea," *ISEAS Perspective*,No.62,2017.

因为到那时，中国基本上已经控制了南海。①

（3）南海安全合作机制研究

南海安全合作机制主要是指中国与东盟国家为有效应对南海地区传统安全威胁而创设的相关合作机制。由于南海问题的高度复杂性和敏感性，传统安全相关合作机制的构建和发展面临一定的制约条件，相关研究成果也相对较少。

葛红亮从理论上探讨了南海"安全共同体"构建的可行性；②李峰和郑先武指出，由印尼独立主持的"处理南中国海潜在冲突研讨会"对南海争端有针对性，且其形成与运作综合了印尼的国家与区域安全观，能够协助南海海上安全机制建设；③吴士存和刘晓博认为，应在推动中国发挥更积极主动作用并妥善应对域外国家的介入的基础上，通过设立"泛南海经济合作圈"、积极推动"准则"磋商来建立南海地区新的安全合作机制；④涂少彬认为，要寻求南海安全合作机制构建的突破，中国应从宏观的建构层面和微观的实践策略上做出努力；⑤刘艳峰以安全区域主义理论为视角，对南海区域安全机制的构建过程和现状及困境进行了分析，指出南海区域安全机制建立仍处于初级阶段，且出现了安全机制发展由弱向强的苗头；⑥李忠林从多个维度分析了现有南海安全机制存在的有效性不足问题，并提

---

① Prashanth Parameswaran, "Will a China-ASEAN South China Sea Code of Conduct Really Matter?" *The Diplomat*, 4 August, 2017.

② 葛红亮：《南海"安全共同体"构建的理论探讨》，《国际安全研究》，2017年第4期。

③ 李峰、郑先武：《印度尼西亚与南海海上安全机制建设》，《东南亚研究》，2015年第3期。

④ 吴士存、刘晓博：《关于构建南海地区安全合作机制的思考》，《边界与海洋研究》，2018年第1期。

⑤ 涂少彬：《全球治理视阈下南海安全合作机制的建构》，《法商研究》，2019年第6期。

⑥ 刘艳峰：《区域主义与南海区域安全机制》，《国际关系研究》，2013年第6期。

出了相应的解决路径。①

（4）南海低敏感领域合作机制研究

所谓南海低敏感领域，是相对于岛礁主权争端、海洋划界问题等涉及主权纠纷的高敏感领域而言，其不会直接触及民族国家的根本利益问题，而更多地表现为有关当事方的个体利益问题，主要包括海洋环境保护、海上搜救、打击海盗、水下遗产保护、海洋科学研究、海上航道安全、海洋防灾减灾等，其与海上非传统安全所涵盖的领域相重叠。随着近些年南海低敏感领域问题和纠纷的日渐凸显，学者们对具体问题合作机制构建的研究也不断增多。有部分学者对南海低敏感领域合作机制进行了总体研究，如王秀卫综合分析了南海低敏感主要领域的合作机制构建现状，认为其仍有待建立与完善；② 李光春探讨了构建南海低敏感纠纷解决机制的必要性与构建目标，并分析了运用诉讼与非诉讼机制解决南海低敏感纠纷的可行性，提出南海低敏感领域纠纷解决机制构建的国内法与国际法路径。③但更多的学者是对单一低敏感领域合作机制进行研究，具体如下。

①南海海洋环境保护合作机制研究。对于南海海洋环境保护这一议题，学界多有探讨。隋军、李建勋、王浩、寇勇栎等学者从法律视角探讨南海的海洋环境保护及相关合作机制构建问题；④薛桂芳、李聆群、葛勇平和苏铭煜、张丽娜和王晓艳、白佳玉等众多学者，

① 李忠林：《南海安全机制的有效性问题及其解决路径》，《东南亚研究》，2017年第5期。

② 王秀卫：《南海低敏感领域合作机制初探》，《河南财经政法大学学报》，2013年第3期。

③ 李光春：《南海低敏感纠纷解决机制构建研究》，《大连海事大学学报（社会科学版）》，2016年第6期。

④ 可参见隋军：《南海环境保护区域合作的法律机制构建》，《海南大学学报（人文社会科学版）》，2013年第6期；李建勋：《南海低敏感领域区域合作：生态环境保护法律机制》，《黄冈师范学院学报》，2015年第2期；王浩：《海上丝绸之路背景下南海海洋环境保护法律机制的构建》，浙江大学2018年硕士专业学位论文；寇勇栎：《南海海洋环境保护国际合作法律问题研究》，郑州大学2019年硕士学位论文。

在对南海海洋环境保护机制构建现状及面临的困境进行分析的基础上，提出借鉴其他海域海洋环境保护合作机制的经验；① 江宏春认为，南海生态环境保护合作机制的构建应采取双边、多边并举的模式，以《公约》为起点，以现有的区域性环保合作机制为起点，同时，还要发挥中国的领导作用；② 斯科特·斯奈德、布拉德·格洛瑟曼和拉尔夫·A.科萨认为，为推动南海环境保护，南海相关国家应设立一个国际学者小组来检测南海环境状况并做出年度评估，建立一个海洋公园以通过联合开发来保护生物多样性，构建环境保护机制，来保护南海争议海域生物多样性和海洋栖息地，建立快速反应机制来应对可能危及南海丰富生物多样性的石油泄漏或其他环境威胁。③

②南海渔业合作机制研究。高婧如指出，当前推进南海渔业合作最可行的方式是双边模式，并以此为视角分析了现有南海双边渔业协定存在的问题、提出了完善建议；④ 赵岚和郑先武提出，南海渔业合作机制的建立不仅能为南海资源安全治理提供新平台，还能产生"外溢效应"，进而推动国家利益的聚合，弥补国家间信任赤字，加快非传统安全治理的进程；⑤ 叶泉探讨了南海渔业合作协定的模式选择问题，认为结合南海的实际情况，灰色区域协定模式是短期内

① 可参见薛桂芳：《"一带一路"视阈下中国—东盟南海海洋环境保护合作机制的构建》，《政法论丛》，2019 年第 6 期；李聆群：《南海环保合作路径探析：波罗的海的实践与启示》，《南洋问题研究》，2018 年第 4 期；李聆群：《南海环境保护合作之路：欧洲的经验和启示》，《东南亚研究》，2019 年第 6 期；葛勇平、苏铭煜：《南海环境共同保护的困境和出路》，《生态经济》，2019 年第 5 期；张丽娜、王晓艳：《论南海海域环境合作保护机制》，《海南大学学报人文社会科学版》，2014 年第 6 期；白佳玉：《南海环境治理合作机制研究——与北极环境保护机制比较的视野》，《中国海洋大学学报（社会科学版）》，2020 年第 3 期。

② 江宏春：《南中国海生态环境保护合作机制的构建》，《山东社会科学》，2020 年第 2 期。

③ Scott Snyder, Brad Glosserman and Ralph A. Cossa, "Confidence Building Measures in the South China Sea," Pacific Forum CSIS, No. 2-01, August 2001.

④ 高婧如：《南海渔业合作机制研究——以双边渔业协定为视角》，《海南大学学报人文社会科学版》，2015 年第 6 期。

⑤ 赵岚、郑先武：《资源安全视域下南海渔业纠纷探析》，《亚太安全与海洋研究》，2019 年第 1 期。

的最优选择，而从长远来看，以生态系统方法为导向的区域合作模式为最佳路径；①张祖兴阐释了建立南海深海渔业资源养护合作计划的必要性和可行性，并指出南海深海渔业资源养护合作的推进，不仅有利于发挥中国在南海地区合作机制中的领导作用，促进南海周边国家之间关系的健康发展，也有助于打造南海海洋命运共同体；②李聆群分析和总结了地中海渔业合作治理经验对南海渔业合作的借鉴意义，③同时，也有不少学者在对南海渔业合作机制进行探讨时，提出借鉴国际上其他海域渔业合作的实践经验；④全红霞、张锦峰等学者从法律视角对南海渔业资源合作机制进行分析。⑤

③南海海上搜救合作机制构建研究。曲波认为，目前南海周边国家在搜救方面仍存在不全面、临时性及不一致性等缺陷，需要通过签订区域搜救合作协议等方式，加强在搜救责任区的划定、信息交换等方面合作；⑥朱坚真和黄凤探讨了南海周边国家构建海上搜救合作机制存在应急搜救的协调运转不畅、操作运行不规范等难点，并提出了中国进一步健全参与南海海上搜救合作机制的建议；⑦向力基于对南海海难事故的实证分析揭示出南海诸国之间不存在实质意义的合作，进而从国家利益、国际关系、条约义务以及国家实力4个方面探讨了南海搜救区域合作缺失的原因，并给出了政策建

---

① 叶泉:《南海渔业合作协定的模式选择》,《国际论坛》,2016年第1期。

② 张祖兴、方仕杰:《"一带一路"建设中的南海深海渔业资源养护合作》,《东南亚研究》,2019年第4期。

③ 李聆群:《南海渔业合作:来自地中海渔业合作治理的启示》,《东南亚研究》,2017年第4期。

④ 叶超:《南海渔业合作机制研究》,上海海洋大学2016年硕士学位论文。

⑤ 全红霞:《南海渔业资源合作开发法律机制探讨》,《理论月刊》,2010年第10期;张锦峰:《南海渔业资源合作开发法律机制研究》,海南大学2011年硕士学位论文。

⑥ 曲波:《南海区域搜救合作机制的构建》,《中国海商法研究》,2015年第3期。

⑦ 朱坚真、黄凤:《中国参与南海海上搜救合作机制问题探讨》,《中国渔业经济》,2015年第5期。

议；^①岑选任分析了南海海上搜救合作机制的现状、存在的问题及面临的主要障碍，并在借鉴类似海域海上搜救合作机制的基础上，探讨了完善南海海上搜救合作机制的建议；^②许弘立在对现有南海搜救的法律合作现状进行评析的基础上，探讨了签订南海地区双边及多边搜救合作条约的可行性。^③

④南海地区打击海盗合作机制研究。洪农分析了《公约》及其他法律和准法律的工具，在打击海盗等海上非传统安全问题方面发挥的作用及存在的局限性，并探讨了沿岸国及域外利益攸关国家在加强海上安全合作上选择的政策路径所扮演的重要角色，同时指出，沿岸国和使用国在涉及海盗和恐怖主义等海上安全威胁上的政策有差异，且对于威胁因素的看法也不一致，因而南海沿岸国之间需要加强合作和沟通协调；^④王竞超着眼于海盗治理，论述了南海海盗犯罪形势与成因，并对南海海盗治理的各类安全机制现状进行了梳理并给予评价，认为应构建一种新型的南海海盗治理安全架构来遏制南海海盗犯罪，此外，还对中国在此进程中所应扮演的角色进行了剖析；^⑤林亚将认为，南海海盗防范区域合作法律机制的构建应以"命运共同体"为理念支撑、软硬法有机联系，同时加强南海沿岸国之间的紧密合作；^⑥利斯探讨了南海地区海盗问题的现状及面临的困境，指出相关合作机制的效力缺失问题，并提出了解决

---

① 向力：《南海搜救机制的现实抉择——基于南海海难事故的实证分析》，《海南大学学报人文社会科学版》，2014年第6期。

② 岑选任：《南海海上搜救合作机制研究》，海南大学2015年硕士学位论文。

③ 许弘立：《南海搜救的法律合作机制建立》，华东政法大学2017年硕士学位论文。

④ 洪农：《论南海地区海上非常传统安全合作机制建立的建设——基于海盗与海上恐怖主义问题的分析》，《亚太安全与海洋研究》，2018年第1期。

⑤ 王竞超：《南海海盗治理机制研究：现状评介与未来前景》，《海洋史研究》，2018年第1期。

⑥ 林亚将：《护航21世纪海上丝绸之路——南海海盗防范区域合作法律机制研究》，《福建论坛·人文社会科学版》，2016年第7期。

路径；① 约翰·莫和 H.E. 杰西从国际法视角阐述了在南海海盗问题领域开展国际合作的法律依据、困境及解决路径。②

⑤其他低敏感领域合作机制研究。除了上述谈及的南海低敏感领域，也有不少学者对海洋科学研究、水下文化遗产保护、海上航道安全、港口合作等其他低敏感领域合作机制的创设展开分析。高婧如认为，南海海洋科研合作面临领土纷争、区域性组织缺乏及各方实力差距的现实困境，再加上《公约》的海洋科研规则中的相关制度存在的制度缺陷，导致其停滞不前，而构建区别式共享的区域合作机制为突破其现实困境和制度缺陷的有效方法；③ 王宇和张晏瑢分析了在南海争议海域中进行单方面、共同和第三方海洋科研的法律基础及实践中所存在的问题，认为海洋科研合作是在争议海域进行海洋科研的最理想方式，但基于其在实践中的法律基础比较薄弱，提出了构建具有法律约束力南海争议海域海洋科研合作协定的建议；④ 刘丽娜在分析了南海水域水下文化遗产保护所面临症结的基础上，提出了构建相应机制的具体路径；⑤ 赵琦轩在阐释了南海水下文化遗产合作保护的基础和困境，并对国际社会关于水下文化遗产保护经验进行借鉴的基础上，提出了其构建南海水下文化遗产合作保护机制的构想；⑥ 李建勋认为，南海航道安全保障法律机制具有一

① C. Liss, "The privatization of maritime security issues in the Southeast Asia: the impact on regional security cooperation," *Australian Journal of International Affairs*,Vol. 68,2014.

② John Mo, "Options to combat maritime piracy in Southeast Asia," *Ocean Development&International Law*,Vol. 33,2002;H.E.Jesus, "Protection of Foreign Ships against Piracy and Terrorism at Sea: Legal Aspects," *The International Journal of Marine and Coastal Law*,Vol. 18,No. 3,2003.

③ 高婧如：《南海海洋科研区域性合作的现实困境、制度缺陷及机制构建》，《海南大学学报人文社会科学版》，2017 年第 2 期。

④ 王宇、张晏瑢：《南海争议海域合作科研的法律基础及制度构建》，《亚太安全与海洋研究》，2019 年第 2 期。

⑤ 刘丽娜：《建构南海水下文化遗产区域合作保护机制的思考：以南海稳定和区域和平发展为切入点》，《中国文化遗产》，2019 年第 4 期。

⑥ 赵琦轩：《南海水下文化遗产合作保护机制研究》，海南大学 2019 年硕士学位论文。

定的有效性，但也存在机制的软法性、模糊性、履约行为的非约束性及公共物品属性的局限性，并以此为基础提出了破解制度困境的建议；^① 张芷凡指出，现有南海港口区域合作机制面临的合作理念缺位、具体规则缺乏强制力及机制间协调不足等困境，认为应在"海洋命运共同体"理念的指导下构建和完善南海港口区域合作机制。^② 此外，对于南海海域的油气资源共同开发，同其他区域性合作，尤其是低敏感领域合作相比，难度更大，相关合作机制也远未成形。罗婷婷借助国际机制理论，从构建意义、可行性、过程及需要解决的关键问题方面，对南海油气资源共同开发合作机制进行了分析；^③ 高玉洁探讨了南海油气资源共同开发争端所面临的法律问题，并通过对南海油气资源共同开发争端的案例进行分析，提出了对解决南海油气资源共同开发争端的思考。^④

2. 南海问题解决的国际法路径研究

随着国际法在南海地缘利益政治中的战略角色日益凸显，国内外学者对以国际法路径解决南海问题的相关研究也逐渐增多。罗国强探讨了解决南海争端的单边、双边和多边 3 种国际法路径，认为在南海争端的解决上，多边路径是最佳的选择；^⑤ 罗超对于现行南海争端法律与政治机制进行了分析，认为尚不存在专门适用南海争端的国际法解决机制，因此，相关国家在未来对"准则"的制定中应做出法律框架上的安排，进而更好地发挥该机制在和平解决南海争

---

① 李建勋：《南海航道安全保障法律机制对"21 世纪海上丝绸之路"的借鉴意义》，《太平洋学报》，2015 年第 5 期。

② 张芷凡：《南海港口区域合作机制的构建与完善——以"海洋命运共同体"为视角》，《海南大学学报人文社会科学版》，2020 年第 4 期。

③ 罗婷婷：《南海油气资源共同开发合作机制探析》，《海洋开发与管理》，2011 年第 5 期。

④ 高玉洁：《南海油气资源共同开发的争端解决机制》，西北大学 2015 年专业硕士学位论文。

⑤ 罗国强：《多边路径在解决南海争端中的作用及其构建——兼评〈南海各方行为宣言〉》，《法学论坛》，2010 年第 4 期。

端中的作用；^①金永明认为，当前的南海问题争议已经出现了"司法化"倾向，如何运用海洋法的原则和制度予以处理比较重要，而用海洋法解决南海问题争议仍存在一定的局限性，所以相关国家应在尊重事实和国际法的基础上探寻合作的新路径和新方法；^②洛厄尔·鲍蒂斯塔认为，南海领土主权争端在国际法上确实是一个复杂的问题，《公约》的法律框架确实为解决南海争议提供了指导，但不是唯一的解决办法，南海问题的解决取决于各方是否愿意继续进行诚意谈判，以找到所有声索国都能接受的解决办法；^③安东尼奥斯·察纳科普洛斯分析了《公约》中关于强制争端解决机制的规定在处理南海问题时面临的诸多局限；^④安妮·秀安·萧评估了中国与南海声索国及美国之间围绕南海问题展开的"法律战"，认为自 2009 年，特别是菲律宾发起南海仲裁程序以来，"法律战"不仅增加了中国行为和中美关系的不确定性，也使东海和南海局势更加复杂。此外，中国对"法律战"的反应也表明，中国已经变得更加"以法治为导向"和霸权主义，中国的双重形象给南海争端的最终解决带来了一些不确定性。^⑤

3. 关于制约南海区域合作机制建设的影响因素研究

对于制约南海合作机制化建设的影响因素，国内学者更多地认为，是以美国为首的域外国家对南海问题的介入和东盟与部分南海声索国的南海政策，以及与中国在南海问题的互动上存在战略差异。

---

① 罗超：《南海争端解决机制法律框架初探》，《太原理工大学学报（社会科学版）》，2011 年第 2 期。

② 金永明：《论海洋法解决南海问题争议的局限性》，《国际观察》，2013 年第 4 期。

③ Lowell Bautista, "Thinking Outside the Box: The South China Sea Issue and the United Nations Convention on the Law of the Sea (Options,Limitations and Prospects)," *Philippine Law Journal*,Vol.81,2007.

④ [英] 安东尼奥斯·察纳科普洛斯：《〈联合国海洋法公约〉强制争端解决机制下的南海争端解决》，李逢译，《亚太安全与海洋研究》，2016 年第 4 期。

⑤ Anne Hsiu-An Hsiao, "China and the South China Sea 'Lawfare'," *Issues& Studies: A Social Science Quarterly on China,Taiwan,and East Asian Affairs*, Vol.52,No.2,2016.

例如，崔荣伟认为，以美、日等大国为代表的域外国家的渗透冲击了对南海问题的解决、中国与东盟双边战略存有差异、《宣言》自身固有的缺陷等是影响南海问题机制化程度的因素；[①]袁沙根据国际机制变迁的总体权力结构模式、问题结构模式、国际组织模式等进行分析，认为中国在"准则"磋商进程中面临美国搅局、中国经济权力无法转化为"准则"制定的权威、东盟在谈判进程中易被"绑架"三重障碍。[②]国外学者也同样关注中国、美国及东盟这三大力量之间的互动对南海合作机制建设的影响，例如，部分学者将原因归咎于中国因素，认为中国所制定的南海政策及在南海地区采取的一系列军事行动、岛礁建设活动等导致南海地区局势紧张，不利于南海问题解决方式的机制化建设。具体来说，学者们对于域外国家介入南海争端、东盟及其成员国的南海政策，以及与中国在南海问题上的互动等问题的研究，对于我们探究南海问题机制化建设的影响因素具有重大意义。

（1）对域外国家介入南海问题的相关研究

自 20 世纪 90 年代初南海问题逐渐成为地区热点以来，域外国家开始加大对南海争端的参与。1995 年，中菲美济礁事件后，美国开始有限介入南海争端。而随着 2009 年南海问题的持续升温，美国对南海事务展开了深度介入。同时，日本、印度和澳大利亚等国也追随美国，导致南海问题日趋国际化和复杂化，国内外专家学者对这一问题的关注度也不断上涨。

首先，中美南海海权博弈及美国相关南海政策研究。毫无疑问，南海问题已经成为中美关系中的一个焦点，任何论及中美关系、美国的亚太战略等的文章都会谈及南海问题。同时，专门探讨中美在南海问题上的博弈、美国南海政策的内容，以及介入南海的方式，

---

① 崔荣伟：《国际机制与南海问题探析》，《贵州工业大学学报（社会科学版）》，2007 年第 5 期。

② 袁沙：《中国"南海行为准则"谈判进程中面临的障碍及对策——基于国际机制变迁视角的分析》，《学术探索》，2016 年第 5 期。

美国学者、智库、主流媒体等视野下的南海问题等方面的文章也不断涌现。

中美南海海权博弈。杨震等认为，中美南海海权矛盾从根本上说是霸权国与新兴大国之间进行控制与反制之间的矛盾；[①] 杨志荣阐述了中美围绕岛礁建设、航行自由及争端解决方式3个方面展开的南海战略博弈，并指出其根源，认为在未来一段时期内，总体可控、斗而不破的中美南海战略博弈总基调将长期存在；[②] 李云鹏和沈志兴探讨了中美在南海问题上的"安全困境"，认为中美博弈只有在以双方的长远利益为重的前提下，才能够达到一种"良性"的纳什平衡状态；[③] 娄亚萍认为，中美围绕南海问题的较量类似"囚徒困境"博弈，要解决该外交困境，需要采取有效措施，进行利益协调；[④] 王晓文在中美战略博弈的背景下，考察了美国"印太"战略特别是其支点国家对南海问题的影响；[⑤] 格拉瑟·邦妮认为，中国和美国在南海日益紧张的关系不仅仅是岛礁主权争端的结果，这些分歧源于对亚洲未来国际秩序和巩固这一秩序的规则的分歧。[⑥]

美国的南海政策及其对南海问题的介入。信强认为，美国出于对中国崛起的疑惧，积极介入南海事务，并在旧有的"三不"政策基础上，新增了反对以历史依据提出主权声索和反对以双边谈判的形式协商解决南海争端这两项南海政策，形成了针对南海的"五不"

---

① 杨震、周云亨、朱漪：《论后冷战时代中美海权矛盾中的南海问题》，《太平洋学报》，2015年第4期。

② 杨志荣：《中美南海战略博弈的焦点、根源及发展趋势》，《亚太安全与海洋研究》，2017年第4期。

③ 李云鹏、沈志兴：《从"安全困境"看当前中美的南海博弈》，《东南亚南亚研究》，2015年第4期。

④ 娄亚萍：《中美在南海问题上的外交博弈及其路径选择》，《太平洋学报》，2012年第4期。

⑤ 王晓文：《美国"印太"战略对南海问题的影响——以"印太"战略支点国家为重点》，《东南亚研究》，2016年第5期。

⑥ Glaser Bonnie, "Seapower and Projection Forces in the South China Sea," *Hampton Roads International Security Quarterly*, 1 January, 2017.

政策框架；[①] 夏立平和聂正楠探讨了 21 世纪美国南海政策经历的由默认中国对南海诸岛的主权转变为中立和不介入，再从有限介入转变为深度介入的演变过程；[②] 竭仁贵透过霸权护持的视角，探讨了美国调整南海政策的背景、动因和实践；[③] 美国智库企业研究所专家迈克尔·奥斯林指出，为增加中国在南海达成目的的难度及便于时刻对中国在南海的行动做出反应，美国应将日本、印度、澳大利亚置于南海这一棋盘之中，并加紧构建在亚太地区的海上利益共同体；[④] 兰辛·肖恩认为，美国海岸警卫队特别适合解决在有争议的南海水域加强治理的需要，能够降低南海争端的风险。[⑤]

奥巴马执政期间南海政策。焦世新论述了在"亚太再平衡"的战略背景下，奥巴马政府的南海政策所经历的两次深刻调整；[⑥] 韦宗友认为，自 2010 年以来，奥巴马政府的南海政策日益朝着"积极干涉"和"选边站"的立场转移，折射与反映了其忧虑及战略决心。[⑦]

特朗普执政期间南海政策。韦宗友认为，南海问题并不是特朗普政府亚太政策的关注重点，但为了维护美国海上霸权及安抚亚太盟友，特朗普政府不会放弃南海问题，也不排除其拿南海问题作交易的可能性；[⑧] 马建英和姜斌认为，特朗普执政期间并未忽视南海问题，在保持对南海问题部分政策延续性的同时，还做了局部政策调

[①] 信强:《"五不"政策:美国南海政策解读》,《美国研究》,2014 年第 6 期。

[②] 夏立平、聂正楠:《21 世纪美国南海政策与中美南海博弈》,《社会科学》,2016 年第 10 期。

[③] 竭仁贵:《霸权护持战略视角下的美国南海政策调整及其表现》,《世界经济与政治论坛》,2017 年第 4 期。

[④] Michael Auslin, "U.S.'s Challenge in South China Sea," 1 July,2011,http://www.Realclearworld.com/articles/2011/07/01/uss_challenge_in_south_china_sea_99575.html.

[⑤] Lansing Shawn, "The coast guard can reduce risk in the South China Sea," United States Naval Institute,2017.

[⑥] 焦世新:《"亚太再平衡"与美国对南海政策的调整》,《美国研究》,2016 年第 6 期。

[⑦] 韦宗友:《解读奥巴马政府的南海政策》,《太平洋学报》,2016 年第 2 期。

[⑧] 韦宗友:《特朗普政府南海政策初探》,《东南亚研究》,2018 年第 2 期。

整与加强，未来除会继续运用一些"常规性"手段介入南海问题，也可能会实施一些新的举措甚至采取激进的行动；^①贺先青通过对特朗普政府涉南海话语的分析，推断出其在南海地区的挑衅行为将呈长期化趋势，同时会继续强化与同盟国和伙伴国的关系，以及加强法理攻势和舆论宣传来干预南海。^②

美国学者、智库、主流媒体等视野下的南海问题。薛力认为，美国学者影响美国南海政策。他就南海争端中的 7 个重要问题，对 7 个美国著名智库的 14 位专家进行了访谈，通过了解美国学者对南海问题的看法，有助于完善中国的南海政策。^③吴艳认为，自美国推行"亚太再平衡"战略以来，通过不断加强涉南海问题的议题设置和宣传报道，美国主流报刊在一定程度上推动了南海问题舆论国际化。^④吴艳通过对 5 个在全美外交政策和国际事务领域中最重要的智库关于南海问题的主要思想进行梳理，揭示美国智库在南海问题政策研究中的战略目标，为我国维护南海主权提供参考。^⑤李德霞认为，在国际舆论场上占据强势话语权的美国主流媒体在美国由有限介入到积极介入南海的过程中发挥了重要作用。^⑥李贵州通过对美国国会从 1995 年至今共 31 份南海问题决议案和法案文本进行研究，分析了其南海问题立场的演变与成因。^⑦科尔比·埃尔布里奇认为，美国应该更坚决地反击中国在南海的强硬态度，无论是直接的还是间接

---

① 马建英、姜斌：《特朗普政府的南海政策：举措、动因与前景》，《南海学刊》，2018 年第 2 期。

② 贺先青：《特朗普政府的南海政策：话语、行为与趋势》，《南海问题研究》，2018 年第 3 期。

③ 薛力：《美国学者视野中的南海问题》，《国际关系研究》，2014 年第 2 期。

④ 吴艳：《对外传播是实现国家利益的利器——美国主流媒体对"南海问题"的传播策略研究》，《对外传播》，2016 年第 12 期。

⑤ 吴艳：《美国智库对南海问题的研究和政策观点》，《国际关系研究》，2016 年第 4 期。

⑥ 李德霞：《南海领土争议中的美国主流媒体角色及其原因分析》，《南海学刊》，2017 年第 1 期。

⑦ 李贵州：《从美国国会议案看其南海问题态度及其根源》，《当代亚太》，2016 年第 5 期。

的，这种坚定的立场更有可能阻止中国在一个对美国具有重大意义的领域的影响力不断扩大。①

其次，日本介入南海问题相关研究。近些年来，随着南海局势升温，美国在"亚太再平衡"战略下积极介入南海问题，日本也加大了其介入力度。徐万胜、黄冕、张学昆和欧炫汐都分析了日本介入南海问题的多种路径：利用双边、多边外交推动南海问题国际化；加强与菲律宾、越南等南海声索国的防务安全合作，以多层援助体系及军事交流活动强化东南亚各国的海上防卫能力；与美、印、澳等其他区域外国家加强在南海问题上的联动；以国际法和"海洋法治"为名挑战中国在南海的合法维权行动；解禁集体自卫权，为军事上重返南海奠定法律基础。②葛红亮认为，日本的南海政策主要受其在南海问题上的政治、经济与战略利益影响，在其介入南海问题的过程中，东盟有着特殊的角色，二者在南海问题上的互动虽有不同步，却也给南海局势带来一系列不确定的影响。③李文探讨了在阿基诺三世执政时期，日、菲在南海问题上联手对抗中国，但因其在南海的利益关系，以及与中国的利害关系大相径庭，因此在南海问题上两国的战略分歧性远大于一致性。④沈海涛和刘玉丽运用对冲战略分析框架并引入影响"对冲"强度变化的因素，对 2015 年之后日本在南海问题上对华实施的"强对冲"战略进行了分析。⑤日本学者平松茂夫指出，日本可以通过不断加强美日同盟这一方式来实现对

---

① Colby,Elbridge, "Diplomacy and Security in the South China Sea," *Hampton Roads International Security Quarterly*,1 January,2017.

② 徐万胜、黄冕：《安倍政府介入南海问题的路径分析》，《东北亚学刊》，2017 年第 1 期;张学昆、欧炫汐：《日本介入南海问题的动因及路径分析》，《太平洋学报》,2016 年第 4 期。

③ 葛红亮：《日本的南海政策及其与东盟在南海问题上的互动关系分析》，《南海学刊》,2016 年第 1 期。

④ 李文：《日菲在南海问题上的根本战略分歧》，《学术前沿》,2017 年第 1 期。

⑤ 沈海涛、刘玉丽：《日本在南海问题上的对华政策新调整》，《东北亚论坛》,2020 年第 2 期。

中国通过非和平方式解决南海问题的抑制。①

再次，印度介入南海问题相关研究。自 2014 年莫迪政府上台后，印度所处外部环境、对美对华政策、海上安全战略都有所变化，其在南海问题上也变得更加活跃。楼春豪和林民旺都阐述了莫迪政府南海政策的新动向：加强与美、日、澳的海上对话机制建设；由对南海问题表态的"谨言"转变为更加主动，且不避讳敏感问题；由单独发声逐步走向同美、日、越等联合发声，并着手将越南打造成介入南海问题的地区抓手。②张学昆探讨了印度介入南海问题的动因，主要是出于做一个大国的抱负和制衡中国，同时也受追求地缘经济和能源利益的驱动。③胡潇文认为，进入 21 世纪以来，印度介入南海问题的战略与策略正逐渐由早期策略性介入的大周边外交转变为更侧重战略性部署的印太战略。④庞卫东通过对中国和印度学界在南海问题上的观点进行对比发现，两国学者在印度介入南海争端的发展趋势上存在不同的声音。不过，双方都认为因南海争端发生正面冲突的可能性较小。⑤

最后，澳大利亚介入南海问题相关研究。王雪松和刘金源认为，澳大利亚的南海政策主要集中于中国的岛礁建设、航行自由及南海仲裁案等方面，而在具体实施中，澳大利亚的南海政策呈现出避免单独介入、具有一定的模糊性、防范中国"控制"南海的意图明显等特点，而在经济与安全利益方面，澳大利亚已经形成了对中、美

---

① Shigeo Hiramatsu, "China's Advances in the South China Sea:Strategies and Objectives," *Asia-Pacific Review*,Vol.8,No.1,2001.

② 楼春豪：《印度莫迪政府南海政策评估》,《现代国际关系》,2017 年第 6 期;林民旺：《印度政府在南海问题上的新动向及其前景》,《太平洋学报》,2017 年第 2 期。

③ 张学昆：《印度介入南海问题的动因及路径分析》,《国际论坛》,2015 年第 6 期。

④ 胡潇文：《策略性介入到战略性部署——印度介入南海问题的新动向》,《国际展望》,2014 年第 2 期。

⑤ 庞卫东：《印度介入南海争端:战略投资还是战略投机？》,《南亚研究季刊》,2016 年第 4 期。

的"双重依赖"局面。①陈翔分析了澳大利亚介入南海争端的多个路径和动因，认为其不仅加剧了南海争端的复杂性，也阻碍中澳关系发展、加深澳大利亚自身的外交困境。②孙通和刘昌明认为，对中国崛起不确定性的担忧及美国因素是澳大利亚介入南海及对南海争端认知变化的根本动因。③

（2）东盟南海政策及中国—东盟双边关系中的南海问题研究

南海争端本是中国与东盟其他南海主权声索国之间的双边问题。在冷战结束前，南海问题并未进入东盟的议事日程。然而自20世纪90年代起，东盟开始关注南海局势，并逐渐加大介入南海问题的力度。

东盟的南海相关政策研究。王森和杨光海探讨了东盟"大国平衡外交"在南海问题上的运用，而作为整体的东盟组织与其成员国对于大国平衡外交的侧重点也有所不同。④聂文娟认为，东盟建立在"友好弱者"身份定位基础上的"反领导"策略导致了中国在南海政策上的被动。在南海问题上，东盟的"反领导"策略通过"论坛多边化""依据法理化""行为准则化"等方式表现出来。⑤周士新探讨了东盟在南海问题上的中立政策，但目前该政策正受到严峻挑战，未来走向主要取决于东盟内部与对外的互动和博弈。⑥赵国军探讨了在南海争端中，东盟既宣布保持中立，又推动南海问题"东盟化"，南海问题"东盟化"在短期内很可能为东盟创造进一步介入南海问

---

① 王雪松、刘金源：《"双重依赖"下的战略困境——澳大利亚南海政策及其特点》，《和平与发展》，2017年第3期。

② 陈翔：《澳大利亚介入南海争端的路径、动因及影响》，《东南亚研究》，2017年第3期。

③ 孙通、刘昌明：《澳大利亚对南海争端的认知与回应》，《国际论坛》，2018年第1期。

④ 王森、杨光海：《东盟"大国平衡外交"在南海问题上的运用》，《当代亚太》，2014年第1期。

⑤ 聂文娟：《东盟如何在南海问题上"反领导"了中国？——一种弱者的实践策略分析》，《当代亚太》，2013年第4期。

⑥ 周士新：《东盟在南海问题上的中立政策评析》，《当代亚太》，2016年第1期。

题的机会，从长远看却面临着内部分歧严重的困难。[1] 张明亮以东盟为视角，梳理和探讨了其推动"准则"的历程和动因，并分析了在这一过程中东盟表现出的务实与无奈。[2] 阿米塔夫·阿查亚认为，东盟采取多种方式将美、日、印、澳等域外势力拉进由其主导的多边机制之中，进而寻求获得地区主导地位和制衡中国。[3] 拉尔夫·埃莫斯探讨了东盟在南海问题上的中立政策，认为随着中美之间竞争加剧及南海局势升温，东盟的中立政策将受到挑战，而未来其能否维持这一政策很大程度上取决于中国的政策。[4]

中国—东盟关系中的南海问题研究。刘阿明研究了中国—东盟在南海问题上建构的一种混合型互动模式，东盟诸国选择两面下注战略，中国则通过调整行为方式确保在南海问题上形成于己有利的局面；[5] 张青磊探讨了中国—东盟南海问题的"安全化"困境，并指出通过重新定位、稳定转化、置换议题、话语引导等方法是解决该困境的有效途径；[6] 葛红亮和鞠海龙认为"中国—东盟命运共同体"战略构想的提出对南海问题、南海局势的演变产生积极的作用。[7]

（3）东盟国家的南海政策及其与中国在南海问题上的互动研究

东盟国家为南海问题机制化建设的直接参与者。研究其南海政策，并探讨其与中国在南海问题上的互动，对我们深入分析相关合

---

① 赵国军:《论南海问题"东盟化"的发展——东盟政策演变与中国应对》，《国际展望》,2013 年第 2 期。

② 张明亮:《原则下的妥协:东盟与"南海行为准则"谈判》,《东南亚研究》,2018 年第 3 期。

③ Amitav Acharya, "Seeking Security in the Dragon's Shadow China and Southeast Asia in the Emerging Asia Order," IDSS Working Papers,2003.

④ Ralf Emmers, "ASEAN's Search for Neutrality in the South China Sea," *Asian Journal of Peacebuilding*,Vol. 2,No. 1,2014.

⑤ 刘阿明:《两面下注与行为调整——中国—东盟在南海问题上的互动模式研究》,《当代亚太》,2011 年第 5 期。

⑥ 张青磊:《中国—东盟南海问题"安全化":进程、动因与解决路径》,《南洋问题研究》,2017 年第 2 期。

⑦ 葛红亮、鞠海龙:《"中国—东盟命运共同体"构想下南海问题的前景展望》,《东北亚论坛》,2014 年第 4 期。

作机制问题大有裨益。东盟国家与南海问题的关系分为声索国和非声索国。声索国包括越南、菲律宾、马来西亚、文莱和印尼，其中印尼与中国只存在在纳土纳海域专属经济区的重叠问题；非声索国包括新加坡、泰国、缅甸、老挝和柬埔寨。声索国的南海政策是围绕着对南海岛礁主权和海域管辖权的争夺，非声索国则更为注重南海地区形势的发展变化。陈相秒和马超探讨了在南海问题上东盟各成员国的不同利益要求：越南和菲律宾与中国在南海的矛盾和分歧较为突出，马来西亚、文莱和印尼在南海的岛礁主权利益相对较弱，新加坡、泰国、缅甸、老挝和柬埔寨与南海问题无直接利害关系，但都希望扮演协调者的角色。[1] 薛力总结了20多位来自非声索国专家在南海问题上的观点。[2] 除此之外，更多的学者则是对东盟南海主权声索国和非声索国的南海政策、策略及其与中国在南海问题上的互动进行专门研究。

越南。张明亮认为，南海问题在越南外交中的地位越来越重要，越来越影响到越南外交的走向以及多组重要的双边关系；[3] 李春霞探讨了越南借力大国博弈，在南海策略上同时推进南海问题东盟化和国际化；[4] 李金明认为，越南的南海政策在某种程度受杜特尔特对南海问题的务实态度影响，转向保持克制，同意以双边谈判的和平方式解决争端；[5] 基于对南海"981"钻井平台冲突的分析，曾勇认为，今后越南的南海政策将继续采用系统性举措维护其非法所得，并有可能倾向于美日等域外国家；[6] 赵卫华认为，自2019年7月以来，围绕万安

---

① 陈相秒、马超：《论东盟对南海问题利益要求和政策选择》，《国际观察》，2016年第1期。

② 薛力：《理解南海争端：来自非声索国专家的观点》，《东南亚研究》，2014年第6期。

③ 张明亮：《"南海问题化"的越南外交》，《东南亚研究》，2017年第1期。

④ 李春霞：《大国博弈下越南南海策略调整：东盟化与国家化》，《太平洋学报》，2017年第2期。

⑤ 李金明：《当前南海局势与越南的南海政策》，《学术前沿》，2016年第23期。

⑥ 曾勇：《南海"981"钻井平台冲突折射的越南南海政策》，《当代亚太》，2016年第1期。

滩油气项目，中越南海形势一度紧张。越南意欲在美国"印太战略"深入推进、中美贸易战持续，以及中国在南海地位增强的背景下乘机将万安滩附近排除在争端范围之外，以达成对己有利的"准则"。但在其内部权力分配问题的制约下，中越关系并不会突破和局，南海形势总体将维持稳定。① 越南学者陈长水指出，越南应基于越中友好的合作伙伴关系，通过双边谈判推进南海问题的积极解决。

菲律宾。周永生认为，杜特尔特在南海问题上执行了一种比较现实的政策路线；② 鞠海龙探讨了在"重返亚太"战略背景下，菲美关系的加强在一定程度上推动了菲律宾南海政策的激进化；③ 张南侠分析了自杜特尔特总统执政以来，菲律宾政府的外交政策由"联美制华"到"大国平衡"的转变，在南海问题上采取主动降温的方式，并承诺愿意推进"准则"磋商，展开与中国的务实合作，但同时杜特尔特政府的对华政策仍具有不确定性；④ 叶淑兰和俞慧敏探讨了菲律宾以诉诸效果悲情意识、援引案例与国际法、诉诸权威法庭与人物等方式对其南海话语进行论证，并揭露了这种法理论证存在的问题；⑤ 余文全通过对中菲3次南海共同经历进行分析，得出争议区域的共同开发存在在哪儿开发、怎样开发和利益共享等行为逻辑和制约因素；⑥ 菲律宾学者艾琳·S.P.巴维拉在参加第4届南海合作与发展国际研讨会时表示，"准则"磋商仍面临战略疑虑、大国竞争等挑战，相关国家应首先聚焦于"准则"所追求的冲突预防和危机管理的核

① 赵卫华：《越南在南海新动向与中越关系走势》，《边界与海洋研究》，2020年第1期。

② 周永生：《杜特尔特的亚太战略与纵横之术》，《学术前沿》，2017年第1期。

③ 鞠海龙：《菲律宾南海政策中的美国因素》，《国际问题研究》，2013年第3期。

④ 张南侠：《调整与延续：杜特尔特政府的对华政策》，《战略决策研究》，2020年第2期。

⑤ 叶淑兰、俞慧敏：《菲律宾南海话语的法理论证：理据、说服与解构》，《亚太安全与海洋研究》，2020年第2期。

⑥ 余文全：《中菲南海争议区域共同开发：曲折过程与基本难题》，《国际论坛》，2020年第2期。

心目标，"准则"本身并不是目的。①

印尼。韦健锋和张会叶探讨了冷战结束后，印尼通过维护纳土纳群岛及其专属经济区的权益，以及提升其在处理南海争端中的"调停者"角色，进而提升其在地区事务中的话语权；②龚晓辉认为，佐科总统提出的"世界海洋轴心"战略构想将成为新时期指导印尼南海政策发展的指导性纲领；③潘玥探讨了中国与印尼在南海问题上的互动，在南海问题上，印尼与中国有真实存在的争议，宣称中立却秉持并不中立的立场，这种矛盾主要是出于自身国家利益的考虑；④里斯蒂安·阿特里安迪·苏普里扬托认为，随着自身利益和地缘政治现实的显现，印尼作为南海争端中立国和潜在调解人的立场很快将站不住脚。⑤

马来西亚。艾哈迈德·穆罕默德·扎基、莫哈末萨尼·莫哈末阿齐祖丁认为，与越南和菲律宾不同，马来西亚在南海岛礁主权利益上表现较弱。马来西亚领导人意识到，有必要继续采取更加谨慎但务实的南海策略，来应对中国在南沙群岛日益激进的行动。⑥

新加坡。赵泽琳探讨了新加坡在南海问题上务实且富有弹性的外交策略，以及立足安全、积极中立和调和行事的基本立场，是一个可争取的积极因素；⑦张明亮探讨了新加坡在出任"东盟对华关系

---

① 菲律宾学者谈"南海行为准则"，海外网，2018 年 4 月 9 日，http://nanhai. haiwainet.cn/n/2018/0409/c3542196-31294897.html。

② 韦健锋、张会叶：《论冷战后印尼的南海政策及其利益考量》，《和平与发展》，2016 年第 1 期。

③ 龚晓辉：《佐科政府南海政策初探》，《东南亚研究》，2016 年第 1 期。

④ 潘玥：《试析中印尼在南海问题上的互动模型》，《东南亚南亚研究》，2017 年第 1 期。

⑤ Ristian Atriandi Supriyanto, "Indonesia's South China Sea Dilemma: Between Neutrality and Self-Interest," RSIS Commentaries,No.126,2012.

⑥ AHMAD,MOHAMMAD ZAKI; MOHD SANI,MOHD AZIZUDDIN, "China's Assertive Posture in Reinforcing its Territorial and Sovereignty Claims in the South China Sea: An Insight into Malaysia's Stance," *Japanese Journal of Political Science*,2017.

⑦ 赵泽琳：《新加坡在南海问题上的弹性外交》，《战略决策研究》，2016 年第 3 期。

协调国"期间（2015—2018 年）为"南海仲裁案"的多番、多种"背书"之举，无法"诚实""公正"地斡旋南海问题，但却为"准则"磋商、达成准则框架做出了努力。[1]

老挝。陈翔分析了老挝希望和平且主张双边谈判解决矛盾、奉行中立政策、反对南海问题国际化和多边化的南海政策，有利于南海局势的稳定。[2]

柬埔寨。邵建平探讨了柬埔寨在南海争端上希望争端各方通过和平手段解决争端、奉行中立政策和不希望南海问题东盟化和国际化的态度。[3]

（三）小结

总而言之，通过对上述问题的文献梳理我们发现：

第一，国内学者对南海合作机制的研究尚存在诸多不完善的地方。具体如下：其一，多数学者聚焦于为推进南海合作机制建设建言献策的研究，缺少理论建构方面的著作和文章；其二，国内学者对南海合作机制的研究领域比较宽泛，尤其对具体问题领域合作机制创设的研究比较充分，但却相对松散，整体感和体系性有待进一步完善和提高；其三，关于南海合作机制研究内容大而化之雷同论述较多，研究方法也多以文本分析和案例分析为主，具有新颖视角的研究相对较少。

第二，国际机制理论从提出至今，微观理论的发展相较于宏观理论仍十分薄弱，且由于国际机制的概念及其对国际合作的设定都是对西方的一种反映和折射，因而其很难解释在机制之外的非西方国家或西方不发达国家如何寻求加入国际机制，或如何寻求构建并维持国际机制以实现国际合作。同时，近几十年来，国外专家学者

---

[1] 张明亮：《斡旋中"背书"——"东盟对华关系协调过"新加坡与南海问题》，《东南亚研究》，2017 年第 4 期。

[2] 陈翔：《析老挝南海政策的成因及影响》，《学术探索》，2017 年第 1 期。

[3] 邵建平：《柬埔寨对南海争端的态度探析》，《国际论坛》，2013 年第 6 期。

有关南海问题的研究成果也甚为丰富，但多是对其政府统治精英利益和价值观念的反映，相关论述和观点不可避免地具有一定程度的偏狭性。具体而言，一方面，国外学者对南海问题的研究多数都是以西方中心论为出发点，忽视中国南海政策的主权本质，具有批评中国的倾向，认为中国是在侵犯其他南海声索国的主权，将中国捍卫海洋权益的正义之举歪曲为中国的霸权行径，更借机宣扬"中国威胁论"，为其他南海主权声索国及美国、日本等域外国家出谋划策，以遏制崛起中的中国。另一方面，国外学者过于依赖现实主义理论。南海问题虽属于传统安全研究的范畴，但就其影响来说，具备很多的经济因素，同时随着南海问题中非传统安全因素的逐渐增多，仅依靠现实主义理论，解释力是远远不够的，需要从更广阔的各种理论中寻找更合适的研究工具。此外，不可否认，各国学者在对南海问题的研究上并不是铁板一块，也存在不同的侧重点和倾向性。因而，对于提倡合作的实际提议和理论观点应进行肯定和支持，而对于刻意淡化南海问题本质，站在自己国家立场渲染中国负面影响的研究成果，我们应进行有力的回击，以争取国际学术界研究阵地。

三、研究目标、方法、创新及不足

（一）研究目标

本研究的目标如下：

第一个目标是，通过对三大传统国际关系理论流派关于国际机制构建的解释模式进行一个相对全面的梳理和分析，进而在选择性接受前人研究成果精华和对其进行批判的基础上，构建出本人对于影响国际机制构建主要变量的分析框架。

第二个目标是，在所构建的关于影响国际机制构建主要变量的分析框架下，探析为何中国—东盟国家南海区域合作机制难以往更高层次方向发展。

第三个目标是，在中国—东盟国家南海区域合作机制构建面临诸多困境的背景下，探索推进其发展的现实路径。

（二）研究方法

论文在写作过程中主要运用了以下研究方法：

1. 文献研究法。文献研究法被广泛用于各种学科的研究中，其是根据一定的研究目的来搜集、鉴别和整理文献，进而综合性地获悉所要研究的问题并对事实形成一种科学认识的方法。对中国与东盟国家所构建的南海区域合作机制相关研究文献的整理，有助于了解其历史和现状，为进行后续的深入分析奠定基础。

2. 历史分析法。历史分析法以发展、变化的观点分析社会现象和客观事物，属于一种具体分析方法。本书深入探讨了中国与东盟国家为解决南海问题所开展的机制建设的探索，尤其是为达成具有约束力的规则所进行的努力，通过对南海区域合作机制的历史沿革进行分析，追根溯源，才能探讨其中的影响因素，并对其未来走势做出判断和展望。

3. 定性分析法。定性分析法旨在达到对研究对象进行"质"的方面的认识和分析。在对中国—东盟国家南海区域合作机制的相关文献与材料进行整合与探究的基础上，能够使我们认清中国与东盟及相关国家的应对姿态、参与立场及政策，以及其中多重不同影响程度的变量，使我们对南海区域合作机制的创设与发展问题的认识更加深刻。

4. 比较研究法。比较是深入认识事物的基础。本书在对首轮"准则"谈判和第二轮"准则"磋商进行探讨的过程中，分别分析了不同阶段的背景、中国与东盟及相关国家所做出的努力。同时，后文相关内容也对"准则"框架内容与《宣言》内容进行了对比，寻找其异同，有助于对当前的"准则"谈判做出预判。

（三）研究创新

本书在已有研究成果的基础上做出了一些新的补充，特色之处主要体现在以下几个方面。

1. 国际机制本身是一个研究难度很大的主题，要构建出自己的关于影响国际机制创设的主要变量的理论同样非常困难。但本书还是在批判性地吸收新现实主义、新自由主义和建构主义有关国际机制创设模式与路径理论精华的基础上，初步构建了本人认为比较合理且全面的影响国际机制，特别是区域国际机制创设的主要变量的分析框架。尽管由于本人的学术素养还不高，构建出的理论分析框架免不了有这样或那样的缺陷，但是，这毕竟在前人研究的基础上又向前迈出了一小步。

2. 已有研究多是从以美国为首域外国家对南海问题的介入、东盟及其成员国的南海政策，以及与中国在南海问题上的互动等视角探讨影响南海问题机制化建设的因素，多属于就事论事型政策性研究。本书从理论建构方面，综合运用了三大传统国际关系理论的观点，通过搭建自己的分析框架，并结合国际法学科领域的相关理论和知识，以宏观视角来分析了中国—东盟国家南海区域合作机制创设所面临的困境，能够比较全面且深刻地触及其背后的影响变量，不仅提升了对该问题论述和分析的学理性和科学性，也可谓对该研究视角的一种创新。

（四）研究不足

本书对中国—东盟国家南海区域合作机制的探究具体来说存在以下几方面问题：

1. 影响国际机制构建的变量多种多样，单单相对全面地归纳、总结出各家各派有关影响国际机制构建的主要变量就并不容易。在批判性地吸收现有国际机制理论的基础上，构建出自己的理论分析框架并指导对区域合作机制，尤其是涵盖了不同问题领域的中国—东盟国家南海区域合作机制的研究，更是难上加难，不可避免地会存在缺陷。

2. 本书的参考资料主要来源于期刊、书籍、网站及报纸等与本研究相关的学术论文、新闻等二手资料，所能搜集到和采用的第一手资料有限。这主要是机制构建属于国家外交工作的一部分，因而，对于目前正在构建中的"准则"的分析，部分出于逻辑推演，可能与具体实情存在一定的偏差。笔者将继续关注"准则"等南海相关合作机制建设，希望在日后的研究中可以进一步完善。

3. 由于南海问题的极其复杂性及涉及领域的广泛性，对其开展研究也相应地需要借助多学科。作为一名国际关系专业学生，本书的写作主要是以国际关系为视角，较少结合其他学科，尤其是国际法方面的知识。这不可避免地使文中与之相关的内容不够深刻。此外，本书的研究方法也较为单一，主要是对研究对象的描述和分析，缺少数据、图表等的填充，因而在对一些具体问题的说明上略欠缺说服力。

四、主要结论与本书结构

（一）主要结论

通过对中国—东盟国家南海区域合作机制构建现状进行探讨，尤其是以本人构建的理论分析框架为基础对影响其创设的主要变量进行深入分析，得出以下几个具有理论意义和现实意义的结论。

1. 在分析了分别基于权力、利益和知识因素的新现实主义、新自由主义和建构主义国际机制理论的解释力与不足，并利用理性主义和社会学这两种研究路径之间的差异和互补的基础上，本书搭建了一个影响国际机制创设的主要变量的分析框架，即影响国际机制构建的促进变量为存在能够扮演结构型、企业家型或智慧型等两种以上"领导者"角色的国际或国家集团；参与机制建设的国际行为体之间拥有共同利益或互补利益；参与者之间能够形成集体认同。同时，还存在一些重要的干扰变量，例如被理性主义的国际机制理论所忽视的国内政治因素，以及外来的霸权干涉和大国对抗带来的外生的结构性压力等。

2. 通过对中国—东盟国家南海区域合作机制发展脉络的梳理及有效性和局限性的分析，可以得知现有南海区域合作机制具有一定的有效性，尤以《宣言》等机制的功能有效性比较突出；同时，源于机制的自身缺陷和外在制约，也存在诸多局限性。

3. 在中国—东盟国家南海区域合作机制的创设和发展朝着更高层次方向迈进的道路上，扮演"领导者"角色的国家的缺位使其推动力不足；在共同利益上，受南海问题领域敏感程度高的影响，很难形成牢固的共同利益纽带使其缺少促进机制建设的根本动力；地区认同的缺乏和难以建立，使机制建设缺少黏合利益分歧及协调利益政策预期的助推力；作为干扰变量的国内政治所发挥的影响，有时是正向有时是反向的。尽管以美国为首域外国家插手南海事务打破了地区权力格局，但作为南海问题非当事国，其很难参与南海合作机制的创设；域外国家与部分南海声索国在制定南海合作机制的战略目标上存在差异。因此，以美国为首的域外国家也很难通过发展与部分南海声索国的关系来间接操控机制磋商与制定，故其在相关南海区域合作机制的建设上影响力有限。

4. 基于中国—东盟国家在构建南海区域合作机制中存在的法律、实践、理念和现实 4 个方面，通过培育多元化互动合作主体，正确看待南海区域合作中领土主权争端和海域划界问题，增强各方合作互信并凝聚利益共识，同时分别以低敏感领域合作机制建设和"准则"制定作为推进南海区域合作机制创设和发展的重要突破口和核心，可谓中国—东盟国家南海合作机制构建和发展的务实之路。

5. 积极作为并主动参与中国—东盟国家南海区域合作机制建设、维护并巩固中国与东盟国家之间稳定的双边关系、妥善应对以美国为首的域外国家对南海问题，尤其是"准则"制定的介入等是作为南海区域合作机制的重要参与方的中国，扭转其在中国—东盟国家南海区域合作机制构建和发展中发挥的作用与自身力量对比不相称局面所必须采取的措施。

（二）本书结构

本书正文主要包括 4 章：

第一章首先对国际机制这一充满争议的概念进行了明确辨析，并以此为基础探讨了国际机制的分类、有效性和局限性，紧接着重点对新现实主义、新自由制度主义和建构主义关于国际机制创设的解释模式进行一个相对全面的梳理和分析，然后构建出本人对于影响国际机制创设和发展主要变量的分析框架，即影响国际机制创设的主要变量为扮演"领导者"角色的国家或国家集团、共同利益和集体认同等促进变量，以及国内政治、外部结构性压力这两个干扰变量。

第二章从历史的角度详述了中国—东盟国家南海地区双边、多边协商机制的发展脉络，并对其有效性与局限性进行了分析。

第三章以上文搭建的关于影响国际机制创设的主要变量的分析框架为基础，对影响中国—东盟国家南海区域合作机制建立的因素进行逐一深入分析。

第四章探讨了推进中国—东盟国家南海区域合作机制建设的基础性因素，并分析了破解中国—东盟国家南海区域合作机制构建困境的路径选择，最后提出了中国推进中国—东盟国家南海区域合作机制建设的应对之策。

本书的主要结构及其逻辑如下图所示：

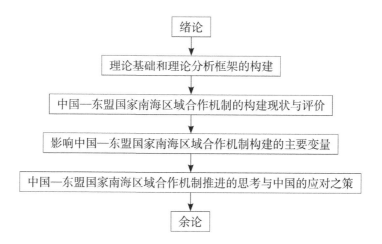

绪论

理论基础和理论分析框架的构建

中国—东盟国家南海区域合作机制的构建现状与评价

影响中国—东盟国家南海区域合作机制构建的主要变量

中国—东盟国家南海区域合作机制推进的思考与中国的应对之策

余论

第一章 理论基础和理论分析框架的构建

随着国际机制这一概念的提出并得到越来越频繁的运用，国际机制理论逐渐发展，其重要性越来越凸显，并日益成为现代西方国际关系理论中最具解释力的理论之一。国际机制理论是在现实主义、自由主义、建构主义三大国际关系理论主流流派的论争中成长起来的。它吸收了各派理论的精髓，随着理论研究的深化，国际机制理论日臻成熟。本部分在对国际机制这一充满争议的概念进行明确辨析的基础上，探讨了国际机制的有效性和局限性，并重点对三大理论流派关于国际机制创设的解释模式进行一个相对全面的梳理和分析。然后，在选择性接受前人研究成果精华和对其进行批判的基础上，构建出本人对于影响国际机制创设主要变量的分析框架。

一、国际机制的概念辨析

（一）国际机制概念的含义

国际机制（International Regime）这一术语的产生与发展是国际政治现实状况与发展特征的反映，以及国际政治学者才智和追求的体现。事实上，它是学者们对国际组织研究的深化才促使国际机制理论的产生。《国际组织》这一权威学术期刊在 1947 年创刊时主要是研究正式的国际机构。在研究的过程中，学者们发现国际组织的实践与创立时的初衷往往相违背，于是开始探究影响国际组织运作结果的缘由，并将其研究目光投向国际组织之外的领域。20 世纪 70 年代，国际政治的重大变化不仅促使国际政治经济学的兴起，也有助于对国际组织的研究，而国际机制理论也从此时国际关系的复合相互依赖模式中发展而来，①国际机制的概念被首先提出。1975年，约翰·鲁杰将国际机制这一概念引入国际政治文献中，在其发表于《国际组织》的文章《对技术的国际回应：概念与趋势》中，将机制定义为"由一群国家接受的一系列相互的预期、规则与规章、计划、组织的能量以及资金的承诺"。②同时，恩斯特·哈斯在其分别发表于《国际组织》和《世界政治》杂志的两篇文章中也阐述了国际机制的概念。这一概念的产生表明学者们在对国际组织的研究上已然突破了正式国际机构的框架，逐步将研究视角转移到对背后支配国际机构运作的规则和制度的研究，国际机制理论开始逐步发展起来。此后，国际机制逐渐成为诸多国际关系理论范式的论述对象和研究重点。

由于国际机制并不是一个实体，而是作为一个抽象的概念存在，因而同权力、国家等政治学概念一样，国际机制的概念也具有争议性——从不同理论角度出发，学者们对国际机制的概念有不同的定义。1981年斯蒂芬·克拉斯纳给出了迄今被广泛接受的定义："机制可定义为在国际关系的议题领域中行为体愿望汇聚而成的一系列隐含的或明确的原则、规范、规则及决策程序。所谓原则，是指对事实、因果关系和诚实的信仰；所谓规范，是指以权利和义务方式确立的行为标准；所谓规则，是指对行动的专门规定和禁止；所谓决策程序，是指制定和执行集体选择政策的习惯。"③这一定义吸收了其他学者对机制进行界定的合理要素，不仅明确了国际机制适用范围为国际关系议题领域，还明确了国际机制的内容为原则、规范、规则和决

---

① ［美］罗伯特·基欧汉、约瑟夫·奈著：《权力与相互依赖》，门洪华译，北京：北京大学出版社2012年版，《构筑新自由制度主义的理论基石——译者前言》，第6页。

② ［美］罗伯特·基欧汉著：《霸权之后：世界政治经济中的合作与纷争》，苏长河、信强、何曜译，上海：上海人民出版社2012年版，第57页。

③ ［美］罗伯特·基欧汉著：《霸权之后：世界政治经济中的合作与纷争》，苏长河、信强、何曜译，上海：上海人民出版社2012年版，第57—59页。

策程序，并指出原则和规范决定国际机制的本质特征是意识层面，各种规则和决策程序是实践层面，也就是意识层面的具体表述。同时，还明确了行为体预期的一致性为国际机制的主体及存在条件，是对其他国际机制概念的一个高度总结和概括，得到了多数学者的肯定。但该定义也并非尽善尽美，仍然招致多种批评。

在克拉斯纳的定义之后，又有一些学者从不同视角界定国际机制概念。罗伯特·基欧汉指出，国际机制是指"有关国际关系特定问题领域的、政府同意建立的有明确规则的制度"。[①] 该定义考虑了国际机制的动态操作性，强调了"得到政府同意"，但以规则一词代替原则、规则、规范和决策程序，显得过于简单化和模糊化。奥兰·扬认为，机制由管理行为体活动的社会制度构成，其核心是一系列被正式制定出来的涉及宽泛内容的权利和规则，同时，国际机制的概念中也涵盖特定的活动模式和决策过程。[②] 该定义强调了机制的动态性，指出了机制的构成及核心内容，但未阐明国际机制的来源。赫德利·布尔也从动态操作性的角度将国际机制理解为"一般性强制原则，它要求或授权个人或群体的特定阶层按特定的方式行动"。[③] 总的来说，这些从不同角度对国际机制的阐释，的确有助于深化对国际机制定义的认识，但并未从原则上超越克拉斯纳的定义，也无法取代其地位。实质上，克拉斯纳对国际机制的定义没有触及国际关系三大理论流派的核心争论，从而有效避免了各理论流派在定义上的争论，被各派理论所接受，成为有关国际机制讨论的基础。

国内学术界存在对"International Regimes"这一术语的多种译法，主要包括"国际规制""国际制度""国际机制""国际体制"等。

---

① ［美］罗伯特·基欧汉、约瑟夫·奈著：《权力与相互依赖》，门洪华译，北京：北京大学出版社 2012 年版，《构筑新自由制度主义的理论基石——译者前言》，第 7 页。

② 龚克瑜：《对国际机制与东亚经济合作机制的初步探讨》，载《东亚和平与发展》，蔡建国主编，上海：同济大学出版社 2008 年版，第 200 页。

③ Hedley Bull, *The Anarchical society*, New York: Colombia University Press, 1977, p.54.

秦亚青取"规范"和"制度"之意,将其译为"国际规制";[①] 王逸舟在其出版的《当代国际政治析论》一书中将"regime"译为"规则",并对其进行了初步分析;[②] 王杰主编的《国际机制论》将"regime"译为"机制",并且接受了克拉斯纳对国际机制的定义。[③] 而从本书所考察的角度出发,笔者采用"国际机制"这一译法。事实上,国内对国际机制进行研究的学者,在国际机制的定义上,多数都接受了克拉斯纳的观点,或者在选择性接受此定义的基础上,依据自身的研究角度做出一些修补。国内比较有代表性的是刘杰的观点,他将国际机制定义为:"国际社会为适应国际关系稳定和发展的需要,在协调国家行为基础上形成的国际体制、原则、规则及其运作方式的有机系统安排。"[④] 这一定义强调了静态规范和动态运作的同等重要地位,但将国际机制的目的笼统地概括为适应国际关系的稳定和发展,忽视了现存国际机制主要还是围绕国际社会中的特定问题展开。

综合上述观点,本书将国际机制概念理解为:国际社会各行为体(主要指民族国家和国际组织)围绕特定的问题领域,在共同认知和期望下协调各方行为形成的一系列明示或暗示的原则、规范、规则和决策程序的有机系统安排。机制以促进特定问题的解决和各行为体之间的共同发展、维护国际社会的和平与稳定以及创造、维护国际秩序为目的,不仅能规范参与其中的行为体的行为,塑造行为体的预期,还能为适应现实世界不断妥协调整。

(二)国际机制与相关概念的区别

在国际政治理论中,有一些概念,如国际制度、国际法等,与国际机制的关系十分密切。如果不将这些概念与国际机制进行对比,

---

① 秦亚青:《霸权体系与国际冲突》,上海:上海人民出版社1999年版,第275页。

② 王逸舟:《国际政治析论》,上海:上海人民出版社1995年版,第369—371页。

③ 王杰:《国际机制论》,北京:新华出版社2002年版,绪论,第1—2页。

④ 刘杰:《论转型期的国际机制》,《欧洲》,1997年第6期,第38页。

我们很难准确把握和辨别国际机制。因此，在下面的论述中，我们将国际机制与相关概念进行辨别，以进一步深化对国际机制的认识。

1. 国际机制与国际制度

国际机制与国际制度（International Institutions）这一对概念十分容易混淆，很难区分。事实上，很多学者直接将两者画等号。美国现实主义学者约翰·米尔斯海默在其发表的《国际制度的虚假承诺》一文中明确提出将机制和制度视为完全同义的概念。[①] 而在莉萨·马丁和贝思·西蒙斯所编著的《国际制度》一书中，两位作者认为，在某些情况下，对国际机制、国际制度、国际组织这些术语进行区分是没有意义的，因为很多作者对这几个词是互换使用的，但指出将机制或制度归为一个方面，将组织归为另一个方面是可取的。[②]

之所以国际机制与国际制度的概念容易混淆，在很大程度上是因为这两个概念的指代内容和应用范围十分接近，甚至有很多重合部分。国际机制概念的含义，在上文我们对其已经进行了阐释。为尽可能明确认识这两个概念，我们还需要探讨一下国际制度的定义。在《布莱克维尔政治学百科全书》中，"Institution"一词被同时翻译为"机构"和"制度"，说明其既有"制度"的意思，也可以理解为"机构"的意思，即"制度"这一概念的内涵比"机制"更宽泛。20世纪80年代后期，基欧汉提出国际制度的概念，并系统建构了以国际制度为核心的理论框架，发展出了新自由制度主义，他认为制度是持续作用、相互联系的正式或非正式的规则集合——这些规则规定行为的角色、限制行动并塑造行为者期望。进而，基欧汉认为国际制度是包含国际组织、国际机制和国际惯例3个方面内容的体系。其中，国际机制和国际惯例分别是指克拉斯纳国际机制定义中明示和隐含的机制。在基欧汉看来，国际组织、国际机制和国际惯

---

① John J. Mearsheimer, "The False Promise of International Institutions," *International Security*, Vol.19, No.3, Winter 1994/1995, p.337.

② ［美］莉萨·马丁、贝思·西蒙斯著，黄仁伟、蔡鸿鹏译：《国际制度》，上海：上海世纪出版集团2006年版。

例是相互作用的一个整体，其对国际制度的分析可谓是有关国际制度、国际机制、国际组织和国际惯例之间关系最全面、系统的论述，形成了独具特色的国际制度学派，但从语义概念上看，基欧汉对国际制度的论述与克拉斯纳关于国际机制的定义并无背离，可谓基本相同。

总的来说，谈及国际机制与国际制度的区别与联系时，我更倾向于赞同国际制度是一个可以包含国际机制的比较宽泛的概念。

2. 国际机制与国际法

国际法也是与国际机制关系十分密切的一个概念，两者既存在紧密联系又有重大区别。王铁崖主编的《国际法》将国际法定义为："它是主要调整国家之间的关系的有拘束力的原则、规则和规章、制度的总体"，其中国际法的主体，除国家外，在一定条件和一定范围内还包括类似国家的政治实体以及国家组成的国际组织。[1]《布莱克维尔政治学百科全书》指出国际法是"对两国或多国之间的关系进行集体性调整的法规和惯例的总体"。总的来说，国际法是指用于调节主权国家之间以及其他具有国际人格的实体之间关系的包括实在国际法、习惯国际法等在内的规则体系。那么，"一系列明示或默示的原则、规则、规范及决策程序"与"规则体系"之间有哪些联系与区别呢？下面来进行探讨。

从联系上看，国际机制与国际法在内容、特征及基本功能上有重叠和相似之处。首先，在内容上，国际法中的实在法与明示的国际机制类似，两者都包括正式的协议、条约和宣言；而国际法中的习惯法则类似于默示的国际机制。其次，国际机制主要有主观性、广泛性、系统性与权威性等特征，而国际法也同样具备以上各种特征：第一，建立在参与者主观认同基础上的国际机制具有鲜明的主观性特征，不管是其生成因素还是表现形式，都体现出主观性特征，而涵盖一系列规则体系的国际法的形成和遵守，同样基于主权国家

---

① 王铁崖：《国际法》，北京：法律出版社1995年版，第1页。

及具有国际人格的实体对其的主观认同。第二，系统性特征强调了国际机制内在的层次性及整体性，原则、规范、规则及决策程序这 4 个不同层次的要素，共同构成一个整体性的国际机制；而国际法同样具有一定的系统性特征，国际法基本原则是国际法存在的基础——实在法、习惯国际法都是在国际法基本原则指导下形成和发展起来的或者是从基本原则派生、引申出来的。第三，美国学者唐纳德·普查拉和雷蒙德·霍普金斯认为，在国际关系中任何一个实际的问题领域都存在一些原则、规范和规则对其做出解释。[①]这一说法尽管被一些学者认为过于宽泛，但从实践来看，当前的国际机制具有明确的广泛性特征，的确已涉及国际关系的各个领域；类似地，国际法目前也已经涉及国际政治、经济、文化等各个领域。同时，不管是从广度还是深度上看，国际法的介入力度都在加大之中。第四，国际法同国际机制一样，都能在一定程度上影响国际行为体的行为，并且促使这些行为体依照国际法或机制所包含的规范、规则行事，具有"权威性"特征。最后，从基本功能上看，国际法与国际机制都旨在减少冲突、促进合作。

通过对国际机制与国际法内容、特征与功能的比较分析，我们可以发现，两者有诸多共同之处，是相似与交叉的概念，但国际法与国际机制并不是一种事物，两者存在一些明显的区别：一方面，国际机制只是体现了参与国的共识。尽管从价值观上看，国际机制含有消除国际争端、促进国际合作的意义，但这一合作并不总是反映国际公理和正义，也可能是霸权国家维护和巩固自身利益或者大国权力竞争和博弈的结果，比如构筑在美国单极霸权之下的一些机制及冷战时期美苏之间达成的一系列协议和机制。但作为得到国际社会普遍认可和遵守的规则体系，国际法基本反映了国际公理和争议，即国际机制的内容更多的是国际政治现实状况的反映，而国际法的内容具有比较强烈的规范性倾向。另一方面，从具体内容上看，

[①] Donald Puchala and Raymond Hopkins, "International Regimes:Lessons From Inductive Analysis," *International Organization*,Vol.36,1982,p.247.

如果我们将国际法界定为具体的国际法律规则，则国际机制的范围比国际法更大；而如果将国际法界定为涵盖范围和应用领域是全方位的普遍国际法，则国际法的范围比国际机制更广。事实上，所有国际机制的产生与运作都必须以普遍国际法为基础。此外，相较于国际法的形成，国际机制的构建更具有功能性的特点，例如在国际海洋环境保护领域，国际习惯法规则、《公约》等国际法为该领域问题提供了一个大的法律框架，但在不同海域，不管是对跨海域污染的控制，还是对捕捞行为的控制等，都存在不同的国际机制安排，但具体的国际法律规则却并未建立。

（三）国际机制的分类

从防止核扩散到进行南海保护、从国际贸易到濒危物种贸易、从臭氧层损耗到地中海盆地的污染控制、从航空运输到捕鲸业……国际机制的影响无处不在，且在成员资格、地理范围、功能领域、管理结构、发展阶段和复杂程度等方面存在千差万别。国际机制的种类多种多样，可以有不同的分类方式，学者们大都赞成按照问题领域、形式特征、作用范围等方式进行划分（见表1-1）。

表1-1　国际机制的分类

按照问题领域分类	按照形式特征分类	按照作用范围分类
国际安全机制	正式机制	双边机制
国际经济机制	非正式机制	地区性机制
国际环境机制	—	全球性机制
国际通信机制	—	—
国际海洋机制	—	—

按照问题领域及作用范围进行分类比较容易理解，下面主要来探讨按照形式特征对国际机制进行分类这一方式。

按照形式特征划分，国际机制可以分为正式机制和非正式机制。正式机制主要指那些由参与者通过构建具有法律约束力的规范和规则而产生，并且具有完善和周延的组织框架提供支持的国际机制，或者以非正规形式存在却具有对参与者形成法律约束力的权利和义务关系的机制；相反，非正式机制是指那些以参与者达成的共识为基础创建，仅具有道德上的约束力，一般靠口头承诺或君子协定来维持和强化，同时也可能存在联合工作组、代表会议等相对低端、松散的组织机构予以支持的国际机制。由此可见，正式和非正式国际机制的本质区别在于，参与者之间是否意图建立具有法律约束力的权利和义务关系。一般情况下，正式的国际机制因其具有能够对参与者的行为形成法律约束力的规范和规则的存在，以及常设机构、评估和监督机构等组织结构的支持，能够更有效地发挥其功能和权威性，有助于参与者对于初始问题的解决，这也正是为什么国际社会各行为体在围绕特定问题创设国际机制时更倾向于构建正式的国际机制，当然，最终能否成功构建受多重因素的影响。

需要指出的是，上述对于国际机制的不同分类方式在很大程度上只是具有理论含义，具体到国际实践中，情况则复杂得多。

二、国际机制的有效性与局限性

国际机制产生于国家之间在国际系统中的互动需要。由于国际社会的无政府状态和国家作为自私理性行为体的特征，国际机制的创设是困难的，往往需要霸权国和一些大国的强制和引导；但机制一旦建立起来，就成为国际关系中的独立、自由变量，能够独立地发挥作用。自20世纪40年代中期以来，国际社会的制度化进程不断加快，国际机制为国际社会行为体之间共同应对、处理和解决全球问题、区域问题乃至双边问题提供了有效的途径，国际机制的有效性逐步增强。但不可否认的是，国际机制也具有一定的局限性。对国际机制的有效性和局限性都有明确和充分的认识，才能达到认清国际机制作用的目的。

（一）国际机制的有效性

以对国际行为体的行为发生影响的角度为出发点，美国学者奥兰·扬提出了比较权威的关于国际机制有效性概念：衡量国际机制在多大程度上塑造或影响国际行为的一种尺度，[①] 即有效的国际机制安排能够引起行为主体、行为者的利益追求及行为者之间互动关系发生变化，促使这些行为者必须在多大程度上依该机制所包含的规则、规范行事。根据扬的界定，有效性只是程度大小的问题，但这一概念仅考虑了机制的实践效果，忽视或者回避了其他内容：其一，对于国际机制在多大程度上被行为体成功地执行和服从的考察，不应忽视国际机制所处的时空环境；同时，就国家而言，某一国际机制对其有效性如何，并不只针对国家行为体，还应包括对该国主权范围内所有组织及个人行为的评价。[②] 其二，尽管国际机制的"有效性"并不等同于"效率"，有效的机制未必符合效率评价原则；但实际上，从机制实施的成本和收益之间的对比来看，对机制效率高低的分析也是机制有效性的应有之义。

国内诸多学者在对国际机制有效性进行分析时，尽管研究视角有所差异，但大都借鉴了扬对该概念的定义，且多采纳理性主义的研究立场，整体并没有突破西方学者对国际机制有效性研究的框架。例如，王明国以国家行为的趋同或趋异来考察机制有效性，不仅将国际机制作为独立的变量，还将国内政治引入国际机制理论，具有一定的实践意义；[③] 刘庆荣运用经济学研究方法，认为能否降低国际合作中的交易费用，进而促进国家之间的合作，增加国家的利益，

---

① Oran R.Young, "The effectiveness of international institutions:hard cases and critical variables,"in James N. Rosenau & Ernst-Otto Czempiel, (eds.),*Governance Without Government:Order and Change in World Politics*,New York:Cambridge University Press,1992,pp.160-165.

② 王杰：《国际机制论》,北京:新华出版社 2002 年版,第 37—38 页。

③ 王明国：《国际机制对国家行为的影响——机制有效性的一种新的分析视角》,《世界经济与政治》,2003 年版第 6 期,第 47—49 页。

才是国际机制有效性的主要标准；[1]贾烈英以权力界定国际机制的有效性，认为在国际机制框架的政治军事领域，大国合作程度越高，机制越有效。[2]

总的来看，国内外学者对国际机制有效性进行分析的任何一种研究视角都有自身的优势，也有研究的缺点和不足。本书并不旨在对这一问题进行深入探究，或提出一种新的分析视角，旨在从一般层面上探讨国际机制有效性主要体现在哪几个方面，即主要从功能的范畴分析国际机制其自身的相关功能是否发挥了相应的作用，以为下文对现有中国—东盟国家南海区域合作机制的有效性进行分析奠定理论基础。国际机制的有效性主要体现在以下几个方面：

第一，国际机制促进国际合作，催生新的合作内容

新现实主义学派一方面承认合作在国际关系中的有限作用，另一方面，又认为具有理性利己特性的行为体在同其他行为体合作的过程中，对相对获益的关心远大于对绝对获益的关心；而对相对获益立场的坚持，决定了在国际社会中合作即使成功实现，也很难维持。因此，新现实主义者总体上并不认同在国际政治中合作与国际机制能够发挥作用，即使存在国际机制对合作的影响，也只不过是权力和利益的附带现象。

关于合作与国际机制的关系，基欧汉将国际社会看作不完善、有缺陷的市场，国际机制的作用是克服导致"政治市场失灵"的因素，从而促使存在利益分歧的行为体之间，因共同利益和相关机制的存在而使合作得以实现。基欧汉通过对科斯定理的反向逻辑推演，并运用经济学知识论证了国际机制通过创建法律责任模式、降低交易成本，以及提供完备和高质量信息等方法，不仅使霸权后时代的合作成为可能，而且成为现实：首先，国际机制虽然无法为无政府的

---

[1]　刘庆荣：《以交易费用为视角考察国际机制的有效性》，《学术探索》，2002 年第 7 期。

[2]　贾烈英：《国际制度的有效性：以联合国为例》，《国际政治科学》，2006 年第 1 期。

国际社会提供如国内社会那样稳固的法律责任模式，但它通过塑造行为体关于他者行为的预期，指导行为体因利益需要做出政策调整，同时有效提供可以规范各行为体行为的基本标准，并将不同领域的行为标准联系起来，进而以让双方或各方受益的方式促进行为体之间的合作。其次，"成本—收益"影响国家所实施的行为。过高的交易成本是影响国家之间合作的重要因素，而国际机制可以降低交易成本。一方面，如果行为体开展新的谈判议题与机制中已有的原则和规则相一致则有助于降低谈判拟定协议的成本，反之会提高非法交易合作的成本，并使行为体遭到机制的惩罚；另一方面，国际机制可以为国家之间进一步的协商与谈判提供平台，借此平台能够增加国家间行为预期，实现国家间信息的沟通，谈判或协商的成本自然会更加低廉；此外，国际机制可以获取规模效益，进而降低国家间合作的交易成本。最后，不确定性是阻碍国际合作的一个重要中间变量，而国际机制可通过为各行为体提供包括各行为体之间所掌握的资源状况信息、各行为体潜在和可预测的准确信息，以及正式谈判地位的信息等较为完备和高质量的信息，增加国际合作的可能性。

此外，国际机制不但有助于促进国际合作的实现，还可以催生出新的合作内容。国际机制在发展过程中能够发挥"外溢"的作用，即可以从认同度最高的共同利益领域，逐步"外溢"到其他相关问题领域，进而催生出新的合作。基于对欧洲煤钢联营的考察，恩斯特·哈斯提出了"外溢"概念，而以"外溢效应"为理论核心的新功能主义一度成为解释和预测欧洲地区一体化的重要理论。基欧汉在《霸权之后》一书中也比较重视合作的"外溢"效果。制度主义者把"外溢"当作扩大合作的一种途径，即"外溢"可以使合作的积极成果传递到其他具有潜在合作能力的议题或领域中，[1] 构建新的合作发展模式。

---

① 何卫刚：《国际机制理论与上海合作组织》，《俄罗斯中亚东欧研究》，2003 年第 5 期，第 62 页。

第二，国际机制的规范功能

在自助的国际体系中，由于行为体利己的本性和受不确定因素的影响，国际社会中行为体不合作和背叛合作的行为不在少数。再加上在无政府状态下，国际社会无法建构能够使国际机制的规则得到可靠实施的具有中央权威的国际组织。因而，新现实主义者怀疑或者否认国际机制拥有可以运用其已经得到认可的原则、规范、规则和决策程序等，在合作过程中对行为体的行为发挥规范作用的能力。但是，随着全球化的拓展，各国际行为体之间的相互依赖程度和交往不断增强和频繁，国际机制在国际政治中发挥的作用日渐凸显，在国际事务中发挥作用的领域愈加广泛，并逐步在世界范围内建立起各问题领域国际机制相互联系的网络体系。事实上，在现实生活中，即使如美国这样最强大的国家也不得不遵循国际机制的要求，越来越依赖国际机制。同时，需要明确的是，国际机制的规范功能不会像国内法律那样具有强制性效力，从某种层面来说，其对各行为体发挥作用是通过塑造国际文化实现的，国际机制的规范功能在国际社会形成类似"洛克文化"或"康德文化"时便会凸显出来。

第三，国际机制制约国家行为

国际机制一旦形成，其所涵盖的内容对所有参与机制制定的行为体都具有制约作用。实际上，只有在国际机制对行为体行为的确能产生实质性影响的情况下，理性利己的行为体才会盘算是否加入国际机制并接受国际机制的制约。而国家一般会进行"成本—收益"的考量来决定是否加入国际机制。政府最倾向于接受的是在不付出成本的情况下遵从国际机制，最不乐意选择的就是付出成本高于获得的收益。在这种情况下，政府往往对国际机制持抵制态度。实际上，国际机制所追求的制约国家行为的最佳结果，就是让国家能在承担一定风险和成本的情况下遵从国际机制的规范。①

在国际机制对行为体行为的制约问题上，不同的理论学派有不

---

① 于营：《全球化时代的国际机制研究》，吉林大学 2008 年博士学位论文，第 150 页。

同的分析视角和解释。新现实主义学派认为，在自助的国际体系中，每个具有自我利益的国家都谋求相对收益，从而导致安全困境。为寻求安全和利益的最大化，一些国家可能会选择参与霸权国控制的国际机制。由霸权国倡导和控制的国际机制旨在服务于其长远的霸权利益，为自身提供源源不断的收益，并为这些收益提供制度性保障。同时，在这样的机制下，霸权国又能使弱小国家确信其自主权和安全不会受到威胁，且还能够"搭便车"享受其提供的公共产品。

新自由主义者视国际机制为国际关系中的独立变量，能够制约国际行为体的行为。在他们看来，国际机制不但可以制约弱小国家的行为，对霸权国亦然。这种制约作用在一定程度上可以保护弱小国家免受强国的"戕害"，能够在国际社会舞台中借助国际机制发出自己的声音，为"弱肉强食"的国际社会带来一丝温暖。

建构主义学派认为，主要是出于对国家声誉的关注和追求，国家才积极参与并遵从国际机制。通过对国际机制的主动和实质性参与，作为声誉系统的国际机制可以使国家行为体较容易且有效地获得声誉，而为了维护良好的声誉，即使不存在其他国家对该国违反机制的行为的报复，各国政府依然会去遵守机制。

第四，国际机制的惩罚性功能

国际机制的惩罚性功能是指，如果一国为谋取自身利益蓄意违反国际机制的规则，那么国际机制就会利用其规则对违规国进行惩罚，使其付出较大的代价和成本，如在很大程度上会造成国家声誉遭到毁坏并面临他国不愿与之合作的风险，甚至会影响国家长远利益，迫使其最终放弃对抗行为。现代国际机制具有关联性，对构建国际机制的需求的不断增加，促使其数量不断增多，影响力也不断扩大，结果是国际机制的不断延展，进而各国际行为体会逐步拓展与加深各个问题领域之间的制度联系，并最终在世界范围内建立网络体系式的国际机制。在这种情况下，国家违背某一国际机制的行为，不仅会影响该机制所调节和管理的议题领域的行为，遭受该机制对其的惩罚，同时也会影响同属一个网络体系的其他机制，并受到其他领域相关联机制的惩罚。这样，违反机制规则的国家所遭受惩罚的范围将是广泛的，破坏机制的成本将大于破坏机制所得到的收益，对于一个理性的政府来说，便不会轻易破坏国际机制。在对违规行为体的惩罚上，国际机制不仅有助于减少破坏机制的行为，还能在一定程度上激励遵从机制的国家，强化其对于机制规则的进一步遵守。此外，需要注意的是，国际机制虽然有要求各参与行为体遵守机制规则的惩罚功能，但这种"惩罚"与"强制"不能画等号。国际机制并不具有如国内政府所拥有的强制性权力，无法强迫各国遵从其安排的一切活动及接受其规定的原则和规范。即使是国际法律机制，也无法使用强制手段解决国际社会的争端问题进而践行国际义务。因而，我们必须认识到，国际机制的非强制性是其难以克服、与生俱来的缺陷。

第五，国际机制具有维持的惯性

通过对相互依赖理论和国际机制理论的论证，基欧汉在其《霸权之后》一书中提出霸权之后的合作依旧可能，且这种合作与和平的局势能否持续的关键因素在于国际机制的维持和建设。基欧汉认为，霸权衰落和国际机制的崩溃之间存在一个"时滞"，[①] 即国际机制可以发挥独立的作用，并不必然随着霸权的衰落而相应地发生衰落，其惯性作用非常突出。首先，出于对未来环境及新机制对自身利益的维持与发展的不确定和怀疑，国际行为体愿意继续维持一个业已构建的机制；其次，尽管维持一个国际机制需要花费成本，但相比之下创设新的国际机制需要付出的成本更大，因而，并不是将原有国际机制直接倾覆，而是对其进行改造，往往作为行为体的首要选择；最后，习惯和惯例为国际机制的建立和维持提供了好的支持，即使权力、利己利益等基础性因素变量发生变化，行为体依然倾向于保持它们之前的行为方式。

[①] Robert Keohane,*After Hegemony:Cooperation and Discord in the World Political Economy*,Princeton:Princeton University Press,1984,p.101.

（二）国际机制的局限性

不可否认，在新的国际局势下，国际机制所发挥的作用越来越重要，有效性也不断增强，但受内外部条件的制约，国际机制仍存在一些局限性。本节主要借鉴新现实主义的一些观点对国际机制局限性展开分析，但基本的认识基础是接受了新自由主义者视国际机制为独立变量的判断，并未采纳新现实主义将国际机制视为干预变量的判断。

国际机制在成功建立之后能够独立地发挥作用，因而独立性是国际机制的一个重要属性，同时，由于国际机制是产生于国家之间互动的需要，从属性也是其一个内在属性，因此，正是独立性与从属性之间的矛盾互动导致国际机制的局限性，主要表现在机制自身的缺陷和外在制约上。

从机制自身的缺陷来看，其局限性如下：首先，由于国际机制是各国际行为体之间就各种利益的规范进行协调的结果，协调就意味着妥协，从而使国际机制的有效性受到质疑和损伤。其次，上文已经提及关于国际机制的"时滞"，机制存在的滞后性一方面表明，机制可以不受国际结构体系的制约独立地发挥作用；另一方面，它也使得国际机制无法确切地反映国际社会的现实，一些特定时期形成的国际机制的延续，例如现存的一些国际机制是在冷战的思维下发展起来的，很显然其会与当前的时代特征相脱节，这势必会对国际机制作用的发挥产生影响。再次，国际机制是为了促进国际合作而产生的，但国际机制的存在并不必然会促成国际合作。尽管国际机制形式上的正式与非正式与其有效性的发挥并不存在直接的因果关系，但一般来说，正式的国际机制因其法律约束力及完善的组织结构，尤其是监督机构的存在，能对机制内行为体行为进行有效评估，激励行为体遵从机制规则的行为，对行为体违反机制规则的行为进行惩罚，使其付出相应的声誉成本和代价。因此，这更有助于各行为体对机制的有效参与，进而促进国际合作的实现，而非正式的国际机制则相反。最后，国际机制在文化根基和理论应用上具有一定的狭隘性。现存国际机制的原则、规则、规范和决策程序主要受西方政治、文化观念的影响，与西方利益有着天然的联系，甚至在当前的机制构建过程中，仍难以超越由西方国家主导和制定的国际机制规则所奠定的思想框架。同时，当前的国际机制理论主要流派，尤其是理性主义机制理论派，其理论立足点是建立在西方发达国家的意愿之上的，在利益倾向上也是为以美国为首西方大国服务的，而当前不管是创设新的国际机制还是对业已存在的机制进行分析，都是以西方学者构建的国际机制理论为支撑，尽管会提出一些新的研究视角，但很难推翻或者超越这一理论框架。而与之相关联的是，国际机制在代表并维护一些国家或国家集团的利益的同时，又会挤压国际社会其他行为体进一步发展的空间，体现出国际机制非中性的特征。

从国际机制的外在制约来看，其局限性如下：其一，国家作为无政府国际体系中的理性自我主义者，对国家利益的维护和追求仍是其核心目标，重视追求权力与安全，对相对收益的关注仍然超过绝对收益，这将不可避免地降低国际机制对国际合作的影响，不利于国际合作的实现。其二，上文已经提及，独立性是国际机制的一个重要属性，即国际机制形成后倾向于独立地发挥作用，但却不能摆脱大国，尤其是作为超级大国美国的制约。不可否认，国际关系的控制权始终掌握在大国手中，大国尤其是霸权国拥有塑造国际机制的主导权，这与当前多数现行国际机制的存在现实相符，且必然影响国际机制独立作用的发挥。尽管近些年关于美国霸权衰落了的论断不绝于耳，但不管是在军事、经济、科技等硬实力上，还是在国际秩序上的话语权上，美国的"一超"地位依然稳固。与历史上的霸权国相比，美国虽然同样重视军事力量，但在外交上并不完全倾向于以暴力制服对方，而是比较重视国际机制的作用，作为战后多数国际组织的建设者和领导者，甚至可以说当今国际机制的确立、执行和修订都是由美国掌握着话语霸权。不过自特朗普上台以来，利用美国的领袖地位在一定程度上破坏了二战之后的国际秩序，特朗普视"联盟"为美国的负担，陆续退出一些国际组织和国际协议。这种"退群"行为实际上是一种单边主义，与当今世界多边主义的趋势相背离。但随着拜登的当选，美国很大可能会重回之前的状态，与其他西方大国联合起来，依靠强大的实力优势，塑造贸易、石油、海洋、环境、技术、劳动力等各个领域的规则，并将作为竞争对手的中国及其他国家拉入其中，以国际机制的原则、规范、规则和决策程序规制这些国家，使其服从于现存的国际秩序。

三、国际机制构建的解释模式：理论争鸣与整合

自国际机制的概念于 1975 年被首次引入国际关系领域以来，国际机制理论在坚持国际机制依附于权力只能充当干预变量观点的新现实主义与强调国际机制，可以作为自变量独立地作用于国家行为观点的新自由主义之间的交锋和持续论战中，理论框架逐步形成并走向系统化，随着建构主义理论范式的兴起并加入国际机制的论战，国际机制理论开始向纵深发展，并开辟了新的研究领域，对国际机制的研究也开始探讨规范和制度等因素，在影响国家偏好和建构国家身份上如何发挥作用及形成影响，不再局限于从理论层面探讨国际机制规则对国家行为的影响。20 世纪 90 年代中期以来，多边主义理论兴起并以多边形式的角度来诠释国际机制，为国际机制理论的发展注入了新鲜而独特的血液，虽然多边主义国际机制理论发展较快，但尚未形成一大流派。因此，除了受国际政治现实状况变化的影响，正是新现实主义、新自由主义、建构主义等理论流派之间的争鸣和互动推动了国际机制理论研究和发展。

关于国际机制理论流派的分类方法，以里特伯格的分类方法为蓝本，结合国际关系理论的分析范式，国际机制理论主要分为新现实主义的国际机制理论、新自由主义的国际机制理论和建构主义的国际机制理论 3 种理论流派。这种对国际机制理论流派的分类比较

清晰全面，也基本得到了国内外学术界的赞同。因此，本书也采用此种分类形式，分析基于权力、利益和知识为核心解释变量的国际机制理论，探讨这三种解释模式或理论框架的解释力与不足，进而阐释在国际机制的创设中，这3种因素发挥的不同作用，为下文构建国际机制创设的整体分析模式奠定基础。

（一）新现实主义："权力—国际机制"

新现实主义国际机制理论以权力分析为切入点，权力因素在该理论的变量中占据核心地位，遵循"权力—国际机制"的解释模式，即在国际机制的创设和发展过程中，大国权力被赋予重要角色，机制的形成与运转及特定问题领域国际机制的存在、性质、利益分配规则等，在很大程度上受行为体之间权力资源分配的影响。

新现实主义国际机制理论主要以霸权稳定论为分析对象，霸权稳定理论被认为是对国际机制产生与消亡的结构性解释，其在国际机制的创设和发展上形成的观点如下：为维护自己构建和主导的霸权体系，霸权国制定该体系的原则、规则、规范和决策程序，并依靠自身的实力和威望要求其他国家接受并遵守这些国际机制；为维持其霸权体系，霸权国愿意向体系内其他国家提供公共产品，并且容忍"搭便车行为"，当然，这也基于其他国家对机制规则的遵守；建立在霸权国权力基础之上的国际机制只是一种从属变量，将会随着霸权国国力的衰落或急剧变化而发生相应变化。

以霸权稳定论为分析对象的新现实主义国际机制理论，承认国际社会有一定的机制存在，但突出权力结构尤其是霸权国在国际机制创设中举足轻重的地位。不可否认，在对国际机制的创设进行探讨时，权力分配关系始终十分重要，基于此，该理论对权力与合作关系的分析的确具有不可替代的理论指导意义。事实上，二战后的多数国际机制都是以国际关系的权力结构和美国的实力优势为基础，在美国的主导下建立起来的，美国通过在各个领域建立国际机制确立了自己的霸权地位和霸权体系。这表明该理论可以解释部分国际机制的构建和发展。但是，新现实主义国际机制理论将权力视为国际关系中唯一独立性变量，完全否认或忽视其他因素对国际机制的重要作用，遭到了众多学者，尤其是新自由主义者的强烈反对和批评，关于新自由主义国际机制理论在下文将进行详述。首先，来自新自由主义流派学者基欧汉对霸权稳定论主要观点的批判最为出色，他不否认霸权在机制形成中的作用，但认为没有霸权同样可以形成机制；[①] 同时，通过对 20 世纪 70 年代以来美国霸权与国际机制之间关系进行分析，基欧汉指出，国际机制一旦建立，便能够作为独立变量发挥其作用。其次，霸权稳定论仅重视国际机制的供应，忽视了对机制需求波动的考虑，因而无法解释权力结构变迁与机制变迁之间的差距。再次，机制与权力结构之间不仅仅是一对矛盾，也是相辅相成的。例如，二战后，拥有大量物质资源的美国有能力提供霸权领导，于是利用其强权创立相应的国际机制，巩固其霸权地位，同时，国际机制也制约着美国霸权的恶性膨胀及其实施效果。最后，霸权稳定论认为国际合作受制于霸权体系，非霸权合作很难实现，因为各理性利己的行为体更为关注相对收益，因而对国际合作持悲观态度，但世界政治并非处于人人为敌的战争状态，尤其是随着全球化趋势和国际社会民主化、多极化进程的发展，国家之间的确存在共同利益或互补利益，以此为基础构建国际机制进而促进国家之间的合作确实对各方都有利。

（二）新自由制度主义："利益—国际机制"

新自由制度主义机制理论是国际机制理论的主流学派，对其论述最为丰富，影响也最大。利益是新自由制度主义的核心概念之一，在其理论基础上形成的国际机制理论以利益为基本变量，并强调利益因素的决定性作用，故新自由制度主义国际机制理论遵循"利益—国际机制"的解释模式。

---

　　① Robert Keohane,*After Hegemony:Cooperation and Discord in the World Political Economy*,Princeton:Princeton University Press,1984,p.100.

事实上，新自由制度主义国际机制理论学者对国际机制与霸权国之间的关系，以及国际机制的产生、内在动力、功能及维持等方面给出了令人信服的解释。该派理论解决了新现实主义在"霸权后的合作"这个问题上的解释困境，虽然承认权力在国际机制中的作用，但认为国际机制一经创立就具有相对的独立性，即使霸权国解体或崩溃了，国际机制仍能继续存在，霸权之后的国际合作是可能的；国际机制是像市场机制一样自动生成、不需要机制参与者人为的契合和有意识的合作，①国际机制形成的根本推动力为国际社会中追求个体利益最大化的个体理性，与寻求公共利益和全局利益的集体理性矛盾局面下的一种汇聚个体愿望、推动合作、实现集体和全球共同利益的制度设计和安排，②即利益权衡为国际机制的决定性因素；国际机制之所以能在国际政治中发挥独立作用并促进国际合作，一个很重要原因源自其建设性功能，基欧汉从理性的利己主义模型出发，借助制度经济学理论和市场失灵理论，论证了国际机制的功能为：汇聚各国政府的行为预期，提供信息沟通的渠道，减少信息的不对称性并提高可获取信息的总体质量水平，降低合法交易的成本，赋予行动和政策的合法性，减少不确定因素，降低国际欺骗行为和相互怀疑，使国家之间更容易达成相互有益的合作协议；③国际机制的维持会面临国家不愿意遵守其所参与机制等的一些障碍，基欧汉认为，不遵守已做出的承诺，国家会受到机制的惩罚，再加上国际机制具有关联性，违背国际机制的国家甚至会受到其他领域相关联机制的惩罚，除了惧于被惩罚，基欧汉更强调国家对声誉的关注，声誉好的国家更容易与他国达成协议，在国际社会的舞台上更容易找到合作伙伴，因而，为维护其声誉及免于受惩罚，明智的国家不

---

① 倪世雄：《当代西方国际关系理论》，上海：复旦大学出版社2004年版，第366页。

② 于营：《全球化时代的国际机制研究》，吉林大学2008年博士学位论文，第58页。

③ ［美］罗伯特·基欧汉著：《霸权之后：世界政治经济中的合作与纷争》，苏长河、信强、何曜译，上海：上海人民出版社2012年版，第106—107页。

会轻易违反国际机制。

　　总的来说，新自由制度主义将新现实主义的供应派机制理论发展为需求派机制理论，认为国际机制是在国家互动的过程中产生的，不仅是霸权国的供应，更反映了国际社会的需求，一旦形成，就能独立存在和发挥作用，并且能在很大程度上影响国家行为，维持和促进国际合作，不仅弥补了新现实主义的理论缺陷，还超越了其悲观论调，可谓在理论上取得了突破和创新。同时，就阐发国际机制的内在动力这一含义而言，新自由制度主义较新现实主义更具有理论解释力，无论是全球性还是地区和次地区的机制，都是基于参与的行为体的集体愿望，在推动合作以解决特定问题，以及维护和缔造和平方面发挥了积极作用。但是，作为国际机制理论中最完善、最系统的理论体系，该理论仍然不是完美无缺的，现实主义和建构主义理论学派从不同角度对其提出了批评。首先，新自由制度主义机制理论认为在相互依赖的条件下，权力因素的地位相对下降，试图淡化权力因素对国际机制的决定性作用，这不仅不符合国际机制发展的实际，在理论上也是不可取的；其次，在新现实主义看来，国家对欺骗及他国收益的关注是阻碍合作的两个主要方面，而新自由制度主义认为欺骗是影响理性利己国家之间合作的最大障碍，国家只追求绝对收益，对他国收益多少并不关心，这种对相对收益的忽视使其无法认识到战争来自无政府社会，也就无法认清国际合作障碍的一大重要来源，[①] 而且，如果仅从相对收益与绝对收益的角度来看，"现实主义提供了更为完整的国际合作论"；[②] 最后，建构主义学者对采用将国家的权力与利益倾向作为分析国际机制起点的理性主义方法进行了批评，认为国家行为不能从国家行为体的起点分

---

　　① Joseph Grieco, "Anarchy and the Limits of Cooperation:A Realist Critique of the Newest Liberal Institutionalism," *International Organization*,Vol.42,1988, pp.485-499.

　　② Joseph Grieco, "Anarchy and the Limit of Cooperation," *International Organization*,Vol.42,1988,p.503.

析，不能以规范结构为先决条件，只能从其本身开始分析，[①] 具体建构主义国际机制理论会在下文进行详细分析。

（三）建构主义："知识—国际机制"

建构主义是在对传统的理性主义的批判和反思中发展起来的，从本体论到方法论，建构主义都对现实主义和自由主义构成了挑战与突破，自20世纪80年代以来，建构主义在西方政治理论界开始产生重大影响，目前已成为最具活力和发展潜力的理论流派之一。在对国际机制的创设和维持上，不同于新现实主义和新自由制度主义，分别将权力和利益等物质性因素作为关键性解释变量，建构主义国际机制理论将知识和观念作为主要解释变量，主张采用一种注重"知识分布"的分析模式。因此，建构主义国际机制理论的解释范式可以概括为"知识—国际机制"。

国际机制理论研究的兴起实际上就带有国际关系社会理论的特征，鲁杰于1975年最先提出的国际机制概念就是从社会学角度来对国际机制进行界定的，只是后来基欧汉将国际机制定义为"影响相互依存关系的理性安排"，以及将新功能主义引入国际机制研究，将国际机制的研究拉回到了理性主义的范畴，但以社会学方法对国际机制进行研究的路径一直存在，其中建构主义就是一支主要力量。在关于国际机制的基本判断上，建构主义更接近于新自由制度主义，即它同意国际机制作为国际政治权力结构之外的独立制度力量，影响国家政策、行为及国际社会发展与变化，但建构主义在国际机制问题上与传统理论的看法仍存在很大的区别，其主要内容包括：首先，建构主义批判国际政治传统的主流理论过于重视物质利益和客观性因素的作用，忽视了规范、文化、认同等主观性因素的重要作用，强调国际机制作为国际关系特定领域预期汇聚的社会制度，具有蕴含原则性共享观念的主体间特性。其次，不同于新自由制度主义，

---

① A. Wendt, "The Agent-Structure Problem in International Relations Theory," *International Organization*, Vol.41,1987,pp.361-369.

国际机制理论认为，国际机制依赖于国家的利益界定和政策取向；建构主义认为，国际机制是一个主体间原则性共享观念的形成过程，且机制形成后便同时具有规定性和构成性两种作用，国际机制与行为体之间是互相建构、互相影响的。再次，主流理性主义的国际机制理论认为，国家与国家利益认同是外生的、给定的因素，在分析国际机制时并不考虑这一因素，而建构主义却强调对国家与国家利益认同的分析，强调内生性建构作用在其中的决定性影响，并指出这一作用主要来自两个方面：一是来自国际体系结构对国家利益的建构，二是来自国家行为体自身的文化、规范及社会作用。[①]最后，建构主义在国际机制理论上的衍生为认知主义，主要分为弱认知主义和强认知主义两种理论派别。认知主义强调知识、观念等主观因素作为国际机制解释变量的重要作用，并认为任何国际机制都是一个动态的、学习的、进化的过程，因此区别于理性主义的国际机制理论。弱认知主义集中论述理性行为体所理解的利益的起源与动力，着重强调观念在解释国际机制上的作用，通过提供利益交换理论，揭示偏好形成的过程来填补和完善理性主义的研究路径；强认知主义对理性主义的研究路径提出了替代，其赞成国际机制研究的社会学范式，认为知识会影响国家的利益并构成国家的认同，对国际机制规则的含义提出新的解释。同时，强认知主义还强调国家认同和身份依赖国际机制，并将特定国际机制的创设和维持与早先建立的认同和身份相连。因而，强认知主义所关注的焦点不是国家如何选择国际机制，而是国际机制如何塑造国家身份和认同。总的来说，建构主义国际机制理论认为，知识和观念是国际机制形成和发展的根本性动力和变量，权力和利益只是借助于建构它们的观念而发挥作用的。[②]

---

① Alexander Wendt, "The Agent-Structure Problem in International Relations Theory," *International Organization*,Vol.41,1987,pp.335-370.

② Alexander Wendt,*Social Theory of International Politics*,New York: Cambridge University Press, 1999, p.135.

基于认知主义基本主张的建构主义国际机制理论，超越了现实主义和自由主义理论的思维模式，对文化观念因素进行了深入发掘并取得了重要的进展，为国际机制理论的多元发展奠定了基础。但该机制理论仍存在一些缺陷，受到了多方面的批评。首先，建构主义过多地突出文化、规范、认同等观念性因素的作用，过分强调社会学研究方法，质疑建立在传统逻辑基础上的一切理论和方法，并否定了一些颇具解释力的理论模式，与现实国际政治世界拉开了距离；其次，基欧汉认为对外政策的决定因素中同时包含了物质和观念的成分，强调了其对观念的重视，但在国际机制问题上，国家在决定创设或维持国际机制时，是自我利益的最大化者与国际生活中的规则及规范塑造者国家之间并不存在相悖，即主流学者对强认知主义学者的观点表示认可，但其研究却也可以不受其影响；[①] 最后，建构主义国际机制理论是在对传统理性主义国际机制理论的批判中成长起来的，因而其破大于立，仍未建立起自己的机制理论体系，缺乏独立的和成体系的研究框架，本质上还是一种批判理论。

（四）三大解释模式的综合分析

综合以上对国际机制理论的分析，可以发现，在国际机制理论的发展过程中，有强调理性和强调社会化选择这两大理论倾向。尽管新现实主义与新自由制度主义国际机制理论在价值取向上难以调和：新现实主义强调国际机制的内容、强度和脆弱性受权力和相对权力地位的影响；新自由制度主义认为，国际机制创设与遵从的动力源于利益。但两者在基本理论方法上分歧不大，都属于理性主义理论的范畴。认知主义与前两者的基本理论主张相去甚远，强调权力的意义和利益的认定都依赖社会的知识和行为体的因果关系，但其对国际机制的认可又比较接近新自由制度主义——两者都认为机制有自己的生命，不会随外在条件的变化而崩溃；同时，两者在分

---

① Andreas Hasenclever,Peter Mayer,and Volker Rittberger,*Theories of International Regimes*,London:Cambridge University Press,1997,p.160.

析方法上也有一些相通之处。例如，建构主义对国家行为体与国际体系结构之间相互建构作用的分析，与新自由制度主义机制理论对信誉、预期的重视十分接近；基欧汉所参与编纂的《观念与外交政策：信念、制度与政治变迁》一书，可谓理性主义与建构主义相互借鉴的结晶，也代表了新自由主义理论新的努力方向。因此，多数学者都认可国际机制理论研究的核心变量为权力、利益和知识的互动，但任意单一变量都无法阐释关于国际机制创设的所有问题。因此，只有将重视机制"供给"的新现实主义与强调机制"需求"的新自由制度主义结合起来，才能实现国际机制的"供需平衡"。同时，还需要建构主义的补充，以弥补理性主义理论在解释行为体的主观行为选择和内在目标变化上的不足。

毫无疑问，这三种理论范式将为此后国际机制的建立和发展提供很好的理论导向，尤其是权力、利益和知识将在这一过程中发挥不同的作用：权力因素在国际机制的创设、发展和变革中发挥着关键作用；利益因素的考量和权衡是有关国家行为体寻求加入并进而推动国际机制发展的主要动力，甚至扮演决定性角色；知识和观念因素旨在充当机制创设和发展过程中利益分歧的黏合剂，协调政策预期。但因国际机制理论体系本身的不完善，依靠传统的、单一的国际机制理论无法有效解释本书要探讨的影响南海区域合作机制构建的因素问题。因此，在构建整体国际机制分析模式时，除了将以上三种解释变量的综合作用考虑进去，还应加入一些其他的变量，进而使国际机制的合力分析模式更加完整有效。

四、影响国际机制构建的主要变量

基于上文对三种国际机制理论的综合分析，糅合权力、利益和知识这三种解释变量，利用理性主义和社会学这两种研究路径之间的差异和互补，是构建国际机制合力分析模式的基础。但是，主要由欧美国家学术界推动的国际机制理论，尤其是理性主义的机制论是为美国霸权服务的，其所凸显的强烈的美欧属性，使其必然在阐释非西方国家的国际合作问题上略显无力，因而，为更全面、客观、公正地了解在当前国际形势下的国际机制创设问题，本书意在现有国际机制理论基础上搭建一个分析框架，以求弥补其不足，并为下文对中国和东盟国家所构建的南海区域合作机制的深入分析奠定理论基础。总的来说，本书认为，影响国际机制创设的主要变量大致包括促进变量和干扰变量两类（见表1-2）。促进变量主要体现在权力、利益及知识和观念三个方面，首先，从权力方面看，新现实主义的霸权稳定论认为霸权是国际机制产生的必要条件。这一理论思想不仅遭到来自新自由制度主义和建构主义国际机制理论的批评，而且在国际社会中，一些问题领域国际机制的形成也表明，在缺乏霸权的情况下，机制是可以存在的。因而，本书并不否认国际关系中的权力结构对国际机制创设所施加的重要甚至有时是根本性的影响，但像国际机制这样的制度安排并不必然是霸权这一权力配置的反映，实际上，扮演"领导者"角色的国家或国家集团在其中发挥的重要推动作用是不可忽视的。其次，从利益方面看，国际机制的创设是国家利益判断的选择，利益权衡是国际机制的重要因素，一个正式机制的形成，不管是以占主导地位的霸权国或大国的强制意志为基础，还是出于自愿的合作或协作，都是参与者基于共同利益这一内在动力而达成协议的结果，各国在拥有共同利益的领域创设相关国际机制来促进合作，以实现共同的利益。最后，从知识和观念方面看，各成员国集体认同程度在很大程度上影响国际机制的创设，行为体之间共同的文化背景、价值观念等，有助于构建某种集体认同和形成某种共享观念，进而促进机制的创设并推动其向前发展。此外，在国际机制的创设过程中还存在一些干扰变量，例如国内因素，突出表现在国内政治对国际机制建设的影响，以及外生的结构性压力，是钳制国际机制形成及作用发挥的重要外在因素。需要特别指出的是，各变量之间并不是完全的相互独立的，是存在相互影响关系的。

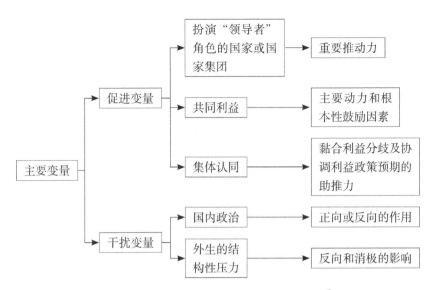

图 1-2　影响国际机制构建的主要变量 [1]

（一）扮演"领导者"角色的国家或国家集团

通过上文对新现实主义霸权稳定论的分析，霸权与国际机制之间的确存在某种实质性联系，即在自助的国际体系下，霸权国为确立和维护自身霸权国地位和霸权体系，利用自身超强的国家实力强行建立国际机制并将其强加于其他国家。事实上，二战之后的美国通过在各个领域创设国际机制的方式来建立霸权，在一定程度上就验证了一些学者的观点，即国际机制的创设与霸权国的出现和积极鼓励密切相关。[2] 但是霸权的兴衰与国际机制的废立之间并不存在必然的联系，霸权国并不是国际机制创设与发展的必要条件，霸权国利用其强大的实力强行建立国际机制只是国际机制建立过程中的一个极端案例。既然霸权国的存在不是国际机制形成与维持的一个必要前提，那么在充斥着集体行动困境的国际机制谈判中，哪些参与者能够在其中发挥重要的推动作用呢？本书认为应该是扮演"领导

---

① 图由作者自行整理。

② Robert Keohane, *After Hegemony: Cooperation and Discord in the Political*, Princeton: Princeton University Press, 1984, pp.32-38.

者"角色的国家或国家集团,即在国际机制谈判中能够发挥"领导者"作用的主权国家或国际组织。

霸权国的定义上文已经提及,不仅要拥有在政治、经济、军事等各个领域占有绝对优势的硬实力,还要有将这种实力转化为干预乃至控制国际体系、国际事务及其他国际行为体的意愿,即有能力确保管理国家关系的核心原则并愿意这样做的国家。[1] 这与国际事务中成为领导者的国家不同,何为"领导"? 奥兰·扬在积极促成机制谈判过程中,对具有国家谈判代表身份的个人所发挥的特殊角色进行了分析,将这种个人的行为视为一种"领导",指出他们努力克服或规避各种困扰着制度谈判过程中,寻求共同利益的谈判各方所做的努力的集体行动的困境。[2] 同时,扬还指出,尽管一个或多个领导者的存在也无法保证制度谈判会产生积极的结果,甚至即使他们拥有出色的表现,谈判最终失败的实例也比比皆是,但领导的存在,的确为设计所有参与者都愿意接受的宪章性契约条款而进行的努力获得成功增加了可能性。[3] 根据扬的观点,领导可以分为结构型领导、企业家型领导和智慧型领导这三种类型。[4] 虽然扬所关注的是单个人的行为在国际机制创设中的作用,但其对领导类型的划分很明显受到了国际机制主流理论的影响。本书并不否认单个的个人对机制形成所做出的贡献,但我认为,他们仅是国家或国家集团的代表或代理人,在国际机制谈判中,实际上是一个或多个国家或国家集团发挥着上述"领导者"的作用,推动国际机制的形成和发展,高效率国际机制的创立,通常需要一个或多个国家或国家集团至少同时发挥两种类型领导的作用,即利益攸关的国家或国家集团,在拥有占

---

① Robert Keohane,*International Institutions and State Power:Essays in International Relations Theory*,Boulder:Westview Press,1989,p.234.

② [美]奥兰·R.扬:《政治领导与机制形成:论国际社会中的制度发展》,[美]莉萨·马丁、贝思·西蒙斯:《国际制度》,黄仁伟、蔡鹏鸿等译,上海:上海世纪出版集团 2006 年版,第 10 页。

③ 同上,第 9 页。

④ 同上,第 11 页。

有优势的结构性权力的基础上，同时扮演企业家型或（和）智慧型领导者角色。

结构型领导者是指能够把其所拥有的物质资源或者结构性权力，转化为谈判筹码能力的国家或国家集团，而这些筹码可以被用来作为达成协议的工具。一般来说，结构型领导者在机制谈判中可以通过"施压""行贿"等多种方法发挥作用，但是都需要立足于对谈判参加者所处的相对地位的评估，明确在机制谈判中一方所失或所得与他方所失或所得的对比。如果两个或两个以上的谈判方都拥有相差无几的巨大的结构性权力，则机制谈判成功的关键在于，这些谈判方运用谈判筹码达成都能接受的协议的能力。显然，对于霸权国或拥有主导性权力的谈判方来说，能够相对容易地实施结构型领导。它们所主张的条款不会被轻易反对，主要是基于其所拥有的强大结构性权力而获得的谈判筹码。当然，正如前文已经概述过的，并不是简单地依靠强大的实力来施展谈判手段就能成功，结构型领导在一定程度上还取决于找准时机，以可信的方式做出承诺或施加威胁的能力，以及构筑有效的联盟，并采取适当措施以防止对立性或阻碍性联盟的出现。[①] 企业家型领导者依靠谈判技巧对机制谈判背景下问题被提出的方式产生影响，进而达成彼此都能接受的协议，其作用的发挥主要是基于谈判一方拥有的盈余与某种严峻程度的集体困境的同时存在。[②] 为了获取谈判方的盈余，企业家型领导者主要通过采取以下的行为方式：（1）以日程制定者的身份，为提交的问题设计在国际层面上进行讨论的形式；（2）以宣传者的身份，提高对一些利害攸关问题的重视程度；（3）以发明家的身份，为克服谈判中的障碍设计出有创意的政策选择；（4）以协调者的身份，制定

---

①　[美]奥兰·R.扬：《政治领导与机制形成:论国际社会中的制度发展》，[美]莉萨·马丁、贝思·西蒙斯：《国际制度》，黄仁伟、蔡鹏鸿等译，上海:上海世纪出版集团 2006 年版，第 14 页。

②　同上，第 16 页。

交易协议、征集对重要方案的支持。^①扮演企业家型领导者的国家或国家集团，如果同时拥有相对其他参与者占有优势的结构性权力，那么对其作用发挥的助力将是显而易见的。智慧型领导者依靠思想观念的力量，提供塑造机制谈判参与者观点的创新性思想体系或智慧成本，并依靠此种方式促使机制谈判参与者理解利害攸关的问题，由此在决定达成协议的努力之成败方面发挥重要作用。^②同其他类型的领导相比，在机制谈判中，智慧型领导作用的发挥一般是在不同的时间段，且是一个需要深思熟虑或者审慎的过程，因为将新的思想体系投入政策取向中并被采用，必须战胜旧有的一些根深蒂固的观念或世界观，这一般来说是一个耗时的过程。智慧型领导与结构型领导的差异明显，一个是依靠思想的力量，一个是利用权力资源，而智慧型领导者与企业家型领导者都是靠其才智来发挥作用，不同的是，企业家型领导者是利用谈判技巧来制订有吸引力的方案并协调各种利益的议程安排者和宣传者，智慧型领导者却是通过其阐明的思想体系以为与机制谈判有关的行动提供基础，因而这两种领导者角色常常合二为一，企业家型领导者常常以智慧型领导者提出的思想观念为指导采取行动。

（二）共同利益

利益问题可谓探究国际社会各种焦点议题的重要逻辑起点。不管是哪种性质的国际行为体，其一切行动都是以自身利益为出发点的。在无政府的国际社会中，行为体之间免不了会爆发冲突，但利益冲突并不是国际社会中行为体之间存在的唯一形态，行为体之间还能够形成共同利益。按照新自由主义的主张，即使作为理性国际行为体的国家完全按照利己主义行事，它们也可能在存在共同利益

---

① ［美］奥兰·R. 扬：《政治领导与机制形成:论国际社会中的制度发展》，［美］莉萨·马丁、贝思·西蒙斯：《国际制度》，黄仁伟、蔡鹏鸿等译，上海:上海世纪出版集团 2006 年版，第 17 页。

② 同上，第 21 页。

的基础上创造一些条件来抑制冲突，进而开展合作。国际行为体之间在存在共同利益时，能够以构建国际机制的方式开展合作，主要是出于对获得共同利益本身的追求。在处理某些具体问题时，自私理性的国家往往会从自身的利益和偏好出发做出独立决策。但这种行为会使每个国家都成为"搭便车者"，甚至会产生矛盾和分歧，继而上升为冲突，不仅无法解决共同面临的威胁问题，还会使各行为体的利益都受损。而当国家之间协调彼此的关系并将协作制度化时，能最大限度地限制利己主义行为，使国家间关系转变为"共同利益的最大化者"，国家就愿意将对共同利益的追求作为更紧迫的任务。因而，在国际关系中国家利益趋同的情形下，为获得共同利益，国家一般都会选择合作。

国际行为体之间除了基于共同利益开展合作，并创设相关国际机制保障国际合作顺利进行，还可能会因为互补利益而合作。互补利益主要是指国际行为体之间互相没有利益重合之处，但却存在着对方没有或短缺的东西，并且通过合作，能够互相利用、优势互补，使对方的利益更加完整。例如，一些中小国家之所以愿意与霸权国合作，参与其建立的国际机制，在一定程度上也归因于互补利益的驱动：通过与中小国家的合作，霸权国可以扩大自身的影响力，维护和巩固其霸权地位和霸权体系；在与霸权国的合作中，中小国家能够获得安全、稳定的公共产品。

此外，需要明确的是，共同利益的存在并不意味着国际行为体之间的利益一致。利益的一致代表着完全的利益认同，那么国际关系就处于一种和谐状态。而合作是在蕴含着冲突因素的情况下，各国基于共同利益进行的对分歧的政策协调的过程。共同利益或互补利益的存在，是促使相关国家寻求加入国际机制进而推动机制发展的主要动力，是保障国际合作顺利、有效开展的基础，但拥有共同利益或互补利益，并不必然意味着国际机制就能够成功创设或者国际合作就能顺利进行。在存在共同利益的基础上，要实现合作还需要正确处理一些偶然性与制约性因素。一是环境的不确定性：一方面，这表现为信息的不对称和不完善，对于眼前或者未来的一些事件，只有一部分人知悉，其他人完全不知情，这势必会引起参与合作的国家之间的相互猜疑，造成相互不信任，进而导致合作失败；另一方面，这是指对当下的决策起决定性作用的某些未来事件是无法预知的，这种不确定性同样会对参与者形成影响。二是参与合作的行为体对成本—收益的考量：如果合作的成本过高，与收益不成正比，甚至入不敷出，或者行为体通过对合作结果的估算和预期，认为合作的成功率很小，甚至会牺牲本国的利益而利于他国，则国际的相互合作就会很难实现。

（三）集体认同

在建构主义的国际机制理论中，知识和观念的因素贯穿始终。建构主义将现实主义和自由主义都忽视的国际政治中的观念和知识因素引入其对国际关系的分析，为国际关系理论的发展开拓了新的领域。但建构主义者过分夸大观念和知识的"意识作用"，将其看作国家参与权力博弈和合作事业以及构建国家的根本性动力和变量，与现实国际政治世界拉开了距离。实际上，在国际机制的建立中，知识和观念因素同样影响巨大，但其作用更多的是表现为利益整合功能，即协调政策预期，黏合利益分歧。

为了更好地理解观念和知识因素对国际机制创设的影响，有必要引出"认同"（identity）这一概念。该概念出自社会心理学，是一个十分难以界定的概念，西方学界在对其进行研究时更多地将其理解为"身份"，而其英文翻译过来的语义又表现为认同和身份两个意思。尽管对这一概念的翻译和解释使不少国内外学者感到困惑，但这丝毫没有降低其学理意义，作为整个社会科学领域一个比较热门的话题，几乎所有社会科学都对其进行了讨论。总的来说，认同主要是指在某种情景下，行为体在与他者的比较中确定自身特性和归属的区别性形象，[①] 即认同与行为体所处的环境有关，在特定环境

---

① 李明明：《欧洲联盟的集体认同研究》，复旦大学 2004 年博士学位论文，第 17 页。

下，通过与他人的比较，使处于复杂社会关系中的行为体能够认识自己，明白"我是谁"，确定自己的归属和社会类别。个体有认同或身份，群体也可以有属于他们的认同或身份，被称为集体认同。集体认同回答了"我们是谁"，即能够在群体间划定边界以区分谁属于我们及谁是他者。作为一种心理建构，建立在群体成员共同特性基础上的集体认同，不仅明确了不同于他者的共有形象及群体成员由此产生的对群体的归属感，还包含认知的因素，是成员关于自己属于某一群体成员身份和归属的观念及其感知，同时还具有情感的功能——当集体认同在不同情况下被触动时，相应蕴含不同内容的集体情感将会出现。此外，由于集体认同还包含与之相称的行为规范和价值，因而具有能够影响人们行为的约束作用。[①]

在建构主义代表学者温特的经典著作《国际政治的社会理论》一书中，作者从文化角度对认同问题及集体认同与体系的转换之间的关系，进行了比较详细的论述。温特将认同视为一个认知的过程，并认为在这一过程中，自我与他者之间的界限变得模糊起来，并在交界处产生完全的超越。[②]在国际关系领域，认同非常重要：对于国际行为体来说，有了认同的存在，才能明确自己的"身份"；有了"身份"，才能界定自己的利益并据此明确自己的行动方向。而在国际机制的创设中，集体认同也非常重要：各成员国之间的集体认同程度如何在一定程度上影响着国际机制的建设进程，甚至决定着其能否成功构建。如果各成员国对其参与的国际机制对各方的积极影响持极为认同的态度，并形成某种共享观念，则有助于该国际机制的建设和发展。实际上，集体认同就是这些共享观念的体现。同时，各成员国之间如果在政治经济制度、价值观念、意识形态及文化传统等方面有共同之处或相似点，也将会极大地促进国家之间建立某

---

① 李明明：《欧洲联盟的集体认同研究》，复旦大学 2004 年博士学位论文，第 18—19 页。

② [美] 亚历山大·温特：《国际政治的社会理论》，秦亚青译，上海：上海人民出版社 2008 年版，第 224 页。

种集体认同，增强对其参与国际机制的共享观念，推动国际机制的有效建立和发展，进而使国际合作高效而顺畅地实现。相反，各国对自己"身份"的定位势必存在差异，对自身国家利益的认识也会出现分歧，进而影响到国家的行动，在参与国际机制的建设中可能会形成迥异的观念，无法形成集体认同或集体认同程度低都将会对国际机制建设和发展形成巨大挑战。需要指出的是，集体认同的构建和国际机制的建立之间是相互建构的，集体认同的存在有利于国际机制的成功创设和长远发展；同时，国际机制的创设也有助于成员国之间集体认同感的增强。

（四）干扰变量

影响国际机制构建的主要变量为扮演"领导者"角色的国家或国家集团、共同利益和集体认同。但除此之外，在复杂的国际社会中，处于动态变化中的国际机制在建设中仍存在一些起着正向或反向作用的干扰变量不容忽视。例如，被理性主义的国际机制理论所忽视的国内政治因素，以及外来的霸权干涉和大国对抗带来的外生的结构性压力。

1.国内政治

理性主义的国际机制理论倾向于把国家视为一元化的个体，强调国家是单一、理性的利己主义者，最大限度地追求权力和利益，将国家进行黑箱化处理，相对忽视了国内因素对国际机制建设的影响，且这种忽视在建构主义国际机制理论那里也没有得到应有的弥补。这种忽略国家行为体层次内部作用的影响的倾向遭到了诸多学者的强烈批评。事实上，国内因素尤其是国内政治因素的重要性已经被国际关系学界不少学者屡次提及。罗伯特·考克斯指出，国际机制理论对国内因素的忽视是其重要不足之处。在其看来，美国霸权之重要还在于美国本身，而不仅仅是由于霸权的存在。[①] 约翰·鲁

---

① Andreas Hasenclever,Peter Mayer,and Volker Rittberger,*Theories of International Regimes*,London:Cambridge University Press,1997,p.203.

杰、罗伯特·吉尔平等学者都注意到，不同国家创设或维持国际机制的意愿不同都是受其国内因素的影响，同时还注意到了美国国内政策与战后国际机制多元化的并行发展。[①]甚至基欧汉后来也谈及，其所著的《霸权之后》一书中理论探讨部分将国家视为主要行为整体，没有提供一个国内政治与国际制度之间如何发生关联的理论，认为这是该书最明显的一个缺陷。[②]尽管国际关系学者们越来越认同"政治重要"的观念，并付出诸多努力来弥补这一缺失，但却极少有研究能够准确而清楚地分析国内政治如何以及为什么重要。而美国学者海伦·米尔纳所著的《利益、制度与信息：国内政治与国际关系》一书，对国内政治与国际政治互动的深入分析特别值得关注，且很有影响力。米尔纳在双层博弈理论的基础上，构建了一个新的关于国内政治与国际合作的理性选择模式，她将所有的国家都视为多元的而不是单一行为体，强调国内政治过程决定了国际合作的可能性和内容，并以此来解释了国内政治博弈对国际合作的影响。[③]

从总体上看，本书同样认为，国际机制理论对国内政治的相对忽视，会限制其解释力和应用性。因而，在探讨影响国际机制创设的变量时应将国内政治考虑在内，并将其作为一个干预变量来探讨。影响国内政治的最大变量为政权领导层，同时还受多元化的国内利益的影响，随着国内政治领导层核心的更迭，国家的对外政策及政策偏好会有所改变，随之其参与创设或维持国际机制的意愿也会受到相应的积极或者消极的影响。

2.外生的结构性压力

国际机制的创设除了受扮演"领导者"角色的国家或国家集团这一机制内权力结构，以及参与者之间是否拥有共同利益或互补利

---

① 王杰：《国际机制论》，北京：新华出版社2002年版，第122页。

② ［美］罗伯特·基欧汉著：《霸权之后：世界政治经济中的合作与纷争》，苏长河、信强、何曜译，上海：上海人民出版社2012年版，2005年版前言，第 XXV 页。

③ ［美］海伦·米尔纳著：《利益、制度与信息：国内政治与国际关系》，曲博译，上海：上海人民出版社2015年版。

益、能否构建集体认同，再加上参与行为体内部政治等内部变量影响，还受到外生的结构性压力这一外部变量的影响。外生的结构性压力主要表现为机制外的霸权国或（和）大国的干涉（或联合干涉）与受国际结构影响导致的大国对抗，其不仅是国际机制的重要外部作用环境，制约着国际机制的创设，也是钳制国际机制发挥作用的重要外在因素。

外生的结构性压力主要源于国际结构，是国际结构的一种体现。国际结构通过用国家的位置而不是其特征来显示国际关系的内在构造特征，是对国际关系内在本质的抽象反映。因此，国际结构对包括国际机制运动在内的国际行为体的行为具有制约作用，是国际机制创设、发展和崩溃的重要制约，但并不能由此将国际结构的地位绝对化和超验化，国际结构同时还是国际机制作用的结果，呈现"结构二重性"的特点。

本章小结

作为一个抽象的概念存在，国际机制这一术语自产生以来，其概念就一直颇具争议性。学者们从不同的角度出发，对国际机制的概念给出了不同的界定。克拉斯纳在吸收了其他学者对机制进行界定的合理要素的基础上，对机制的界定不仅明确了其适用范围和内容，还明确了其主体及存在条件，得到了多数学者的肯定，但同时也招致多种批评。之后又有一些国内外学者从不同视角提出了对国际机制概念的界定。这些从不同角度对国际机制的阐释，的确有助于深化对国际机制定义的认识，但并未从原则上超越克拉斯纳的定义，因此，以克拉斯纳以国际机制的定义为基础，同时吸收其他学者的观点，本书将国际机制概念理解为：国际社会各行为体（主要指民族国家和国际组织）围绕特定的问题领域，在共同认知和期望下，协调各方行为形成的一系列明示或暗示的原则、规范、规则和决策程序的有机系统安排。在明确了国际机制概念的基础上，本章又将其与国际制度、国际法等与之关系十分密切的相关概念进行辨别，并探讨了其不同的分类方式，以进一步深化对国际机制的认识。

国际机制产生于国家之间在国际体系中的互动需要，受国际结构及国家自身属性等的影响，机制的创设是困难和充满挑战的，但一旦建立，机制就可以独立地发挥作用。随着国际社会制度化进程的逐步加快，国际机制的有效性也不断增强，在促进国际合作、建立国际秩序方面发挥了非常重要的作用。实际上，正是其所凸显的有效性才显现出机制的价值和意义，但受其自身属性的影响，国际机制也存在局限性。明确其有效性并充分认识其局限性才能为我们认清机制所发挥的作用指明方向。本书基于国内外学者对国际机制有效性进行的分析，从功能层面探讨了国际机制有效性所体现的内容为：促进国际合作并能发挥"外溢"的作用催生出新的合作内容；规范国际行为体的行为；对参与机制制定的国际行为体具有制约作用；对违反国际机制规则的参与者进行惩罚；国际机制具有维持的惯性。在承认国际机制有效性的同时，我们也应认识到，其自身所具有的独立性与从属性之间的矛盾互动导致其也存在局限性。这种局限性主要体现在机制的妥协性、滞后性、并不必然会促进国际合作及文化根基和理论应用上的狭隘性等。凸显其自身的缺陷和作为理性利己的国家，在现实国际政治中对相对收益的过多关注，以及具有独立性属性的国际机制也无法摆脱大国或霸权国的制约等外在制约上。

接下来，本章重点探讨了分别基于权力、利益和知识因素的新现实主义、新自由制度主义和建构主义国际机制理论，分析了其解释力与不足，进而阐释在国际机制的创设中这三种因素发挥的不同作用。新现实主义国际机制理论以霸权稳定论为分析对象，强调在对国际机制的创设进行探讨时，权力分配关系始终是一个关键性因素。但是，该理论完全否认或忽视权力外其他因素对国际机制的重要作用，遭到了众多学者尤其是新自由主义者的强烈反对和批评。国际机制理论是作为新自由制度主义的一个分支而产生的，因而，新自由制度主义机制理论是国际机制理论的主流学派，对其的论述最为丰富，影响也最大，以基欧汉为代表的新自由制度主义国际机制理论学者以利益权衡为基础，对国际机制与霸权国之间的关系以及国际机制的产生、内在动力、功能及维持等方面给出了令人信服的解释，将新现实主义的供应派机制理论发展为需求派机制理论，不仅弥补了新现实主义的理论缺陷，还超越了其悲观论调，可谓在理论上取得了突破和创新。但是，新自由制度主义国际机制理论仍然不是完美无缺的，现实主义和建构主义理论学派从不同角度对其提出了批评：新现实主义者指出其对权力因素的淡化不仅不符合实际，在理论上也行不通；建构主义认为国家行为应从其本身开始分析，不能从国家行为体的起点分析，也不能以规范结构为先决条件。奠基于哲学和社会学的建构主义是在对传统的理性主义的批判和反思中发展起来的，从本体论、方法论、价值论和认识论上都对现实主义和自由主义构成了挑战和突破，进行了经典解构，实现了观念的回归。在国际机制问题上，建构主义与传统理论的看法同样存在很大的区别：建构主义国际机制理论不仅强调国际机制具有蕴含原则性共享观念的主体间性，还强调对国家与国家利益认同的分析，强调内生性建构作用在其中的决定性影响；同时认为，机制形成后同时具有规定性和构成性两种作用。认知主义是建构主义在国际机制理论上的衍生。其中，弱认知主义通过提供利益交换理论，揭示偏好形成的过程来填补和完善理性主义的研究路径；强认知主义赞成国际机制研究的社会学范式，将国际机制内嵌于更广泛的规范网络，认为知识不仅会影响国家的利益，还会构成国家的认同，对理性主义的研究路径提出了替代而不是补充。建构主义国际机制理论尽管对知识和观念因素的重视和强调，超越了现实主义和自由主义理论的思维模式，为国际机制理论的多元发展奠定了基础，但因其过多地突出观念因素的作用，过分强调社会学研究方法，受到了多方面的批评。

总的来说，这三种理论范式为国际机制的创设提供了很好的理论导向。在糅合这三种解释变量，并利用理性主义和社会学这两种研究路径之间的差异和互补的基础上，本书搭建了一个分析框架，以求弥补国际机制理论在解释机制创设上的一些不足，并为下文对南海区域合作机制的深入分析奠定理论基础。影响国际机制创设的主要变量为存在能够扮演结构型、企业家型或智慧型等两种以上"领导者"角色的国际或国家集团；参与机制建设的国际行为体之间拥有共同利益或互补利益；参与者之间能够形成集体认同。同时，还存在一些重要的干扰变量，例如被理性主义的国际机制理论所忽视的国内政治因素，以及外来的霸权干涉和大国对抗带来的外生的结构性压力等。

第二章　中国—东盟国家南海区域合作机制的构建现状与评价

　　在为南海周边国家基于共同利益开展关涉海洋各问题领域的合作，管控地区冲突与分歧，进而维护南海地区和平稳定上，国际机制理论的确提供了有益的思路。实际上，为缓解南海地区紧张局势，有效开展海上合作，自20世纪90年代以来，南海问题相关方便着手构建相关合作机制。本书要探讨的中国—东盟国家南海区域合作机制，主要是指中国与东盟国家以南中国海[①]为纽带，围绕南海相关传统安全与非传统安全（或高敏感与低敏感）问题领域，[②]在共同认

---

　　①　本书探讨的南海是指"南中国海"（South China Sea），与"中国南海"（China's South Sea 或 The South Sea of China）不同。前者并非主权名称，是指北部连接中国南方的广东、广西、海南和福建等省份，东北部连接中国台湾地区，南部是马来西亚和文莱，西部和西南部邻接越南和马来半岛，东部和东南部邻近菲律宾群岛，面积约350万平方千米的海域。参见张海文：《南海及南海诸岛》，北京：五洲传播出版社2014年版，第11—12页。

　　②　南海传统安全问题主要是指由南海岛礁主权争端与海洋划界争议所带来的具体而明确的以军事安全为核心的利益冲突，很可能即刻对一个国家的生存与发展带来重大危害；南海非传统安全问题主要包括海上恐怖主义、海盗、海上人为和自然灾害、海洋生态环境污染、海洋渔业安全、海洋油气资源安全等——这些来自非军事冲突领域的问题，虽未必会即刻对一国的生存与发展带来重大威胁，却可能长期影响着国家的持续发展，且往往带有跨国性。南海高敏感问题是指岛礁归属和海洋划界等涉及民族国家根本利益的高度敏感问题，且很难有妥协和协商的余地；南海低敏感问题是相对于南海高敏感问题而言的，主要包括海洋环境保护、海洋渔业生产与养护、海上搜救、海盗、水下遗产保护、海洋科学研究、海上航道安全、海洋防灾减灾等——虽然从根源上也会涉及领土主权问题，但更多直接表现为有关当事方的个体利益，且在很大程度上不至于上升到主权争端问题的一系列问题。南海传统安全问题相较于南海高敏感问题，南海非传统安全问题相较于南海低敏感问题，具有高度的重叠性，只是强调的侧重点略有不同。

知和期望下协调各方行为形成的一系列明示或暗示的原则、规范、规则和决策程序的有机系统安排。按照作用范围划分，中国与东盟国家构建的南海区域合作机制可以分为双边协商机制与多边对话机制[①]；按照形式特征划分，目前已创设的相关南海区域合作机制仍属于非正式机制；按照问题领域划分，中国—东盟南海区域合作机制主要可以分为中国—东盟国家所建立的南海传统安全合作机制及南海非传统安全合作机制（或南海高敏感领域合作机制与南海低敏感领域合作机制）。本章主要从宏观层面对现有中国—东盟国家南海区域合作机制的现状、机制化程度、有效性及局限性等进行综合分析，以为后面章节对影响中国—东盟国家南海区域合作机制构建的主要变量进行深入分析，以及对推进中国—东盟国家南海区域合作机制建设进行探讨奠定现实基础。

一、中国—东盟国家南海区域合作机制的构建现状

自古以来，中国与南海地区及其周边国家一直保持着密切的政治经济关系。而受意识形态因素的影响，冷战时期中国与东南亚国家基本断绝了政治对话与贸易往来。20 世纪 90 年代初，随着冷战的结束，国家之间关系开始缓和，经济发展成为亚太地区的重点，中国转向与东南亚国家和东盟建立友好关系的快车道。20 世纪 90 年代，中国与东盟和东南亚国家间关系的快速发展，在一定程度上掩盖了南海地区的激烈争端。然而，争议不时出现。南海争议事件发生后，中国政府为防止争议激化，维护中国—东盟良好伙伴关系，与越南、马来西亚，特别是菲律宾等国进行了全方位外交磋商。同时，基于对中国在南海日益强硬的领土主张，同时也是为了防止南海紧张局势升级为冲突，东盟寻求和采取措施，积极倡导构建南海问题的"行为准则"。实际上，为缓解南海领土争端的紧张局势，以及共同应

---

① 双边协商机制是指中国与某一个东盟国家所构建的相关合作机制；多边对话机制是指中国与两个及两个以上东盟国家所构建的相关合作机制。

对南海地区的非传统安全挑战，近 30 年来，以南海问题和事务为纽带，南海沿岸国家之间建立了一系列的双边和多边合作机制。

（一）双边协商机制

中国政府一贯主张以双边谈判的方式和平解决南海问题，也乐于以双方协商的方式开展海洋领域合作。从 20 世纪 90 年代初期开始，中国与越南、菲律宾、马来西亚、文莱、印尼等南海周边国家建立了多个双边协商机制。

1. 中国—越南

越南与中国在南海问题上性质较为复杂。1974 年以前，越南一直承认西沙群岛和南沙群岛是中国的领土。但此后越南对整个南沙群岛和西沙群岛都提出了主权要求，并逐步占领了南沙群岛中的 29 个岛礁。[①]1974 年，中国军队将南越军队赶出西沙群岛。1976 年，统一后的越南却主张西沙群岛仍是一个有待讨论的问题，但中国坚持西沙群岛不容置疑和讨论，更不用说进行主权谈判。1988 年，中越海军在赤瓜礁交火。自 20 世纪 90 年代以来，中越便一直致力于以谈判协商解决相关争议。1993 年，中越签署了《关于解决中越边界领土问题的基本原则协议》。1995 年 11 月达成的《中越联合公报》提出"海上问题谈判机制"，并成立了海上问题专家小组，就南沙问题进行对话和磋商。[②]2000 年 12 月 25 日，中国和越南签署了《中越关于两国在北部湾领海、专属经济区和大陆架的划界协定》。该协定结束了长达 27 年的北部湾划界谈判，基本上解决了北部湾海洋划界和权益归属纠纷。随着北部湾划界问题的解决，中越两国政府随即签署了政府间《北部湾渔业合作协定》，以正式的政府协定形式将两国的渔业合作固定下来，并于 2004 年成立了中越北部湾渔业

---

① Wu Ningbo, "China's rights and interests in the South China Sea: challenges and policy responses,"*Journal of Maritime & Ocean Affairs Liss C*,Vol.8,No.4,2016,p.287.

② 钟飞腾：《国内政治与南海问题的制度化——以中越、中菲双边南海政策协调为例》，《当代亚太》，2012 年第 3 期，第 101 页。

联合委员会来管理相关渔业合作问题。2008 年 10 月，中越签署的联合声明第一次提及要按照包括《公约》在内的国际法所确认的法律制度和原则处理南海问题。[①]2009 年 3 月 19 日，越南和中国同意建立领导人热线电话机制。[②]2011 年，中越签署《关于指导解决中越海上问题基本原则协议》。该协议宣布，在南海问题的解决上要从战略和全局高度出发，以两国关系大局为重。2013 年，中越成立海上共同开发磋商工作组，双方同意加大海上低敏感领域合作专家工作组和中越北部湾湾口外海域工作组的工作力度。[③]

2. 中国—菲律宾

中国与菲律宾在涉及南沙群岛的大部分地区存在领土争议。20 世纪 90 年代，中菲之间因美济礁事件在南海的摩擦加剧。为防止争议激化，两国开展了一系列的外交协商与谈判。1995 年 8 月，中国与菲律宾发表了一份关于南海问题的声明，双方承诺以《公约》为依据，由直接相关国解决南海争议问题。1995 年 10 月，中菲在发表的联合声明中商定了在南海及其他合作区域的 8 点行为准则。中菲在 1996 年发布的联合新闻公报中，同意建立包括 3 个工作小组在内的双边磋商机制。2004 年 9 月，中国与菲律宾两国石油公司签署《联合海洋勘探谅解备忘录》，开启了两国企业开展海上联合性研究的第一步。2005 年 3 月，越南油气总公司的加入促使三家公司共同签署《在南海协议区三方联合海洋地震工作协议》。在该协议的指导下，三方将联合在 14.3 万平方千米的争议海域内进行海上地质考察和研究，以为未来共同勘探开发油气资源提供前期技术支撑。但因 2008 年，该协议未被菲律宾最高法院批准通过，中、菲、越三国的共同

---

①　钟飞腾：《国内政治与南海问题的制度化——以中越、中菲双边南海政策协调为例》，《当代亚太》，2012 年第 3 期，第 102 页。

②　同上，第 102 页。

③　杜兰、曹群：《关于南海合作机制化建设的探讨》，《国际问题研究》，2018 年第 2 期，第 86 页。

开发尝试夭折。^①自 2008 年以来的一系列事件使中菲海上合作停滞多年。直至 2016 年 6 月杜特尔特政府执政后，两国关系逐渐改善。2017 年 5 月 19 日，中国—菲律宾南海问题双边磋商机制第一次会议举行，重启谈判协商中菲南海有关争议的进程，双方同意将该机制作为双方促进海上合作与海上安全和建立信任措施的平台，重新启动以谈判协商的方式处理双方南海相关争议的进程。^②2017 年 11 月，中菲发布联合声明，双方认为海上争议问题不是中菲关系的全部。2018 年 11 月 20 日，中菲签署《关于油气开发合作的谅解备忘录》，标志着两国在油气勘探与开发合作领域迈出了新的步伐，^③2019 年 8 月，在该谅解备忘录和《关于建立政府间联合指导委员会和企业间工作的职责范围》指导下，中菲成立油气合作政府间联合指导委员会和企业间工作组，以推动共同开发早日有所进展。^④2019 年 10 月 28 日，中菲南海问题双边磋商机制第五次会议在北京举行，双方就磋商机制下的政治安全、渔业、海洋科研与环保工作组举行了工作组会，还就加强在南海的海洋科研与环保、海事安全、海上搜救及渔业等合作项目进行了交流，肯定了双边磋商机制作为定期对话平台的重要性，并就建立有关互访交流机制进行了建设性讨论。

3. 中国—马来西亚

基于对马来西亚与中国利益相关性的清醒认知，马来西亚在南海问题上极少与中国直接对抗，也不采用激烈的手段，而是采取"静

---

① 许利平：中菲油气合作为南海树立新典范，环球网，2019 年 8 月 31 日，https://opinion.huanqiu.com/article/9CaKrnKmyEk。

② 中国—菲律宾南海问题双边磋商机制第一次会议举行—中新网，中新网，2017 年 5 月 19 日，https://www.chinanews.com/gn/2017/05-19/8229125.shtml。

③ 习近平访菲签 29 项协议 包括联合开发南海油气资源谅解备忘录，观察者网，2018 年 11 月 21 日，https://m.guancha.cn/internation/2018_11_21_480504.shtml?s=wapzwyxgtjdt。

④ 中菲宣布成立油气合作政府间联合指导委员会和企业间工作组，新华网，2019 年 8 月 29 日，http://www.xinhuanet.com/politics/leaders/2019-08/29/c_1124938959.htm。

默外交",① 避免因南海冲突损害其与中国的总体关系,这在一定程度上有助于两国加强在海洋领域的合作。2009 年 6 月 3 日,中国与马来西亚签署《中马海洋科技合作协议》。该协议是我国与南海周边国家签署的首个政府间海洋科技合作协议,内容涵盖海洋管理、海洋政策、海洋科学研究与调查、海洋资料交换、海洋防灾减灾等众多领域。②2010 年 3 月 9—10 日,第一届中马海洋科学研讨会在北京举行,研讨会拟定了 28 项合作建议。3 月 11 日,中马海洋科技合作联委会第一次会议在北京召开,研究确定了未来两年中马海洋科技合作的 5 项优先合作计划。③2019 年 9 月,中国与马来西亚政府同意建立中马海上问题双边磋商机制,作为增进双方互信、推进海上合作和妥善管控分歧的重要平台。④

4. 中国—文莱

同马来西亚一样,文莱在对待南海问题的态度上也较为理性,更倾向于利用双边框架来解决南海争端和管控分歧。近年来,中国与文莱经济合作明显加强,尤其是在共同开发海洋油气资源方面,文莱持积极态度。2013 年 4 月,两国发表的《联合声明》同意支持两国有关企业共同勘探和开采海上油气资源。⑤2013 年 10 月,在时任国务院总理李克强访问文莱期间,两国发表《联合声明》,双方一致同意加强海上合作,推动共同开发,⑥ 同时,双方还签署了《关

---

① 李东屹:《中国—东盟关系与东盟地区主义近期互动解析——以南海问题为例》,《太平洋学报》,2016 年第 8 期,第 47 页。

② 中国—马来西亚海洋合作,中华人民共和国自然资源部,2015 年 9 月 17 日,http://www.mnr.gov.cn/zt/hy/zdblh/sbhz/201509/t20150917_2105783.html。

③ 与马来西亚合作与交流,中国南海网,2016 年 7 月 22 日,http://www.thesouthchinasea.org.cn/2016-07/22/c_53580.htm。

④ 中国与马来西亚建立海上问题磋商机制,中华人民共和国中央人民政府,2019 年 9 月 12 日,http://www.gov.cn/guowuyuan/2019-09/12/content_5429469.htm。

⑤ 中国文莱决定加强海上合作推进共同开发,中华人民共和国驻缅甸联邦共和国大使馆,2013 年 10 月 11 日,https://www.fmprc.gov.cn/ce/cemm/chn/zgxw/t1087761.htm。

⑥ 中国文莱两国决定加强海上合作推进共同开发,中华人民共和国中央人民政府,2013 年 10 月 11 日,http://www.gov.cn/jrzg/2013-10/11/content_2504467.htm。

于海上合作的谅解备忘录》《中国海油和文莱国油关于成立油田服务领域合资公司的协议》等双边合作文件。

5. 中国—印尼

印尼不是主张南海争议岛屿和暗礁的国家之一，只是它位于纳土纳群岛北部的专属经济区处于中国的断续线内，两国存在专属经济区重叠争议。为了加强其主张，在过去 20 多年里，印尼不仅向纳土纳群岛派遣移民，而且最近几年还加强了对该地区的军事部署和加大了开发力度。但是，总的来说，印尼在南海问题上的总体思路是一贯的：一方面，作为一个与中国没有公开的海洋领土争端的国家，印尼愿意作为"可靠的中间人"来协调南海冲突，促进各争端方缔结"准则"；另一方面，印尼支持东盟地区主义，希望借此扩大本国影响力、发挥核心作用，同时不希望域外势力过度干涉南海争端。事实上，自 1990 年中国与印尼恢复外交关系，尤其是进入 21 世纪以来，双边围绕政治、经济和文化等领域的关系不断加强，两国围绕海洋领域的合作也逐渐展开。2000 年 5 月，中国与印尼签署联合声明，双方一致同意以和平方式解决国际争端，共同维护南海和平稳定。2001 年 4 月，中国与印尼签署了关于渔业合作的第一个谅解备忘录，奠定了两国进行海洋合作的基石。2007 年 11 月，双方签署了《中印尼海洋领域合作谅解备忘录》，标志着两国海洋领域的合作关系开始转入长期化、稳定化和机制化。[①]2012 年 12 月 6 日，中国与印尼召开了首次海上合作委员会，积极推动两国开展务实的海上合作，并建立了海事合作基金，支持两国互联互通项目的实施。在海洋科技合作方面，截至目前，两国已顺利召开 10 次中国—印尼海上技术合作委员会会议，在海洋科研及海上安全领域的合作不断加强。此外，两国还共同成立了中国—印尼海洋与气候联合研究中心作为两国开展交流合作的常设平台。

---

① 海洋局局长访问印尼并签海洋领域合作谅解备忘录，中华人民共和国中央人民政府，2007 年 11 月 16 日，http://www.gov.cn/gzdt/2007-11/16/content_807510.htm。

（二）多边对话机制

按照国际机制的形式特征，同时根据中国—东盟国家南海区域多边合作机制发展的实际情况及参与主体的不同，现将多边对话机制的发展大致划分为非政府间机制、政府间非正式机制及政府间正式机制的探索构建 3 个阶段。①

1. 非政府间机制（1990—2001 年）

1990—2001 年，中国与东盟国家之间构建的南海多边对话机制主要呈现为由印尼创设的"处理南中国海潜在冲突研讨会"（以下简称"研讨会"）为主的非政府间机制，以及为防止南海紧张局势升级为冲突中国与东盟国家开始共同探索构建"南海地区行为准则"（Regional Code of Conduct in the South China Sea）的过程。

（1）"处理南中国海潜在冲突研讨会"

为缓和南海海域紧张局势，增进国家之间的信任，作为非南海争端当事国的印尼于 1990 年发起成立了"研讨会"，其目前仍是唯一一个由南海争端 6 国 7 方共同参与的年度论坛。该研讨会于 1990 年由印尼大使哈斯吉姆·贾拉尔发起，作为一个非正式的地区对话平台，研讨会秉持非正式、非制度化、非国际化和循序渐进的原则，旨在促进南海地区信任措施的建立，寻求在南海问题上进行协商对话，不仅为争端各方提供了一个交流对话的场所，还为政府间机制建言献策，甚至直接影响了《宣言》的进程与内容，同时还在多个低敏感领域开展了卓有成效的合作。②1990 年 1 月举办了首届非官方讨论会，会议的成员国仅限当时的东盟 6 国，讨论了领土主权争端、政治与安全议题、航行安全、海洋科学研究与环境保护、合作机制建设，以及下一届会议希望中国、越南等国能够参加等问题。1991 年 7 月，第二届南海问题研讨会召开，与会方不仅来自东盟成员国，

---

① 丁梦丽、刘宏松：《南海机制的冲突管理效用及其限度》，《太平洋学报》，2015 年第 9 期，第 54—56 页。

② 郭宇娟：《第二轨道外交在解决南海问题上的作用分析——以南海周边国家为例》，外交学院 2018 年硕士学位论文，第 24 页。

还包括中国大陆、中国台湾地区、越南和老挝等国家和地区。这次研讨会形成了一个针对南海问题的"万隆六原则"，并提出以合作共赢的方式解决南海争端。第三届和第四届研讨会先后建立了资源评估技术工作组、海洋科学研究技术工作组、海洋环境保护技术工作组、法律事项技术工作组以及航行、运输与通信安全技术工作组5个技术组。①1994年10月召开的第五届研讨会，印尼外长希望邀请美国、日本、欧洲国家等南海地区外国家、全球和地区组织参与具体合作项目的建议，遭到与会中方人士的反对。1995年，第六届研讨会开始明显将讨论主题转向技术合作项目方面。1996年之后，研讨会不再直接关注政治与领土主权等争议性较大问题，确定了"信任建立措施"的性质，主要探讨技术性合作事项等议题。2001年初，加拿大国际发展署停止了对研讨会的经费支持，研讨会陷入困境，但并未动摇研讨会继续运行的决心。同年8月召开的特别会议提议设立一个由东南亚研究中心执行的特别基金，研讨会得以挺过财政危机。此后，研讨会便一直以"第二轨道"的存在方式稳定发展，尽管随着2002年《宣言》的签署，降低了研讨会作为南海各方唯一交流平台的重要性，再加上其本身运营确实存在诸多缺陷，但其为解决南海问题创造了良好氛围，所发挥的积极作用仍不容忽视。

（2）"南海地区行为准则"②的倡导与推动

20世纪90年代，南海争议事件频发。为维护南海地区稳定局势，东盟与菲律宾、越南等部分声索国寻求采取措施，积极倡导构建"南海行为准则"（以下简称为"行为准则"）。

"行为准则"的概念早在1992年的《东盟南海宣言》中就已提出，并在自1991年以来举办的"研讨会"上得到深入讨论。《东盟南海宣言》中首次就南海争端采取了共同立场。该宣言敦促各方保持克制，

---

① 李峰、郑先武：《印度尼西亚与南海海上安全机制建设》，《东南亚研究》，2015年第3期，第57—58页。

② "南海地区行为准则"的倡导与构建过程也可以被称为第一轮"南海行为准则"的创设过程。

努力创造一个积极的环境，以和平方式而不是诉诸武力来解决争端和所有问题，其中宣言第四条提出以《东南亚友好合作条约》所载原则作为制定"行为准则"的基础。①此外，东盟还邀请有关各方签署《东盟南海宣言》，当时非东盟国家越南表示支持《东盟南海宣言》。但中国重申其拒绝接受多边讨论南海问题的立场，并认为西沙群岛和南沙群岛的争端与东盟无关。不过，中国外交部长钱其琛表示，中国赞同该宣言的原则。

美济礁事件发生后，东盟在南海争端中的作用进入一个新的阶段，南海问题也被置于中国与东盟之间的正式对话中，并被纳入东盟部长级会议、东盟 +3 会议和东盟地区论坛的议程。中国尽管明确表示愿意通过双边方式处理南海问题，并避免其"国际化"，但北京方面已逐渐接受在不允许台湾参与的多边官方论坛上讨论该问题。1996 年 7 月举行的第 29 届东盟部长级会议赞成了在南海构建"行为准则"的设想，希望它将为该地区的长期稳定奠定基础，并促进有关国家之间的相互理解。②1998 年，在东盟首脑会议上正式提出了建立"行为准则"的想法。1999 年 3 月，东盟地区论坛将起草"行为准则"的任务交予菲律宾和越南。③1999 年 7 月，在东盟—中国高级官员协商会议上，中国同意与相关东盟和非东盟国家讨论"行为准则"问题。10 月，中国提出中国版本的"行为准则"草案，11 月，菲律宾和越南呈交的"行为准则"草案被东盟地区论坛采纳。

对于中国版本的《南海行为准则》草案，东南亚国家的态度十分冷淡，甚至遭到了一些国家的抵制。在 1999 年 11 月 25 日举办的中国—东盟高官会上，基于中国并未参加审议东盟审议通过的《南海行为准则》草案，以及两个版本的草案在一些重要条款上存在很

---

① Scott Snyder, Brad Glosserman and Ralph A. Cossa, "Confidence Building Measures in the South China Sea," Pacific Forum CSIS,No.2-01,August 2001,p.11.

② Rodolfo C. Severino, "ASEAN and the South China Sea," *Security Challenges*, Vol. 6, No. 2,2010,p.44.

③ 宝淇：《中国与东盟国家磋商制定"南海行为准则"所涉重大争议条款研究》，华东政法大学 2018 年硕士学位论文，第 3 页。

大分歧，中国拒绝通过东盟版本的"行为准则"文本。中国与东盟提出的《南海行为准则》草案有 3 点最大的不同：首先，对于西沙群岛的争议，中国认为其是中越两国的双边问题，而东盟提出的"行为准则"草案对西沙群岛地区也具有效力；其次，东盟版本的草案中包含"有关各方承诺不在目前无人居住的岛屿、暗礁、浅滩、礁滩和其他岛礁等争议地区上居住或建造建筑物"的内容，而中国版本的草案并未涉及相关内容；最后，中国版本草案建议相关方禁止在南沙群岛及其附近海域进行针对其他国家的军事演习活动，该条款遭到菲律宾等国家的反对，而中国的意图仅指美国及美国与其盟国在南海进行的联合军事演习和收集情报的行为。

至 1999 年底，中国与东盟在达成《南海行为准则》的进程中态度发生重大转变，"行为准则"的发展过渡到行为宣言的阶段。一方面，中国与东盟将各自分开讨论起草"行为准则"草案转变为综合中国与东盟草案的双边行为；另一方面，处理南海问题机制的名称由"行为准则"转变为"行为宣言"。

2000 年 3 月 15 日，中国与东盟在泰国举行非正式磋商，双方同意交换各自的草案，并将其合并为最终的"行为宣言"文本。但在磋商的过程中，各方无法就适用的地理范围、占领和非占领区岛礁建设的限制、南沙群岛附近海域的军事活动以及在有争议海域发现渔民被扣押的政策等相关问题达成一致。[①] 其中最大的争议仍是宣言适用的地理范围：越南一直坚持认为其所声称的西沙群岛是有关南海的任何协议或讨论的一部分，而中国认为西沙群岛是不可谈判的。鉴于对此四大问题存在分歧，"行为宣言"的起草过程并不顺利，后续磋商也没有取得实质性成果。

2. 政府间非正式机制（2002—2010 年）

2002 年 11 月，中国与东盟十国签署《南海各方行为宣言》（以下简称《宣言》），作为中国就南海问题签署的首个多边协议，标

---

① Rodolfo C. Severino, "ASEAN and the South China Sea," *Security Challenges*, Vol. 6, No. 2, 2010, p.44.

志着中国处理南海争议的方式从双边主义向"双多边主义"的重大转变，也标志着南海合作机制由非政府间机制为主向政府间非正式机制的转变。

由于中国与东盟在起草"行为宣言"的后期陷入僵局，无法开展下去，为缓和这一局面，马来西亚于2002年7月在文莱举行的第35届东盟部长级会议上，提议以一项妥协和不具法律约束力的"行为宣言"取代"行为准则"。该动议在东盟部长级会议上获得通过，会后发表联合声明，表示东盟和中国将密切合作，使"行为宣言"成为现实。几个月后，各方就"行为宣言"举行磋商并达成共识，在进行了多轮艰难谈判后，最终于2002年11月4日，在柬埔寨金边举行的第八次东盟峰会上，时任中国外交部副部长王毅与东盟十国外长共同签署了《宣言》。《宣言》是中国与东盟关于南海问题的第一份政治文件，对增进中国与东盟国家之间的互信以及维护南海地区和平稳定具有积极意义。同时，各方签署《宣言》也是朝着制定更具约束力的"行为准则"迈出的关键一步，在更正式的"行为准则"达成之前，《宣言》这一政府间非正式机制将成为国家间行为的指南。

《宣言》包含10项条款，主要包括规定调整各国之间关系与解决争端的原则、以和平方式解决领土和管辖权争议、保持自我克制、4项建立信任措施，以及5项自愿合作领域等主要内容。此外，《宣言》最后一项条款重申各方将为最终促成"南海行为准则"而努力。

但在《宣言》的具体落实过程中，越南、菲律宾、马来西亚等东盟国家往往不愿意严格遵守《宣言》的要求，不断采取加大侵犯中国南海领土主权和利益的行动，南海事态频发，尤其是2009年以来，南海局势再度紧张，《宣言》软性机制的失灵使得东盟及其部分成员国认为需要更强有力的机制来管控南海地区局势。

3. 政府间正式机制的探索构建（2011年至今）

2011年7月，在印尼巴厘岛举行的中国—东盟部长级会议上，东盟再度倡导"南海行为准则"（以下简称"准则"）谈判。此后，东盟及其部分成员国加快筹划和制定一份具有约束力的"准则"的步伐。自 2013 年 9 月中国同意与东盟重启关于"准则"谈判以来，各方在落实《宣言》框架下就"准则"进行了建设性磋商。尽管多次谈判基本上未就"准则"达成任何实质性内容，但在东盟的坚持推动和中国的积极响应下，还是取得了一些阶段性进展。

2012 年 1 月，菲律宾散发了一份题为《菲律宾关于南海行为准则草案》的非正式工作草案。该草案共 8 页，包含 10 项条款。东盟高级官员在商讨该草案的过程中，东盟成员国对于该草案中的建立一个南海共同合作区域、设立一个永久性的联合工作委员会，以落实促进南海成为一个"和平、自由、友谊与合作区"的外交政策、在《公约》之下建立争端解决机制 3 项条款产生明显分歧，[①] 无法达成共同立场。

2012 年 7 月 8—13 日，第 45 届东盟外长会议通过了《东盟关于南海区域性行为准则的建议要素》（以下简称《建议要素》），但因菲律宾反对中国准军事船只部署到黄岩岛，越南反对中国宣布租用越南专属经济区内的石油区块，以及作为东盟轮值主席国的柬埔寨坚持认为南海问题为双边问题，不应该被包含在联合公报中，因而该《建议要素》并未在官方层面被公布。在东盟外长会议首度没有发表联合公报的背景下，印尼外长马蒂·纳塔莱加瓦开始与东盟国家外长磋商，以恢复团结，并承诺东盟在南海问题上采取共同立场。马蒂在 7 月 18—19 日到达 5 个国家的首都（马尼拉、河内、曼谷、金边和新加坡）进行了紧张的穿梭外交。他和菲律宾外长首先会晤，其同意马蒂向其他东盟国家外长提出的 6 点建议。在得到他们的同意后，马蒂通知了柬埔寨外交部长贺南洪，并让作为东盟轮值主席的他完成外交手续。2012 年 7 月 20 日，贺南洪公布了"东盟关于解决南海问题六条原则"，"六条原则"主要内容包括：全面落实《宣言》；落实《宣言》后续行动方针；尽早缔结"准则"；充分尊重包括 1982 年《公约》在内的公认国际法原则；各方继续保持克制，不使用武力；根据包括 1982 年《公约》在内的公认国际法

---

① Carlyle A. Thayer, "ASEAN, China and the Code of Conduct in the South China Sea," *SAIS Review*, Vol.33, No.2, 2013, p.79.

原则和平解决南海争端。[1]对于"六条原则",中国持积极开放的态度,但实际效果并不理想。

在2012年9月举行的第67届联合国大会期间,印尼向东盟各国传阅了一份《南海区域性行为准则零号草案》(以下简称《零号草案》)的文件。该草案内容的1/3来自2002年《宣言》、2012年《建议要素》以及"六条原则",其余部分便是印尼的建议。该草案最重要的贡献是关于"准则"执行情况的第6条。该条载有执行建立信任措施的拟议规则、规范和程序,还包括1972年《国际海上避碰条例》(COLREGS)中关于防止海上事故和碰撞的详细规定。草案第8条涵盖了东盟拟议的"南海行为准则"的两个争端解决机制:根据《东南亚友好合作条约》设立的东盟高级理事会来解决争端和包括《公约》在内的国际法规定的争端解决机制。《零号草案》确实提出了一些合理性设想,比之前的"准则"草案更进了一步,但其所提出的一些大胆建议,如第4条指出"准则"应当适用于南海相关当事方所未能解决的海洋边界区域等条款存在争议,[2]很难被包括中国在内的南海争议国所接受。

对于东盟及其成员国对如何推进"准则"进程所开展的多种讨论,外交部长王毅于2013年8月5日提出了关于制定"准则"问题的"四点看法",即合理预期、协商一致、排除干扰和循序渐进。2013年9月,在落实《宣言》第6次高官会和第9次联合工作组会议上,中国与东盟达成"'循序渐进、协商一致'落实《宣言》"的共识,并决定授权联合工作组就"准则"进行具体磋商。此后,在落实《宣言》高官会和联合工作组的推进下,"准则"磋商不断向前迈进(见表2-1),尤其是在2016年7月国际仲裁庭对南海仲裁案做出历史性裁决后,新上任的菲律宾总统杜特尔特决定将其置于一旁,优先加强与中国的经

---

① Carlyle A. Thayer, "ASEAN, China and the Code of Conduct in the South China Sea," *SAIS Review*,Vol.33,No.2,2013,p.79.

② 罗国强:《东盟及其成员国关于〈南海行为准则〉之议案评析》,《世界经济与政治》,2014年第7期,第97页。

济关系,同时在双边基础上解决两国在南海的领土和管辖权争端,此举大大缓解了中菲在南海的紧张局势,中菲之间紧张关系的缓和也促使围绕"准则"磋商的步伐加快。2017 年 8 月 6 日,"准则"框架在中国—东盟"10+1"外长会议上正式通过。"准则"框架列出了日后"准则"磋商要讨论的关键问题,是在南海冲突管理过程中向前迈出的一大步。2018 年 8 月 2 日,在中国—东盟"10+1"外长会上,"准则"单一磋商文本草案正式形成,这是"准则"磋商进程中取得的又一重大进展,下一步将进入具体案文磋商环节。2019 年 8 月,中国与东盟国家提前完成了"准则"单一磋商文本草案的第一轮审读,对案文进行了精简优化,使"准则"的结构更加合理,总体架构和案文要素更加清晰。[1]目前"准则"单一磋商文本草案进入二轮审读,不仅明确了磋商方式、路径和规划等,还将具体条款的技术性细节磋商提上日程。

表 2-1 2014—2019 年落实《宣言》高官会和联合工作组会议
关涉"准则"成果[2]

时间	会议名称	取得成果
2014 年 3 月	落实《宣言》第 10 次联合工作组会	授权联合工作组就"准则"进行具体磋商;同意采取步骤成立名人专家小组

① "南海行为准则"磋商迈出关键一步,人民网,2019 年 8 月 3 日,http://world.people.com.cn/n1/2019/0803/c1002-31273886.html。

② 表格由作者整理,资料来源:外交部:落实《南海各方行为宣言》联合工作组会议将举行,国际在线,2014 年 3 月 7 日,http://news.cri.cn/gb/42071/2014/03/07/7211s4453873.htm;落实《南海各方行为宣言》第 8 次高官会在泰国举行,中华网,2014 年 10 月 29 日,https://news.china.com/news100/11038989/20141029/18909033.html;落实《南海各方行为宣言》第 9 次高官会在天津举行,新华网,2015 年 7 月 29 日,http://www.xinhuanet.com/world/2015-07/29/c_1116082906.htm;落实《南海各方行为宣言》第十次高官会:继续全面有效落实,中国新闻网,2015 年 10 月 20 日,http://www.chinanews.com/m/gn/2015/10-20/7580011.shtml;落实《南海各方行为宣言》第 14 次高官会在贵阳举行—新华网,新华网,2017 年 5 月 18 日,http://www.xinhuanet.com//local/2017-05/18/c_1120997099.htm;落实《南海各方行为宣言》第 16 次高官会在马尼拉举行,中华人民共和国外交部,2018 年 10 月 26 日,https://www.fmprc.gov.cn/nanhai/chn/wjbxw/t1633062.htm;落实《南海各方行为宣言》第 18 次高官会在越南举行—新华网,新华网,2019 年 10 月 16 日,http://www.xinhuanet.com/2019-10/16/c_1125112267.htm。

续表

时间	会议名称	取得成果
2014 年 10 月	落实《宣言》第 8 次高官会	批准了"准则"磋商的第一份共识文件；通过了处理南海问题的"双轨思路"；确认了"协商一致""从易到难""梳理共识"的磋商方式
2015 年 7 月	落实《宣言》第 9 次高官会	通过了"准则"磋商的第二份共识文件、名人专家小组《职责范围》等重要文件；授权并要求联合工作组尽早建立名人专家小组；中国与东盟开始进入到讨论"准则"的框架、结构和元素的新阶段
2015 年 10 月	落实《宣言》第 10 次高官会	形成了"重要和复杂问题清单"和"'准则'框架草案要素清单"两份放开性文件
2016 年 8 月 15—16 日	落实《宣言》第 13 次高官会和第 18 次联合工作组会	再次确认在协商一致的基础上实质性推动早日达成"准则"框架草案
2017 年 2 月	落实《宣言》第 19 次联合工作组会	"准则"框架草案基本达成一致
2017 年 5 月	落实《宣言》第 14 次高官会和第 21 次联合工作组会	审议通过了"准则"框架
2018 年 10 月	落实《宣言》第 16 次高官会和第 26 次联合工作组会	确认了联合工作组就"准则"单一磋商文本草案开展审读以来取得的成果
2019 年 10 月	落实《宣言》第 18 次高官会和第 30 次联合工作组会	各方就"准则"案文第二轮审读充分交换意见

　　以上内容从国际机制的作用范围层面，对中国—东盟国家南海区域合作机制的构建背景、过程等现状进行了梳理。为了更直观地了解中国与东盟国家已构建的南海区域合作机制，下面将按照具体问题领域将其通过表格的形式展现出来（见表 2-2）：

表2-2　中国—东盟国家南海区域合作机制构建现状（按问题领域分类）①

问题领域 作用范围		双边协商机制	多边对话机制
南海传统安全 合作机制	中 越	《关于解决中越边界领土问题的基本原则协议》（1993）；《中越关于两国在北部湾领海、专属经济区和大陆架的划界协定》（2000）	"处理南中国海潜在冲突研讨会"（1990）；《南海各方行为宣言》（2002）；落实《宣言》高官会和联合工作组会议"南海行为准则"（正在构建中）
		中—菲南海问题双边磋商机制	
		中马海上问题双边磋商机制（2019年9月同意建立）	
南海非传统安全合作机制	总体非传统安全合作机制	中 印 尼	《中印尼海洋领域合作谅解备忘录》（2007）；中印尼海上合作技术委员会	《中国与东盟关于非传统安全领域合作联合宣言》（2002）"中国—东盟海事磋商机制"（2005）中国—东盟海上合作基金（2011）
		中 越	《关于指导解决中越海上问题基本原则协议》（2011）；中越低敏感领域合作专家工作组	
	海洋渔业资源养护合作机制	中 越	《中越北部湾渔业合作协定》（2000）；《中越北部湾渔业合作协定补充议定书》《北部湾共同渔区渔业资源养护和管理规定》（2004）；中越北部湾渔业联合委员会（2004）	中国—东盟渔业文化周暨南北农业合作对接大会（2013）广东—东盟渔业合作研讨会（2016）
	海洋渔业资源养护合作机制	中 印 尼	《关于渔业合作的谅解备忘录》《中印尼就利用印尼专属经济区部分总可捕量的双边安排》（2001）；《关于修改〈中印尼就利用印尼专属经济区部分总可捕量的双边安排〉的议定书》（2004）；《中印尼渔业合作谅解备忘录有关促进捕捞渔业合作的执行安排》（2014）；中国—印尼渔业合作联合委员会（2001）	

---

① 表格由作者根据相关资料自行整理，关于中国与东盟国家就具体问题领域所构建的南海区域合作机制主要是指围绕该问题领域创设的专门性的合作机制。

续表

问题领域作用范围		双边协商机制	多边对话机制
南海非传统安全合作机制	海洋渔业资源养护合作机制	中—菲	《中菲渔业合作谅解备忘录》（2004）；中菲渔业合作联合委员会（2004）	—
		中—马	"中马渔业合作商务论坛"（2004）；马来西亚农业与农基工业部与中国农业部和广东省人民政府签订《渔业合作谅解备忘录》（2005）	
		中—文	广东省海洋渔业局与文莱渔业局签署《渔业合作谅解备忘录》（2009）	
	海洋科研合作机制	中—越	《"中越海上海浪与风暴潮预报合作研究"谅解备忘录》（2003）	—
		中—泰	《国家海洋局第一海洋研究所与泰国普吉海洋生物中心的合作备忘录》（2008）；中泰气候与海洋生态系统联合实验室（2013）	
		中—马	《中马海洋科技合作协议》（2009）；《中马海洋科技合作五年规划(2014—2018）》《中马海洋科技合作规划（2017—2020）》中马海洋科技合作联委会；中马海洋科学研讨会；中马联合海洋研究中心	
		中—印尼	中国—印度尼西亚海洋与气候联合研究中心（2010）	
	海上搜救合作机制	中—越	《中国防城港至越南下龙湾高速客轮线搜寻救助合作协议》（2003）；《中国海警局与越南海警司令部合作备忘录》（2016）	"海上联合搜救热线平台"（2014）
		中—菲	《中国海警局和菲律宾海岸警卫队关于海警海上合作联合委员会的谅解备忘录》	

续表

问题领域作用范围		双边协商机制	多边对话机制
南海非传统安全合作机制	航道安全合作机制	—	"应对海上紧急事态高官热线"（2014）；"中国与东盟应对海上紧急事态外交高官热线平台指导方针"（2016）；《中国与东盟国家关于在南海适用〈海上意外相遇规则〉的联合声明》（2016）
	港口区域合作机制 中|马	中马《建立港口联盟关系的谅解备忘录》（2015）；"中国—马来西亚港口联盟"（2015）	《中国—东盟港口发展与合作联合声明》《中国—东盟海运协定》（2007）；"中国—东盟港口合作高管定期会议"（2008年开启）；"中国—东盟港口城市合作网络机制"（2013）
	港口区域合作机制 中|新	《关于中新（重庆）战略性互联互通示范项目"国际陆海贸易新通道"建设合作的谅解备忘录》（2018）	
	海洋环境保护合作机制 中|越	《关于开展北部湾海洋及岛屿环境综合管理合作研究的协议》（2013）	《未来十年南海海岸和海洋环保宣言（2017—2027）》（中国与东盟各国2017年通过）
	油气资源共同开发合作机制 中|菲	中菲石油总公司签署《联合海洋勘探谅解备忘录》（2004）；中菲政府间《关于油气开发合作的谅解备忘录》（2018）；中菲油气合作政府间联合指导委员会（2019）	中菲越三国石油公司签署《在南海协议区三方联合海洋地震工作协议》（2005）
	油气资源共同开发合作机制 中|越	中越石油总公司签署《北部湾油气合作协议》（2005）；中越海上共同开发磋商工作组（2013）	
	油气资源共同开发合作机制 中|文	《中国海油和文莱国油关于成立油田服务领域合资公司的协议》（2013）	

　　通过以上对南海区域合作机制的梳理，可以看出，当前中国与东盟国家之间所构建的南海双边协商机制与多边对话机制的确都取得了一定程度的进展，且正逐步形成涵盖"多边 + 双边"的海洋事务磋商机制和"双边"南海问题磋商机制在内的不同层次的合作机制体系。① 但从整体来看，一方面，相关南海区域合作机制在涉及政治、安全等高敏感领域合作较少，且尚未建立南海争端解决机制。《宣言》的签署标志着南海区域安全机制的初步建立，但其作为不具有法律约束力的政治文件，又使其有效性的发挥大打折扣；而正在磋商中的"准则"，其意义不仅在于增强互信和管控海上危机与冲突，更将为规范和明确相关方的海上行为做出制度化的安排，随着"准则"的达成，南海由"乱"到"治"的新秩序有望实现，限于一些主客观制约因素，其全面达成仍充满着未知和不确定。另一方面，南海周边国家虽在海洋渔业资源养护、海洋科研、海上搜救等低敏感领域合作较多，但务实少、务虚多，双边合作多，多边合作较少。例如在南海渔业资源养护机制的构建上，主要表现为双边机制，且只是在中越之间的北部湾地区，以正式政府协定的形式将渔业合作固定下来，建立起了相对成熟的双边渔业合作机制，其他大部分地区所构建的双边渔业合作机制都不具系统性，也尚未形成区域性渔业合作机制；在海洋环境保护、海上搜救、打击海盗及水下文化遗产保护等领域，机制建设进程比较缓慢，至今不存在实质性意义的相关区域合作机制；而对于南海油气资源共同开发问题，由于其与南海岛礁主权归属及海洋管辖权问题不可避免的关联性，相关合作机制远未形成。总的来说，对于中国与东盟国家所创设的南海区域合作机制，不管是在传统安全领域还是非传统安全领域，其整体制度化水平都较低，多是以谅解备忘录、协定、议定书，以及定期会议、研讨会、研究中心、工作组等形式存在，仍属于非正式机制，是一种低层次"结构松散的开放式双边或多边主义"。

---

　　① 林勇新：《中国—东盟海洋合作现状与动因》，《东亚评论》，2020 年第 1 期，第 97 页。

二、对现有中国—东盟国家南海区域合作机制的总体评价

尽管当前所构建的中国—东盟国家南海区域合作机制整体制度化水平比较低，但从功能的范畴看，《宣言》等机制的有效性相对比较突出。不过，受制于自身缺陷和外在制约，其同样存在一定的局限性。

（一）现有中国—东盟国家南海区域合作机制的有效性

现有的南海区域合作机制能够在一定程度上发挥规范并制约相关国家行为、促进相关问题领域合作并产生示范效应等的功能。具体来说，可以为有关国家和地区，尤其是争端相关方提供信息沟通的平台和渠道，有效避免对彼此行为的误判，促使各国倾向于保持克制，约束自身行为，进而管控分歧，维护南海地区和平与稳定。同时，相关合作机制还能为南海海上合作提供指导原则，推进相应问题领域海上合作项目的开展。此外，一些合作机制的构建还能对区域内其他国家产生强大的带动和辐射作用，催生新的合作机制的创设。

1. 在一定程度上规范并制约相关国家行为，降低战争与冲突发生的可能性

自20世纪90年代南海周边国家着手构建双边与多边合作机制以来，南海声索国之间并未再发生类似1988年中越赤瓜礁海战的战争行为。尤其是2002年《宣言》的签署，表明南海不再没有规则，南海地区各项争议逐渐变得有章可循。在接下来的几年时间里，南海的紧张局势得到了控制，总体形势相对稳定。《宣言》甚至获得了"定海神针"的美誉。

《宣言》第4条明确指出，领土和管辖权争议由直接相关的主权国家以和平方式解决，不诉诸武力或以武力相威胁。2012年4月爆发的中菲黄岩岛对峙事件，双方各执立场，僵持不下，局势十分

紧张，军事冲突似乎一触即发。但回顾此次对峙事件，可以发现两国的决策者都十分理智，清楚一旦发生武力冲突，将对两国及两国人民的利益造成巨大的损失。因此，双方的立场基本停留在不诉诸武力的原则范围内。同时，在对峙期间，双方也一直保持着畅通的沟通渠道，这在一定程度上避免了对彼此行为的误判。作为一个负责任的大国，中国在黄岩岛争议中始终保持自我克制，坚持通过外交途径来妥善处理，因而，除了外交上的努力，中国的应对策略主要是派出渔政船和海监船。而菲律宾虽在此次事件中态度强硬，咄咄逼人，不仅提出要将黄岩岛问题提交国际海洋法法庭解决的无理要求，还声称永不同意中方提出的菲方船只离开黄岩岛。中国公共服务船只和中国渔船可在黄岩岛自由行动的要求，但仍于 4 月 16 日、29 日、30 日，5 月 1 日、7 日、8 日、10 日多次表态不会因黄岩岛事件与中国交战，同意用外交方式解决双方船只对峙，并且建议将政治与商业分开，实施对南海边协商边开发的策略。因此，现有南海区域合作机制，尤其是《宣言》这一多边合作机制的存在，能够在一定程度上规范和制约相关国家的行为，促使妥善管控分歧及和平解决争端成为有关各方的"最低共识"。

2. 推进中国与东盟国家之间的海上合作，尤其是非传统安全领域的合作

就中国与东盟国家所构建的南海区域合作机制来看，多数尽管仅停留在达成合作共识的阶段，但仍在一定程度上推动了相关国家就一些南海具体问题领域的合作。尤以《宣言》的正式签署为标志，其第 6 条强调海洋环保、海洋科学研究、海上航行和交通安全、搜寻与救助、打击跨国犯罪等为有关各方可探讨或开展合作的领域，[①]为中国与东盟国家之间的南海海上合作提供了具有指导意义的建设性合作方向与框架。同时，中国与东盟国家在《宣言》框架下成立的落实《宣言》高官会和联合工作组会议，不仅为推进"准则"磋

---

① 《南海各方行为宣言》，外交部，https://www.fmprc.gov.cn/web/wjb_673085/zzjg_673183/yzs_673193/dqzz_673197/nanhai_673325/t848051.shtml。

商发挥了至关重要的作用，还为将《宣言》中的规定转化为具体的合作活动，即中国与东盟国家间的海上合作，尤其是非传统安全领域合作的良好沟通及相关海上合作项目的敲定与落实提供了重要的交流载体。自 2003 年 10 月，中国与东盟国家提出定期召开中国—东盟高官会来评估和指导《宣言》的落实，以及 2004 年 12 月，在首届中国—东盟高官会上，各方决定成立联合工作组来研究和建议建立信任活动以来，中国与东盟国家多次召开落实《宣言》高官会和联合工作组会议，就开展具体海上合作项目进行商讨。尤其是自 2011 年中国与东盟国家就落实《宣言》指导方针达成一致后，《宣言》框架下的海上务实合作也正式启动，此后举行的落实《宣言》高官会和联合工作组会议在海上务实合作项目的确定，以及相关合作机制的构建上取得了诸多成果（见表 2-3）。其中，2016 年 8 月，中国与东盟国家就启动外交高官热线平台及海上意外相遇原则达成共识，不仅体现了各方管控分歧、减少冲突的决心，也展现了推进海上务实合作的意愿。而 2017 年 5 月，《建立三个技术委员会步骤非文件》的审议通过，为中国与东盟国家进一步推进在航行安全与搜救、海洋科研与环保、打击海上跨国犯罪等领域合作打下了坚实的基础。自 2012 年 1 月第 4 次高官会以来，中国与东盟国家多次批准并更新落实《宣言》的年度工作计划，尤其是自 2018 年 10 月以来，先后确定并更新海上务实合作项目，为中国与东盟国家间的海上合作指明了方向。

**表 2-3　2012—2019 年落实《宣言》高官会和联合工作组会议
关涉南海海上合作相关成果** [①]

时间	会议名称	取得成果
2012 年 1 月	落实《宣言》第 4 次高官会	讨论落实《宣言》2012 年工作计划，研究成立航行安全与搜救、海洋科研与环保、打击海上跨国犯罪等专门技术委员会

---

① 表格由作者自行整理。

时间	会议名称	取得成果
2013 年 9 月	落实《宣言》第 6 次高官会和第 9 次联合工作组会	批准 2013—2014 年落实《宣言》工作计划，中国、印尼、泰国等国家分别提出海上相关合作倡议
2014 年 10 月	落实《宣言》第 8 次高官会	设立"海上联合搜救热线平台"和"应对海上紧急事态高官热线"，批准落实《宣言》2014—2015 年工作计划
2015 年 7 月	落实《宣言》第 9 次高官会	批准 2015—2016 年落实《宣言》工作计划，探讨建立"航行安全与搜救""海洋科研与环保""打击海上跨国犯罪"3 个技术委员会
2015 年 10 月	落实《宣言》第 10 次高官会	更新 2015—2016 年落实《宣言》工作计划，继续推进对设立航行安全与搜救、海洋科研与环保、打击海上跨国犯罪的基础原则进行讨论
2016 年 8 月 15 日至 16 日	落实《宣言》第 13 次高官会和第 18 次联合工作组会	通过了"中国与东盟国家应对海上紧急事态外交高官热线平台指导方针"、《中国与东盟国家关于在南海适用〈海上意外相遇规则〉的联合声明》两份海上务实合作文件
2017 年 5 月	落实《宣言》第 14 次高官会和第 21 次联合工作组会	审议通过《建立三个技术委员会步骤非文件》、外交高官热线平台试运行结果，更新 2016—2018 年工作计划
2018 年 10 月	落实《宣言》第 16 次高官会和第 26 次联合工作组会	更新了落实《宣言》2016—2021 年工作计划，并确定了一批海上务实合作项目
2019 年 10 月	落实《宣言》第 18 次高官会和第 30 次联合工作组会	确认新的海上务实合作项目，更新《落实〈宣言〉2016—2021 年工作计划》

除《宣言》及其框架下的落实《宣言》高官会和联合工作组会等多边合作机制外，中国与越南成立的低敏感领域合作专家工作组、

中国与印尼成立的海上合作技术委员会等双边合作机制，也有助于推进相关国家在海洋领域，尤其是低敏感领域的合作。中越海上共同开发磋商工作组及中菲油气合作政府间联合指导委员会的成立，为中国与越南、菲律宾分别开展敏感性较高的南海油气等资源的共同开发合作，提供了指导原则。

3. 部分合作机制的构建具有带动作用，能够催生出新的合作机制

在中国与东盟国家所构建的南海区域合作机制中，一些机制在成功创设后具有巨大的带动和辐射作用，甚至能催生出新的合作机制。中国与越南在达成关于北部湾的划界协定以前，两国在北部湾海域时常爆发渔业冲突，尤其是越南抓扣我国渔船的事件频发。同时，北部湾渔场资源也面临枯竭的问题。为应对北部湾海域的一系列渔业问题，中越两国在签署关于北部湾的划界协定后，还同时签署了《北部湾渔业合作协定》。双方在北部湾海域渔业合作协定的签署及渔业联合委员会的成立，不仅为两国在该海域开展渔业合作扫除了障碍，有力地推动了两国的渔业合作进程，还产生了强大的带动和辐射作用。自此之后，中国又相继与印尼、马来西亚、菲律宾、文莱等国家的相关机构，签署了双边渔业合作的谅解备忘录。尽管这些双边合作协议是在中国与这些国家的争议海域未划界的情况下签署的，但也有助于中国与南海相关国家之间渔业合作的开展，维护了南海渔业的秩序。此外，在菲律宾总统杜特尔特上台后，其所采取的外交政策和南海政策不仅使中菲关系转圜，还促使南海局势降温。尤其是2017年5月，中菲南海问题双边磋商机制的建立，不仅将中菲就海上有关争议的解决拉回正轨，推动两国海上务实合作，还因菲律宾在南海事务中重要的地位和影响力而产生了一些溢出效应。这突出表现在，中国与马来西亚于2019年9月一致同意建立海上问题双边磋商机制，成为两国就海上问题展开对话与合作的重要平台。

（二）现有中国—东盟国家南海区域合作机制的局限性

有效性与局限性可谓国际机制的一体两面。在分析机制有效性的同时，也应该充分认识其局限性，这样才能对国际机制有一个深刻、全面的了解。尽管从功能的视角来看，中国与东盟国家所构建的南海区域合作机制的确具有一定的有效性，但作为独立性与从属性矛盾互动的产物，中国—东盟国家南海区域合作机制仍然存在局限性，主要表现为机制自身的缺陷和外在制约。就其自身缺陷来看，一方面，作为一种非正式机制，南海区域合作机制存在着由这一基本特征所决定的局限性。具体而言，主要表现在机制遵守行为的非约束性，相关合作机制未能得到南海相关国家的切实遵守，无法有效约束国家的行为；机制规定的模糊性，这更多地体现在《宣言》的一些条款中，部分国家根据本国利益对一些条款做出对己有利的解读，以为自身的违约行为开脱，或者指责其他国家的行为，不仅造成合作机制的实施效率低，也不利于增强相互之间的信任关系；多数南海区域合作机制所取得的成果和发挥的作用有限，相关海上合作进展缓慢，且多流于形式，落实少。另一方面，现有中国—东盟国家南海区域合作机制滞后于南海海洋问题和海洋事务解决与合作的发展要求，无法满足应对当前日渐复杂和严峻的南海传统安全与非传统安全问题的现实需要。就其外在制约来看，南海区域合作机制效用易受域外大国干预的影响，以美国为首的域外国家依靠自身力量，直接或间接地为菲律宾、越南等南海周边国家违背现有合作机制的行为，提供支持与额外好处。这不仅破坏南海区域合作机制的冲突管理效用，也加剧南海各方的信任赤字，使其信任建立措施难以奏效。

1. 中国—东盟国家南海区域合作机制的非正式性判定

经过 30 年的发展，中国与东盟国家所构建的南海区域合作机制整体框架已初具雏形，但机制化的程度仍然比较低，从国际机制的形式特征来说，它仍属于非正式性机制。

正式国际机制和非正式国际机制的划分是以成员国之间的承诺关系属性为依据的：正式的国际机制具有正式的国际法地位；非正式的国际机制仅具有政治和道德上的约束力，一般靠口头承诺或君子协定来维持和强化。同时，这种承诺关系的意图还更多地体现在国际机制的协议文本中，对一项特定的国际机制进行正式性与否的判定，可以通过解读协议文本中的关键用语来实现。①

从双边层面来看，以中菲合作机制为例，双方政府尚未构建出任何具有法律约束力的双边机制。2004 年 9 月，中菲双方签署了《联合海洋勘探谅解备忘录》，签订的行为体为两国的石油公司，因而这一协议尚无法构成是政府间的行为，更谈不上具有法律约束力；2017 年 5 月，中菲南海问题双边磋商机制建立，重启谈判协商两国南海有关争议的进程，机制组成的官员来自两国外交部和海上事务负责机构，表明该机制是政府间机制，且磋商机制自构建以来已召开 5 次会议，在海上各领域务实合作方面取得了积极进展，并设立有政治安全、渔业、海洋科研与环保等工作组，但该双边磋商机制并不涉及任何权利与义务的法律关系，因而，该机制的性质仍停留在政府间非正式机制层面。在双边协商机制下，中菲建立了油气事务工作组，并于 2018 年 11 月签署了《关于油气开发合作的谅解备忘录》。在该备忘录的指导下，两国于 2019 年 8 月成立了油气合作政府间联合指导委员会和企业间工作组，委员会由中菲外交部门、能源部门及其他相关机构进行领导，工作组则负责讨论联合勘探的细节，进而由中菲两国的石油公司根据讨论结果签署协议，最终以合资项目的形式落地。目前中菲共同开发南海的框架协议还未达成，但就双方已达成的预期来说，协议的性质将同 2004 年中菲签署的关于海洋勘探的备忘录如出一辙。正如菲律宾总统府发言人罗克所言，中菲在南海的任何能源勘探项目，合作对象不能是中国政府，只能是中国的某家公司。②

从多边层面来看，现有南海多边合作机制仍停留在非正式机制

---

① 刘宏松:《防扩散安全倡议的局限于困境:非正式国际机制的视角》,《世界经济与政治论坛》,2008 年第 6 期,第 60 页。

② 习近平访菲签 29 项协议 包括联合开发南海油气资源谅解备忘录,观察者网,2018 年 11 月 21 日,https://www.guancha.cn/internation/2018_11_21_480504_2.shtml。

层面。《宣言》是专门针对南海问题、为维护南海地区和平稳定而构建的"地区规矩"，但其并不具有法律约束力。首先，在《宣言》的磋商过程中，由于各方无法就一些争议问题达成一致，磋商陷入停滞，为缓和僵局，马来西亚提议以一份妥协和不具法律约束力的行为宣言代替具有法律约束力的行为准则。该动议得到了各相关国家的赞同，因而，《宣言》不具法律约束力的性质在磋商过程中就已明确。其次，从《宣言》的协议文本来看，其对参与方遵守行为的基本表述为："各方承诺（are committed to / undertake to）怎样做"，《宣言》文本中规定的在南海的航行及飞越自由、根据公认的国际法不诉诸武力或以武力相威胁、保持自我克制、尊重《宣言》条款等对参与方提出的要求，均使用"承诺"一词。各参与方没有使用"有义务（are obliged to）怎样做"等指令性用语作为整个文本的规范性用语，而是使用"承诺怎么样"，表明它们并不希望将这一机制内的合作关系提升到有法律约束力的权利与义务关系的高度，更希望将其维持在政治承诺的层面。最后，《宣言》并没有得到各参与方国内的批准，因此从形式上看，其也无法达到构成正式国际机制的标准。

虽然中国与越南就北部湾海域所签署的划界协定，以及渔业合作协定为政府间的正式机制，但从整体上看，现有中国—东盟国家南海区域合作机制制度化水平比较低，仍属于非正式的国际机制。尽管其弱惩罚性、灵活性等的特点使其更容易被中国与东盟国家所接受和构建，且这些已建立的南海区域非正式机制或多或少地具有相应的有效性，在促进相关国家之间的合作、增强合作互信及维护地区和平与稳定上的确大有助益，但其非强制性、自我实施性等特性也使其无法有效约束国家行为，不利于相关国家之间的长期稳定合作。

2. 中国—东盟国家南海区域合作机制的局限性

从中国—东盟国家南海区域合作机制的自身缺陷和外在制约来看，其局限性主要表现在机制遵守行为的非约束性、机制规定的模糊性、机制实施效果不彰、机制发展的滞后性，以及机制效用易受域外大国影响5个方面。

（1）机制遵守行为的非约束性

中国—东盟国家南海区域合作机制属于非正式国际机制，这就意味着不管在双边抑或多边合作机制中，各参与方只是接受了在合适的情况下单独或合作开展行动的政治承诺，对机制的遵守更多地表现为一种政治姿态，并没有建立具有法律约束力的权利与义务关系。在缺乏法律约束力的情况下，为维护已获得利益并使自身利益最大化，相关国家，尤其是部分南海声索国更倾向于采取违背相关合作机制的机会主义行为。由此，所达成的文本或宣言很难切实兑现。

以中国—东盟国家南海区域合作机制中有效性相对较强的《宣言》为例。《宣言》规定各方应保持克制，以建设性的方式来处理它们的分歧，针对领土和管辖权争议，由直接当事方通过友好协商和谈判的和平方式来解决。同时，各方还应本着合作与谅解的精神，探讨建立信任的各种途径，并且承诺尊重并采取与《宣言》内条款相一致的行动。但是，自《宣言》签署以来，由于其对签署方没有形成任何有权利和义务的法律约束关系，且违约成本很低，仅国家的国际形象和声誉受到影响，这导致越南、菲律宾、马来西亚等声索国的违约机会主义行为不断出现，而这些违约行为的不断发生，又在一定程度上使《宣言》作为危机管理机制及信任建立措施的效用大打折扣。《宣言》出台后，相较于中国对其的遵守，越南、菲律宾、马来西亚等争端当事国对待《宣言》的态度则较为冷淡。2009年以前，这些国家主要通过不断改造和扩大被占领岛屿，加强对岛屿的行政管理，以及加快周边海域油气开发等违约行为加强自己的非法利益（见表2-4）。但是，总的来说，自《宣言》签署至2009年初的6年多时间里，部分声索国的单边行动并没有导致南海局势的紧张和恶化，南海总体形势相对稳定。《宣言》的冲突管理效用虽然受到质疑，仍发挥了一定的作用。2009年之后，部分声索国的行动（见表2-5）所呈现出的通过国内法巩固自身主张、加紧"主权宣示"和实际管控,以及法律化和国家化的特点使得南海地区安全风险上升,南海形势急剧复杂化和扩大化。《宣言》在面对部分国家的违约行为时无法彰显有效的禁止性,甚至被认为是"一纸空文"。正是在此背景下,为控制和缓和南海紧张局势,有效约束各方行为,制定有约束力"准则"的呼声开始出现。

表2-4 2003—2008年部分声索国违反《宣言》相关机会主义行为[①]

国家	事件
越南	2003年4月,越南举办庆祝"南沙群岛"解放28周年纪念活动
	2004年4月,越南开通南沙旅游路线
	2005年初,越南公布了一份将中国的西沙和南沙群岛划入越南庆和省的越南地图
	2006年4月,越南宣布与第三方在南沙群岛进行建设天然气输送管道的合作
	2006年5月,越南国营移动电信公司在南沙群岛建立相关通信设施
	2007年6月,越南在南沙部分被占岛礁举行了"国民议会代表"选举
马来西亚	2003年4月,马来西亚向南通礁附近海域派出4艘测量船
	2003年5月,马来西亚组织了丹湾礁附近海域的国际海事挑战赛,并首次批准旅行社组织赴鱼崖浅滩的商业游
	2004年11月,马来西亚发行了一幅绘有新加入的南沙群岛的马来西亚地图
	2008年3月,马来西亚在一些被占领的岛屿和浅滩上建立了卫星通信设施
	2008年8月,马来西亚国防部部长携约80名记者登上丹湾礁,宣布"主权"
菲律宾	2003年4月,菲律宾在中业岛庆祝卡拉延市成立25周年

---

① 表格内容由作者自行整理。

表 2-5　2009 年以来部分声索国违反《宣言》相关机会主义行为 [①]

国家	事件
菲律宾	2009 年 2 月 17 日，菲律宾国会通过将中国的黄岩岛和南沙群岛部分岛礁划为菲律宾领土的领海基线法案
	2011 年 3 月 2 日，中国两艘巡逻船与菲律宾的一艘地震勘探船在礼乐滩产生纠纷，菲律宾声称该地区位于巴拉望岛 85 海里，是其专属经济区的一部分
	2012 年爆发的"黄岩岛事件"直接挑起了中菲两国激烈的海上对抗
	2013 年 1 月，菲律宾单方面就南海问题提交国际仲裁，质疑中国提出的断续线主张的合法性
	2013 年 5 月，中菲船只在仁爱礁附近海域发生对峙
越南	2009 年 5 月 6 日，越南和马来西亚联合向大陆架界限委员会提交了"200 海里外大陆架划界案"的申请，这意味着这两个国家对中国南海整个南部的海底资源提出要求
	2009 年 5 月 7 日，越南就南海北部问题向大陆架界限委员会单独提出划界案，声称对中国西沙、南沙群岛拥有主权
	2012 年，越南通过了一项海事法，宣布对西沙群岛和南沙群岛拥有主权和管辖权
	2014 年 5—7 月，中越爆发"海洋石油 981"勘探风波
	2017 年 6 月，越南在万安北争议地区强行进行油气开采前的勘探工作
	2020 年以来，越南渔船进入西沙群岛海域侵渔事件频繁发生
马来西亚	2019 年 5 月，马来西亚开始推进在南康暗礁（位于南沙群岛南部）的油气勘探

（2）机制规定的模糊性影响权利和义务的确定性

机制的非正式性在一定程度上导致一些规则的模糊性，而机制规定的模糊性影响了参与国权利和义务的确定性。这更多地可以从

---

① 表格内容由作者自行整理。

《宣言》中的一些条款中体现出来：一些国家从本国利益出发对部分条款做出对己有利的解读，进而为自身的违约行为开脱，或者颠倒黑白，指责其他国家的合法行为，不仅造成合作机制的低实施率，也不利于增强相互之间的信任关系。

首先，《宣言》适用地理范围的模糊性。在《宣言》磋商期间，相关国家就其所适用的地理范围分歧明显。越南主张将西沙群岛和南沙群岛包括在内；马来西亚反对使用"南海争端区域"的措辞，[①]仅同意覆盖地区为南沙群岛区域；中国反对将西沙群岛包括在内，因为西沙群岛是我国固有领土，不存在主权争端。各当事方都不愿对其在南海地区的主权主张哪怕做出形式上的任何让步，认为自己当前占领的岛礁没有谈判余地，选择避开各自实际控制的岛礁。因此，在地理范围的分歧无法达成一致的情况下，最终签署的《宣言》文本没有明确界定其所覆盖的地理范围，仅以"南海"这一笼统措辞代替。地理范围的模糊不清在一定程度上影响了成员国对《宣言》权利和义务的履行。事实上，近些年来已发生多次基于岛礁的对峙事件，例如 2012 年的黄岩岛对峙事件、2014 年中越在西沙群岛对峙事件，这些事件严重危害地区和平稳定。

其次，《宣言》第 4 条中规定有关各方应"不诉诸武力或以武力相威胁"，而对于"武力或武力威胁"的含义及其具体表现形式，《宣言》并没有做出明确界定。因此在这一问题上，中国与部分东南亚国家之间存在不同解读，解读上的偏差导致指责、纠纷乃至冲突不断发生，不仅不利于各方之间合作的展开及信任的构建，也不利于中国维护自身在南海地区的领土及管辖权主张。部分东南亚国家和域外大国不断指责中国在南海地区使用武力：一方面，认为中国动用武力骚扰、驱逐菲律宾、越南等国渔船和石油钻探船，破坏地区和平与稳定；另一方面，认为中国在南沙群岛进行军事武装部署和军事建设是一种侵略和扩张行为，意图用武力威胁其他国家。

①　周江：《略论〈南海各方行为宣言〉的困境与应对》，《南洋问题研究》，2007 年第 4 期，第 29 页。

最后，《宣言》第 5 条规定："各方承诺保持自我克制，不采取使争议复杂化、扩大化和影响和平与稳定的行动……"该条存在两个问题，即如何界定"使争议复杂化、扩大化"的行为及对"保持自我克制"存在不同解读。第一，《宣言》除了规定"不在现无人居住的岛、礁、滩、沙或其他自然构造上采取居住的行动"，并未规定哪些行为会导致争议复杂化、扩大化。而其中岛礁建设活动的合法性问题成为各方争论的焦点问题。自 2013 年 9 月以来，中国相继在 7 个南海岛礁进行填海造地的建设活动，此举不仅遭到了越南、菲律宾等南海周边国家的抗议，也引起了美、日、澳等国的负面反应，认为中国的岛礁建设不仅违反自我克制义务，导致南海局势紧张，也不具有合法性。事实上，在岛礁建设的合法性上，基于国家对岛礁享有的主权，中国的行为是有理有据的。而反观菲律宾、越南等国家，违反《宣言》相关条款，非法进行岛礁建设的活动不断。[①] 第二，《宣言》中关于"保持自我克制"的表述过于简单，由于没有进行明确的界定，各方都按照各自认为合适的方式进行解释，这也为各方采取加剧南海局势紧张的行动提供可乘之机。现实中，部分南海声索国不断采取行动非法侵占岛礁和资源，并通过国内立法和发表声明来强化管辖权。菲律宾甚至通过诉诸国际法，单方面将南海争端提交国际司法仲裁机构，这些行为都违反了《宣言》所赋予各方的克制义务，致使南海争议复杂化、扩大化。

（3）机制实施效果不彰，多流于形式

就中国—东盟国家南海区域合作机制来说，这既需要应对南海争端解决和危机管控等传统安全领域议题，又需要应对海洋渔业、海洋环境保护、海洋科研、打击海盗、油气资源共同开发等非传统安全领域议题。对于南海争端的解决，由于中国与其他南海声索国之间尚未建立起争端解决机制，因而，中国—东盟国家南海区域合作机制在此方面的成效比较欠缺。对于危机管控和冲突管理，《宣

---

① 黄瑶：《"南海行为准则"的制定：进展、问题与展望》，《法治社会》，2016 年第 1 期，第 32 页。

言》和正在构建中的"准则"都属于为解决南海争端进行沟通交流的危机管控机制。由于"准则"还未创设成功，其实施效果尚未可知。《宣言》对于分歧和冲突的管控上文已经提及，有些较为成功，能够规范并制约相关国家的行为，促使妥善管控分歧及和平解决争端成为有关各方的"最低共识"，但囿于其非强制性和弱制度化，对于安全议题的管控有时又不太理想。实际上，"研讨会"在启动之前，南海争端各方之间并不存在能够进行交流与对话的平台，为缓和南海地区紧张局势，增强互信，研讨会在印尼的主导下得以启动。研讨会初期甚至直接讨论政治与领土主权等争议性较大问题，作为一个非正式地区对话平台，当时所做的努力也的确为南海问题的解决创造了良好的氛围，但随着《宣言》的签署，研讨会的地位有所下降，再加上经费紧张，目前研讨会影响式微，所发挥的作用比较有限，甚至已不被南海周边国家所重视。

对于南海地区非传统安全领域的合作，中国与东盟国家所构建的区域合作机制多聚焦海洋渔业、海洋科研、海洋环境保护等领域，且多为双边合作，同样存在实施效果不理想的问题，具体表现如下：首先，在南海地区渔业合作上，中国与越南、印尼、菲律宾、马来西亚等国在2000—2005年相继签订了关于渔业合作的谅解备忘录，还建立了相关渔业合作委员会或论坛，但自2005年以来，中国与这些国家在南海地区所爆发的渔业冲突频率并未因存在相关机制的规制而降低。诚然，中国与印尼、菲律宾和马来西亚之间构建的渔业合作机制的非正式性，在很大程度上决定了其低约束力，但在渔业合作比较成熟的北部湾地区也不时有争议出现。从本质上讲，渔业合作与传统安全的较高黏合度，很容易导致各方本就脆弱的互信基础被破坏。其次，在南海地区油气资源共同开发上，中菲越三国石油公司于2005年所签署的海洋地震工作协议，打开了南海争端相关方进行战略资源共同开发的探索大门，但还未具体得到落实，协议便因菲律宾国内政治因素而于2008年被搁置。最后，南海地区缺少针对具体非传统安全领域合作的专门性区域合作机制，而明确提及在这些领域开展合作的区域性多边机制《宣言》在实践中作用并不理想。在南海地区非传统安全领域合作上,《宣言》不仅提供了指导原则,还指明了合作框架与方向,且《宣言》签署后,中国与东盟国家共同采取行动将《宣言》中的规定转化为具体的合作活动,但在 2011 年 7 月中国与东盟国家通过落实《宣言》的指导方针之前,中国与东盟国家召开了两次高官会、6 次联合工作组会议,并没有取得任何实质性进展,只是决定开展南海海洋搜救、防灾减灾、海洋科研等 6 个合作项目,其中中国与东盟国家各自承办 3 个项目,[①]而不是合作承办。同时,自 2011 年尤其是 2015 年以来,中国与东盟国家通过落实《宣言》高官会和联合工作组会探索建立航行安全与搜索、海洋科研与环保、打击海上跨国犯罪 3 个技术委员会,还于 2018 年开始确定和更新海上务实合作项目,但是相关领域的海上合作仅停留于形式上的安排,至今未得到有效落实。

总的来说,现有中国—东盟国家南海区域合作机制的非正式性,即不同问题领域合作的碎片化,缺少专门性区域合作机制的驱动,导致机制作用的发挥和实施效果不理想,但同时也受领土主权争端和海洋管辖权争议等高政治属性问题影响,具体将在下一章进行探讨。

(4)机制发展的滞后性

现有中国—东盟国家南海区域合作机制滞后于南海海洋问题和海洋事务解决与合作的发展要求,无法满足应对当前日渐复杂和严峻的南海传统安全与非传统安全问题的现实需要。

一方面,南海地区所存在的岛礁主权争端与海洋划界问题可谓南海问题的核心,由于其牵涉国家的核心利益,声索国对于各自提出的领土主权不愿做出任何让步。因而,该问题不仅严重影响区域内相关国家之间的关系发展,也消减了当事方之间直接进行双边谈

---

① 落实《南海各方行为宣言》高官会达成一系列共识,中华人民共和国中央人民政府,2011 年 7 月 20 日,http://www.gov.cn/jrzg/2011-07/20/content_1910097.htm。

判解决南海争端问题，甚至南海周边国家在低敏感领域深入进行双边或多边合作的可能性。这一传统安全问题的严峻性和影响性，迫切要求各争端国采取措施将其解决，以双边谈判的方式，即构建双边争端解决机制，已得到各相关国家的认可，也是一条最为可行的有效路径。但至今双边争端解决机制也未成形，甚至低一层级的双边争端管控机制也尚未构建。而作为多边争端管控机制的《宣言》仅是一份没有约束力的政治文件，虽在维护地区和平与稳定上具有一定的有效性，但仍无法满足应对日渐复杂的传统安全问题及在南海地区增强冲突管理效用的现实需要。

另一方面，相关南海区域合作机制的构建虽主要集中于非传统安全领域，但多聚焦少数的几个低敏感领域，且多为双边合作，仅签署了谅解备忘录或协议，合作水平和层次都很低，很难满足应对南海日趋严峻的非传统安全领域问题的现实需要。同时，对于海上生物多样性减损、海洋微塑料污染、水下遗产保护等新兴的海洋问题，相关的合作机制构建更是欠缺。海上非传统安全问题与传统安全问题有很大的不同，具有跨国性、区域性甚至全球性的特点，尤其需要区域内多国共同参与合作机制的构建。

（5）机制效用易受域外大国影响

尽管国际机制建立后倾向于独立地发挥作用，但仍然很难摆脱大国，尤其是作为超级大国美国的影响和制约，而大国权力对国际机制实现其有效性的影响程度在很大程度上受机制化水平的影响。一般情况下，机制化水平越高，大国权力越容易受到约束，其影响力和制约性越容易受到限制。相反，国际机制的机制化水平越低，在限制与约束大国权力上表现得越发吃力，机制的效用也就更容易受到权力结构的影响。作为非正式国际机制的南海合作机制，机制化水平较低，这也就决定了其效用更容易受到以美国为首的域外大国介入的影响。

自冷战结束以来，基于自身战略和政治、经济利益的考量，美国、日本等域外大国不断调整各自南海政策，加强对南海地区的渗透。出于对中国的迅速崛起可能带来的对其在南海甚至整个西太平洋海域海上优势与主导地位的威胁和挑战，自 2009 年以来，在其"亚太再平衡"战略下，美国开始积极介入南海事务，并且在南海问题上更倾向于偏袒和支持中国的竞争对手，导致南海问题的复杂化和扩大化。越南和菲律宾是在南海问题上与中国矛盾最尖锐、对抗最激烈的两个国家，基于与中国综合实力的悬殊，为维护其非法攫取的南海资源，除了借助于区域组织东盟及东盟系列会议等多边场合，越南和菲律宾还寻求与域外国家的互动，并欢迎域外大国在南海"发挥作用"，在与这些区域外国家的双边关系发展中增加南海问题的权重，进一步加剧了南海问题的多边化和国际化。尽管相关南海区域合作机制对签署国不具有法律约束力的非正式性，在一定程度上导致菲律宾、越南等部分声索国为维护和巩固其非法攫取的利益而实施违约的机会主义行为，但在南海问题上与中国的较量中，这些国家之所以倾向于采取更具进攻性的外交政策，离不开美国、日本等域外国家利用大国权力为这些国家采取违背现有南海合作机制的行为提供的直接或间接的支持。这不仅加深了中国与菲律宾、越南等国的不信任感，也直接损害了南海合作机制的冲突管理效用。下面将主要以南海仲裁案和南海"981 钻井平台"冲突这两个事例进行分析。

2013 年 1 月，菲律宾单方面将南海有关争议诉诸国际仲裁，这一行为不仅违反中菲两国达成并多年来一再确认的通过谈判解决南海有关争议的双边协议，也违反了《宣言》中做出的由直接有关当事国通过友好磋商和谈判解决领土和管辖权争议，以及保持自我克制、不采取使争议复杂化和扩大化的行动的承诺，同时也违反了《公约》等其他国际法原则和规则。菲律宾这一违背合作机制的行为及相对强硬的南海政策，与阿基诺三世政府推行的"向美国一边倒"的外交政策有很大关联。而南海仲裁案背后更是离不了美国、日本等域外国家的支持和撑腰。2012 年中菲黄岩岛对峙事件发生后，对于菲律宾威胁要将南海争端提交国际仲裁的言论和行为，美国表示支持。2013 年 1 月，菲律宾正式将南海争端提交国际仲裁。7 月 27 日，时任美国副总统拜登在新加坡发表演说，表示"所有和平解决领土争端的手段，包括仲裁，都应该开放"。[①] 在 2014 年和 2015 年，美国借助多个双边和多边场合，对菲律宾诉诸国际仲裁的做法给予和支持。进入 2016 年，随着仲裁结果公布的临近，美国加大了对菲律宾提起仲裁的外交支持力度。在 1 月及 2 月与中国外交部部长王毅举行的双边会谈和记者招待会上，2 月与东盟领导人的会晤中，5 月与澳大利亚领导人举行的会谈中，以及召开的七国集团外长会议和首脑峰会上，美国都表示支持通过国际仲裁解决南海争端。7 月 12 日，仲裁结果发布后，美国国务院即刻发表声明表示美国强烈支持法治，并敦促中菲履行仲裁裁决。7 月 26 日，美国、日本及澳大利亚 3 国发表联合声明，认为仲裁结果对中菲都有约束力，并呼吁中国遵守裁决。在菲律宾将南海问题诉诸国际仲裁的 2013 年，日本向菲律宾提供了 11.52 亿日元的无偿援助，后来又追加了 187.32 亿日元的有偿援助，用于强化菲律宾海岸警卫队的海上安全应对能力。2016 年既是菲日建交 60 周年，又是南海仲裁裁决的公布年，日本不仅向菲律宾提供 164.55 亿日元的援助，还宣布 5 年内继续向菲律宾提供约 600 亿元人民币的援助，用于提升菲律宾的海上安全能力。[②] 同时，菲律宾与日本也通过开展密切的政府间高级互访，来表达对南海问题的关注。2015 年，菲日两国高层互访高达 12 次，2016 年更是高达 13 次，其中 8 次会谈和协议直接公开涉及南海和海洋安全保障问题。[③]2016 年 8 月，日本外相访问菲律宾，双方确认了南海仲裁案中法治的重要性。2016 年 10 月，杜特尔特访问日本，两国签署军事协议，并强调加强军事安保合作。同时，日本为菲律宾提供两艘 90

---

① 韦宗友：《美国南海政策新发展与中美亚太共处》，《国际观察》，2016 年第 6 期，第 148 页。

② 谢茜、张军平：《日菲在南海问题上的互动与中国的应对》，《边界与海洋研究》，2017 年第 3 期，第 98 页。

③ 同上，第 97 页。

米级别大型海岸巡逻舰，提供约 2.1 亿美元的贷款。总的来说，由于美国在外交上的大力支持和声援，以及日本战略性政府开发援助提供的实质性支持，助长了菲律宾采取违反合作机制行为的气势。这不仅加剧了南海地区紧张局势，影响了中菲关系的正常发展，加剧了中菲之间的不信任感，也导致《宣言》及其他中菲相关合作机制效用遭到破坏。

南海"981 钻井平台"冲突持续了两个多月的时间，在越南一系列综合性强硬"维权"举措下，使得原本并无争议的西沙群岛海域变成了斗争的焦点。对于中国"海洋石油 981"钻井平台在属于中国领土主权范围内的西沙群岛中建岛进行的正常合法的钻探活动，越南展开了非法且全面系统的攻击，不仅多次派船只冲撞中方公务船、冲闯中方警戒区，干扰中方正常的钻探作业，还煽动国内民族主义情绪举行大规模反华示威，将冲突由外交层面蔓延至越南国内政治领域。尔后，越南总理在访问菲律宾期间，指责中国的勘探活动严重威胁南海和平与稳定，同时还表示考虑采取法律行动在内的举措。显然，越南政府积极引入域外国家介入南海问题，以及意欲将南海争议提请国际司法裁决的做法，不仅导致冲突急剧升温，还违背了《宣言》做出的以相关当事方之间展开谈判协商解决争议的承诺，以及 2011 年中越签署的《关于指导解决海上问题基本原则协议》所达成的通过双边协商处理和管控海上争议的共识。在国力及国际法上均不占优势的越南，敢于以强硬姿态与中国对抗两个多月。虽然冲突以越南未能阻止中建南项目告终，但越南也并非完全处于下风。在这次冲突中，越南之所以能够强硬应对，除了得益于对其所谓领土主权权益的维护、相较于菲律宾更强的军事实力以及其国内民众的支持，也离不开美国、日本等域外大国的支持。自冲突发生以来，中国便在各个层面多次寻求同越南进行沟通。在冲突急剧升温直接影响中越两党和两国关系的情况下，为缓和矛盾，中国国务委员杨洁篪赴越与越南领导人进行交涉，但越南的非法干扰活动仍在继续，并且回绝了中国政府缓和紧张局势的努力。这主要是由于美国、日本多次在关键时刻的发声支持。在冲突的早期，美国、日本便给予高度的关注：美国指责中国的行为是一种挑衅行为；日本内阁官房长官菅义伟批评中国在有争议海域单方面钻井行动，是中国在南海的一种挑衅行动。① 此后，美日政府多次表态谴责中国的行为导致地区局势紧张。相较于美国政府威胁式的发声，日本政府则给予实质性支持，表示将与越南开展密切合作，以确保各自在东海与南海的立场，同时就有关日本向越南提供巡逻船进行协调。② 随着冲突的持续，美国开始加大其介入力度：美国侦察机于 6 月 29 日和 7 月 2 日两次出现在"981 钻井平台"上空。7 月 1 日，美国太平洋陆军副司令在访问越南时表示，国务卿已宣布要求中国将石油钻井平台撤出越南专属经济区和大陆架海域；越南人民军副总参谋长武文俊表达了对美国给予越南支持的感谢，并希望美国继续发声，反对中国的不法行为。③ 7 月 10 日和 11 日，美国联邦参议院和国务院亚太副助卿，分别通过亚太领土主权争议的 412 号决议案④ 和提出关于冻结特定行动的 3 项建议。⑤ 7 月 15 日，比原宣布钻井结束时间提早一个月，中国将钻井平台及相关船只撤离中建岛海域，冲突也随之基本结束。如果仅从时间上推断，很容易在形式上造成中国撤走钻井平台是迫于美国压力这样的联想，但与中国维权的坚定决心和意志相比，美国施加的压力影响微弱。总的来说，在这次冲突事

---

① 撞船起争端 中越掀舌战,联合早报,2014 年 5 月 9 日,https://www.zaobao.com/special/report/politic/southchinasea/story20140509-341109。

② 日本外相将访越南提供巡逻船 欲就南海问题合作,中国新闻网,2014 年 5 月 22 日,http://www.chinanews.com/gj/2014/05-22/6200788.shtml;外交部发言人敦促日方停止一切挑衅言行,新华网,2014 年 5 月 23 日,http://www.xinhuanet.com/world/2014-05/23/c_1110836965.htm。

③ 美国已正式要求中方撤走海洋石油 981 钻井平台,越南人民报网,2014 年 7 月 2 日,http://cn.nhandan.org.vn/political/national_relationship/item/2165001-美国已正式要求中方撤走海洋石油 981 钻井平台.html。

④ 港媒:大陆将面临台湾或成美日同盟"隐形成员",环球网,2014 年 7 月 15 日,https://taiwan.huanqiu.com/article/9CaKrnJFfnk。

⑤ 同上。

件中，美日的支持的确在一定程度上助长了越南强硬应对的气势，促使越南置《宣言》及其他中越合作机制于不顾，直接损害了中越双边关系发展，破坏相关南海区域合作机制的冲突管理效用。

本章小结

维护和平稳定的国际、地区秩序，主要包括武力胁迫和制度化安排两种路径。但在现代的国际法中武力方式已基本无法得到认可，因而构建"基于规则和机制的秩序"要明显优于"基于实力的秩序"。南海争端涉及多个国家，因历史背景和敏感的政治因素而复杂化。进入 20 世纪 90 年代，一方面，随着冷战的结束，国家之间的关系开始缓和，中国与东盟及东南亚国家间关系快速发展；另一方面，南海地区争议不时出现，出现了新一轮单方面占领和一些国家在周边海域开发油气的新浪潮。为缓解南海地区紧张局势，推进南海地区海上合作，自 20 世纪 90 年代以来，中国与其他南海周边国家便着手构建相关合作机制：一方面，中国与越南、菲律宾、文莱、马来西亚、印尼等国构建的双边协商机制取得了一定程度的进展；另一方面，以构建有约束力"准则"为主线的多边对话机制的构建也获得了一定的成果。非正式地区合作机制"处理南中国海潜在冲突研讨会"的成立，不仅有效促进南海地区信任措施的建立，还为争端各方进行协商对话提供了一个平台，而《宣言》的签署更是打破了南海地区之前不存在专门针对南海、为维护南海地区和平稳定而构建的地区秩序规则的局面。作为中国与东盟国家关于南海问题的第一份政治文件，《宣言》对中国维护南海主权、维护南海地区和平稳定、增进中国与东盟国家之间的互信具有积极意义。但因其固有缺陷，《宣言》并未能有效发挥其冲突管理效用，于是中国与东盟国家又重新构建有约束力"准则"的磋商，并在这一磋商过程中取得了一系列成果。

总的来说，经过 30 年的发展，中国与其他南海周边海域国家着手构建的相关南海区域合作机制不断发展，逐渐呈现双多边协商机制共同推进、多领域合作同时开展的新局面。但现有南海地区合作在涉及资源、政治、安全等高敏感领域合作少，在海洋环境保护、海洋科技、灾害救助等低敏感领域合作多，且务实少、务虚多，双边或泛多边合作多，聚焦南海沿岸国之间的合作机制几乎不存在。从国际机制的性质来看，现有南海区域合作机制仍属于非正式国际机制，机制化程度低，虽然在降低冲突发生的可能性、提供信息沟通渠道进而避免行为误判等方面，的确起到了不容忽视的作用，但受限于其制度化水平，现有南海合作机制也的确存在诸多不足之处。

一方面，现有中国—东盟国家南海区域合作机制具有一定的有效性，尤以《宣言》等机制的功能有效性比较突出。具体来说，其能够在一定程度上规范并制约相关国家行为，促使妥善管控分歧及和平解决争端成为有关各方的"最低共识"，降低战争和冲突爆发的可能性；同时，还能促进中国与东盟国家以非传统安全领域为主的海上合作；此外，部分合作机制的构建具有带动和辐射作用，能够催生新的合作机制。

另一方面，我们也必须认识到其局限性，这主要源于中国—东盟国家南海区域合作机制的自身缺陷和外在制约。就其自身缺陷来看：其一，作为一种非正式机制，相关南海区域合作机制存在着由这一基本特征所决定的局限性。具体而言，主要表现为：机制遵守行为的非约束性，相关合作机制很难得到南海相关国家的切实遵守，无法有效约束国家的行为；机制规定的模糊性影响权利和义务的确定性，这更多地体现在《宣言》的一些条款中；多数机制的实施效果不理想，流于形式，落实少。其二，机制发展的滞后性，无法满足应对当前日渐复杂和严峻的南海传统安全与非传统安全问题的现实需要。就其外在制约来看，机制效用容易受到以美国为首的域外大国的影响，具体表现在域外国家依靠自身实力为菲律宾、越南等南海周边国家违背现有合作机制的行为提供支持与额外好处，不仅破坏南海合作机制的冲突管理效用，也使其信任建立措施难以奏效。

通过对中国—东盟国家南海区域合作机制发展脉络的梳理及实际价值和局限性的分析，可以得知，现有南海区域合作机制制度化水平较低，所能发挥的冲突管理效用非常有限，也无法切实有效地推进海上务实合作。尽管各方目前正在努力进行"准则"磋商，以期构建成熟的具有更强约束力的南海合作机制，但基于磋商过程中折射出的中国与东盟国家及域外势力关系发展的复杂性，再加上"准则"磋商受新冠疫情影响而暂停，未来的磋商之路将是曲折的。为什么中国—东盟国家南海区域合作机制经过 30 年的发展机制化水平依然比较低？南海问题领域的区域正式机制为何难以创立，其背后的制约因素主要有哪些？这将是下文需要进行探讨的问题。

第三章　影响中国—东盟国家南海区域合作机制构建的主要变量

区域海洋实际状况决定了是否需要合作。南海地区自 20 世纪 90 年代以来争议不时发生，传统安全与非传统安全威胁交织出现，不仅严重影响南海地区和平稳定的局势，也无助于中国与东盟及其他南海相关国家良好伙伴关系的发展。基于此，为开展和促进区域合作，南海沿岸国家之间开启了一条解决南海问题、加强围绕南海诸领域开展合作的机制建设之路。经过近 30 年的发展，一系列的南海双边和多边合作机制得以建立，但机制化水平较低，呈现非正式性，不仅所能发挥的冲突管理效用十分有限，也无法有效推进相关国家之间的海上务实合作。为什么南海问题和事务领域的正式区域合作机制难以创设？受哪些主要变量的影响呢？下面我将以上文搭建的关于影响国际机制创设的主要变量的分析框架为基础，对影响中国—东盟国家南海区域合作机制建立的因素进行分析，以求揭示其深层次原因，认清未来推进南海区域合作机制建设道路上的障碍。从促进变量方面来看，首先，在是否存在扮演"领导者"角色的国家或国家集团方面，南海地区在机制建设上"领导者"缺位，能在结构型、企业家型和智慧型 3 个方面发挥领导者角色的内部领导力量尚未出现，致使南海区域合作机制构建的推动力不足；其次，在共同利益方面，南海地区内国家在维护南海地区和平稳定，以及对以规则治理南海上已经达成共识和共同诉求，同时在南海的一些问题领域，尤其是低敏感领域，域内国家之间存在共同利益，但在机制的建设过程中容易受到利益分歧的影响，在具体问题领域国家利益的巨大差距，影响参与合作的国家对成本—收益的考量，制约着共同利益在机制构建过程中主要动力和根本性激励作用的发挥；最后，在集体认同上，南海各相关国家之间在政治、经济、文化等方面的差异大，地区认同程度低，而集体认同越难构建，使机制建设缺少黏合利益分歧及协调利益政策预期的助推力，形成正式国际机制的难度也就越大。从干扰变量方面来看，在国内政治上，随着领导层的更迭相关南海政策的变化，都会对能否成功创设及创设正式或非正式的南海合作机制，产生正向或反向的影响；在外部结构性压力下，以美国为首域外大国插手南海事务，推动南海问题国际化和复杂化。同时，美国采取多种措施升级南海对华竞争，使南海问题逐渐演变为中美战略竞争的焦点。这种外来的霸权干涉与大国对抗对南海合作机制的构建产生反向和消极的影响。但从整体来看，由于域外大国并不是南海问题当事国，其对南海合作机制创设的影响是有限的。

此外，需要明确的是，各种变量因素之间绝不是相互独立的，是存在相互影响关系的。例如，在涉及利益方面，在南海问题上始终存在各相关国家各自的国家利益与机制安排范围内的共同利益之间相互冲突的问题，而这种利益分歧在一定程度上源于严重的南海海洋领土争议，这种政治利益实际状况不仅会影响到各国对共同利益的追求。同时，对于领导者的出现、集体认同的构建、国内政治领导层的政策等都会产生影响；寻求扮演"领导者"角色的地区主导力量也会受外部结构性压力的影响，甚至演变为大国对抗，正如在南海区域合作机制构建上存在的中美博弈。

一、"领导者"的缺位

在一个能够充分发挥其有效性的、成功的区域合作机制中，有能力与意愿作为"领导者"的地区国家或国家集团的存在往往扮演着十分关键的角色。"领导者"以其占优势的结构性权力为基础，在具有先导性的思想观念的引导下充分发挥其谈判技巧，进而在规划日程、设计有吸引力的选择方案、干预和主导谈判方向与进程，乃至督促各参与方履约等方面都具有十分重要的作用。

尽管从整体实力来看，中国与南海问题其他各方呈现"一超多弱"的格局，且中国南海海洋权益覆盖面最大，作为一个正在崛起的大国和南海问题利益攸关方，不仅有能力和责任推动中国—东盟国家南海区域合作机制建设，也有推动集体行动的利益诉求，对于当下正在推进中的"准则"磋商，中国也积极表达了愿意推动的意愿，并力争主导"准则"磋商进程，做南海规则的制定者和引领者，但就目前来看，中国在结构型、企业家型和智慧型领导三个方面的表现和行动，并不能称之为南海区域合作机制的领导者。同时，作为南海地区最大区域组织的东盟，尽管其基本控制着东南亚地区主导权，但作为南海问题的非当事方，在南海问题上，特别是中国—东盟国家南海区域合作机制的建立上，难以胜任"领导者"的角色。

（一）中国尚未成长为南海区域合作机制构建的"领导者"

尽管中国有得天独厚的优势和能力成为南海区域合作机制构建的"领导者"，且当前中国也在积极朝这个方向努力，但鉴于南海问题所关涉的领土主权之争的高度敏感性，再加上中国自身的确还存在硬实力不够硬、软实力不够软等问题，因而，中国尚未成长为南海区域合作机制创设的"领导者"。

1. 中国结构性权力很难转化为机制制定的权威

结构型领导者的本质特征在于，其拥有将占有优势的结构性权力转化为谈判筹码的能力，并将这些筹码又变成适合具体一些机制谈判中利益攸关问题的谈判条件。中国综合国力的不断增强，尤其是中国经济的迅速发展，与南海区域内国家间的经贸合作日益密切；南海周边国家也普遍将中国视为最重要的经济伙伴，中国成为推动地区经济增长的引擎，甚至在南海地区逐步形成了中国主导的经济秩序和地区生产网络。显然，中国拥有相对于南海国家进行规则制定的绝对经济实力优势。如果南海问题只是关于共同开发的经济问题，不触及领土争端，则中国在相关南海区域合作机制的建设中将更容易发挥结构型领导者的作用。但鉴于南海问题领域所关涉的政治利益极高的敏感程度，如果中国利用其经济权力对相关南海国家施加影响，逼其在机制谈判中一些关键问题上做出让步，那么谈判很可能会陷入僵局，甚至会影响中国国内经济发展。

从总体趋势上看，在中国与东盟建立对话关系的近30年时间里，中国与东盟之间的经贸合作是积极且富有成效的：2019年中国与东盟之间的贸易总额为6416亿美元，同2002年中国—东盟自贸区正式启动时的548亿美元贸易额相比增长了11倍多，[①] 双边贸易额的不断扩大，表明经济相互依赖程度不断加深。同时，基于中国与东盟各国在一定程度上存在贸易比较优势的差异，近年来，中国与多数东盟国家的双边贸易依赖度也是逐渐加深的。但这并不意味着中国与东盟之间的相互依赖关系是对称的。实际上，不管是从整个东盟组织还是东盟国家层面上看，东盟一方的相互依赖敏感性和脆弱性可能要比中国强一些，即东盟的"退出成本"要比中国高。然而，随着近些年南海地区紧张局势的加剧，部分南海国家开始担心，中国可能会凭借其占优势的整体实力独揽地区事务，以经济权力为筹码逼其在相关机制谈判中做出让步。实际上，东盟也在试图摆脱在经济上对中国的过度依赖——东盟的大国平衡政策不仅体现在政治层面，而且更多地体现在经济层面，寻求实现贸易伙伴的多元化。同时，自2008年国际经济危机爆发以来，世界经济发展持续低迷，全球性需求萎缩。在此大环境下，作为全球最大的贸易出口国和"世界工厂"，中国以出口拉动型经济在一定程度上受到冲击，再加上近两年的中美贸易争端给中国经济带来的负面影响，加大了中国经济下行的压力，而近年来进入"新常态"的中国经济增长速度明显放缓。基于此，中国与东盟国家间的关系更加表现为复合相互依赖，甚至中国经济对东南亚国家的依赖性在一定意义上表

---

① 东盟成中国第一大贸易伙伴,中华人民共和国中央人民政府,2020年3月23日,http://www.gov.cn/xinwen/2020-03/23/content_5494368.htm。

现为脆弱性。[①] 同时，作为"强者"的中国，为消除作为"弱者"的东盟国家对中国的担忧和不信任，不得不照顾其利益和心态，甚至有时还要做出自我牺牲。因此，即使中国拥有相对于东南亚国家占有优势的结构性权力，在考虑是否将其转化为机制谈判筹码上，中国也会慎重，尤其是在谈判内容牵扯到客观存在的南海岛礁领土主权和海洋划界争议问题时，中国更加无法利用联系战略将其结构性权力转化为机制制定的权威。

2. 中国在促使机制成功创设上积极主动性有待增强

企业家型领导者旨在以日程制定者、宣传者、发明家和协调者等身份，提高对一些利益攸关的谈判问题的重视程度，准确把握其实质，并努力克服机制谈判中的障碍，设计出有吸引力的选择方案，说服其他各方支持并接受这一方案，进而达到促使谈判各方在一些具有实质性意义的重要问题上成功达成协议的目的。

长期以来，中国主要是从双边层面而不是区域角度来处理与各相关国家尤其是周边国家的关系的，20 世纪 90 年代中期以来，中国改变了对区域合作的消极态度，开始接受区域的概念，并积极参与区域合作，开启了中国的区域机制建设之路。中国的区域机制建设战略主要是通过参与所有中国有条件和资格参与的区域多边合作机制，并在其中发挥积极作用、主动提出有创意的倡议来创设区域性多边合作机制、在新机制的创设上，以及既有机制内的积极倡议和议程设置能力提高上发挥主导作用三种基本方式来实现的。在东南亚地区，中国一直是相关区域合作机制的重要参与者和主动创设者。1991 年,时任中国外交部部长的钱其琛首次出席东盟外长会议。自此，中国外长每年都出席东盟外长会议的后续会议；自 1994 年以来，作为东盟地区论坛的成员国，中国开始每年都参加其相关会议；1997 年，中国与东盟成立"10+1"机制，该机制确立了一套完整的对话与合作平台，现已发展成为东亚区域合作的主要机制之一；2003 年，

---

① 　袁沙：《中国"南海行为准则"谈判进程中面临的障碍及对策》,《学术探索》,2016 年第 5 期,第 45 页。

中国以第一个非东盟成员的身份加入《东南亚友好合作条约》，中国的加入有效提升了中国与东盟之间的政治、安全互信；中国—东盟自由贸易区的提出、成立和积极推进可谓中国在主动创设区域合作机制上最有创意的倡议和战略行动，作为发展中国家间最大的自贸区，中国—东盟自由贸易区的全面启动以及"升级版"的全面生效和实施，不仅使中国与东盟之间的经贸关系得到逐步提升，推动了东亚地区经济一体化进程，还向国际社会发出了中国和东盟支持多边经济和贸易合作的积极信号。而具体到中国与东盟国家南海区域合作机制的建设上，尽管中国一贯主张通过双边方式来解决与相关国家之间的分歧，反对南海问题的多边化和国际化，但已从"双边"向"双边＋多边"方式演变，甚至已发展到当前的"多边＋双边"方式，而在多边主义的方式上，却是与中国在实力地位上显著不对称的东盟一步步掌握了主动性，"反领导"[①]了中国，使中国逐渐软化了只进行双边谈判的立场，逐步加入多边主义的框架中，并在南海相关多边合作机制的建设中一步步陷入被动局面。这在第一次和第二次"准则"的探索和创设过程中中国的立场和态度中充分体现了出来。

东盟在20世纪90年代早期便积极倡导构建南海地区行为准则，但中国极为反对多边谈判，坚持与声索国进行双边谈判，对于制定南海地区行为准则的议题也不感兴趣。1999年4月，在昆明举行的第五次中国—东盟高级官员协商会议上，中方表示，以1997年12月发表的《中国—东盟领导人联合声明》来处理南海争端已然足够，没有必要制定南海地区行为准则。同年，在新加坡举行的东盟地区论坛会议上，中方重申反对在该论坛讨论南海地区行为准则，同时不赞成在任何多边论坛讨论该问题，因为这只会使南海局势变得更加复杂。[②]但是，

---

① 聂文娟：《东盟如何在南海问题上"反领导"了中国？——一种弱者的实践策略分析》，《当代亚太》，2013年第4期，第89—91页。

② 熊涛：《〈南海各方行为宣言〉的起源、困境与出路》，暨南大学2012年硕士学位论文，第10页。

鉴于菲律宾和越南已于 1999 年 3 月接受了东盟地区论坛交付的起草行为准则草案的任务，并已将草案成功起草出来，且一些区域外国家也表达了对于准则草案的支持，再加上因在亚洲金融危机期间，中国为东南亚国家提供帮助，使其度过危机，中国与东南亚国家的关系得到很大的改善。因而，为不使自身处于孤立状态，中国改变了只依靠双边谈判来解决南海问题的态度。1999 年 7 月，在东盟—中国高级官员协商会议上，中国同意与相关东盟和非东盟国家讨论行为准则问题，并于 1999 年 10 月提出中国版本的南海地区行为准则草案。实际上，在这之前，中国在南海问题上的双边政策立场便已软化：1994 年，中国参加了东盟地区论坛第一次工作会议，而这是除了联合国，中国首次参与的多边安全机制。但是，接下来的谈判也并不顺利，2000 年 3 月，中国与东盟双方同意交换各自的草案，并将其合并为最终的行为准则文本，但在磋商过程中，各方就一些利益攸关问题无法达成一致，导致后续磋商也没有取得任何实质性进展。为打破僵局，马来西亚于 2002 年 7 月提议以一项妥协和不具法律约束力的行为宣言取代行为准则，该动议在第 35 届东盟部长会议上获得通过，并在几个月后成为现实。2002 年 11 月 4 日，中国和东盟十国签署了《宣言》。《宣言》的签署标志着中国处理南海问题的方式从"双边主义"向"双边主义 + 多边主义"的重大转变。纵观中国与东盟关于行为准则的谈判，其在整个磋商过程中都是由东盟积极主动主导的，中国被动地参与进来，且在谈判因一些重大争议问题陷入僵局时，也是东盟国家以发明家的身份，为克服障碍设计出了有创意且为各方所接受的选择方案，在"弱者"东盟的引导下，中国已然接受了其之前一直强烈抗拒的关于南海问题的多边谈判。

　　《宣言》最后一条重申，为进一步促进南海地区和平与稳定要在各方协商一致的基础上制定"准则"。由于自《宣言》签署至 2009 年初的 6 年多时间里，南海紧张局势得到了控制，总体形势相对稳定，因而这期间并未出现关于重启"准则"谈判的呼声。但 2009 年之后发生的一系列事件导致南海形势愈加复杂，南海局势恶化。出于在南海问题上对中国行为的担忧和不满，菲律宾和越南提出要构建具有法律约束力的"准则"，并积极支持东盟重启与中国关于"准则"的谈判，以求约束中国的行为。2011年7月，中国与东盟国家通过了"落实《宣言》的指导方针"，东盟提出要重启"准则"谈判的倡议，对于东盟的这一提议，中国外交部长在参加东盟地区论坛外长会议后表示，愿意在条件成熟时同东盟共同商定"准则"，事实上婉拒了东盟的提议。①而在此之后，制定"准则"便再次进入东盟的议事日程，开启了以东盟为整体迫使中国接受由其主导推动的、以1982年《公约》为约束力来源的具有法律约束力的"准则"这一区域合作机制的构建进程。2012年4月，在柬埔寨金边举行的第20届东盟峰会上，东盟轮值主席国力促中国加入东盟对"准则"的讨论，但菲律宾和越南强烈反对，各方最终达成妥协，一致同意东盟将自行起草"准则"，同时通过东盟主席国与中国进行沟通，表现出在"准则"制定上东盟国家抱团一致对华的特征。在2012年7月举行的东盟部长会议上，东盟意欲通过《建议要素》，并以此作为未来与中国进行"准则"磋商的基础，但被作为轮值主席的柬埔寨以"双边问题不应放在东盟集体声明中"为由拒绝。②尽管遭遇挫折，且面对中国保留和审慎的态度，东盟并未停止推进"准则"谈判，与此同时，菲律宾、印尼等部分东盟成员国也就"准则"问题展开了讨论，先后推出了不同版本的"准则"文本草案，其中印尼版本草案提出的设立东盟理事会来解决南海争端，以及将草案条款适用于有争议海域的建议有损中国南海主权。面对东盟及其部分成员国已就"准则"问题展开多重讨论的"既成事实"，作为南海问题的利益攸关方，为避免自身陷入孤立状态，中国开始调整其要求在完全落实《宣言》的基础上再进行"准则"磋商的政策，逐渐

---

① 张明亮:《原则下的妥协:东盟与"南海行为准则"谈判》,《东南亚研究》,2018年第3期,第71页。

② 李东屹:《中国—东盟关系与东盟地区主义近期互动解析》,《太平洋学报》,2016年第8期,第45页。

接受了同东盟国家重启"准则"磋商的倡议。2013 年 9 月，"准则"第二轮磋商正式启动，中国再一次被动地加入由东盟积极倡导的这一多边机制的谈判进程中来。

长期以来，中国坚持通过双边谈判的政策手段来解决与相关国家的南海争端问题。但鉴于南海领土争议问题的高度政治敏锐性与复杂性，在双边合作机制的构建上，虽小有成果，但实质性进展并不大。而在多边合作机制的建设上，作为"准则"磋商的重要参与方，为维护其在南海地区的相关合法权益，中国也在努力改变其被动的地位。自 2013 年第二轮"准则"磋商启动以来，尽管经过多次谈判，基本上未就"准则"达成任何实质性内容，但还是取得了一系列阶段性成果，尤其是 2016 年以来，围绕"准则"的谈判进程明显加快，这同样离不开中国的积极响应。2018 年 8 月，在新加坡举行的第 21 次中国—东盟领导人会议上，时任国务院总理李克强提出了争取 3 年内完成"准则"磋商的愿景，充分体现出中国愿同东盟国家在协商一致基础上，早日达成"准则"的真诚意愿和决心。目前"准则"单一磋商文本草案进入二轮审读，具体条款的技术性细节磋商提上日程，将不可避免地触及一些利益攸关的争议问题，而受新冠疫情影响，"准则"磋商目前处于暂停状态。面对"准则"磋商目前的处境，要彻底摆脱中国的被动地位，扮演好企业家型领导者的角色，中国仍需要做出诸多努力。

3. 中国相关南海政策思想对机制建设指导效果不彰

智慧型领导者的关键在于提出某种具有先导性的思想观念或创新性思想体系。这种思想观念或思想体系为正在进行的或未来的与机制谈判有关的行动提供基础，并在决定国际社会里达成国际机制的努力之成败方面发挥重要作用。中国与其他南海沿岸国家自 20 世纪 90 年代以来开始着手构建相关南海合作机制。而这期间，中国相继以"搁置争议、共同开发"、《宣言》相关条款、"双轨思路"等作为我国南海政策的指导原则，充分展现出中国在解决南海问题上思想观念的连贯性和与时俱进。虽然在促进南海地区和平稳定和加强区域合作上发挥了一定的作用，但成效并不突出，具体到对南海区域合作机制建设的指导上效果也不凸显。当然，这并不是说中国的南海政策思想体系就是无用的或不正确的，在与机制谈判相关的快节奏磋商中，将新的思想观念投入政策取向中并发挥指导作用本就是一个耗时且需要深思熟虑的过程，再加上主权归属争议一直是南海问题的"死结"，这些都在一定程度上影响着中国智慧型领导者角色的发挥。

（1）"搁置争议、共同开发"思想实施效果不理想

1984 年 2 月，邓小平同志在会见美国代表团时谈到如何用和平方式解决争端的问题时，提出"可以先不谈主权，先进行共同开发"，这是对"搁置争议、共同开发"的首次完整表达，标志着这一战略思想的正式形成。1986 年，邓小平同志将这一新的外交思想正式向南海周边国家提出。在会见菲律宾副总统劳雷尔时，邓小平同志谈到南沙问题可以先搁置一下，不能让这个问题妨碍与菲律宾和其他国家的友好关系。此后的几年时间里，中国领导人多次在不同的国际场合提出要将南海争端问题搁置一下，同有关各国通过和平协商的方式商讨共同开发南海争议地区，"搁置争议、共同开发"政策已经大体成形。1992 年 7 月，时任中国外交部部长钱其琛在参加东盟外长会议时正式提出并阐述了"搁置争议、共同开发"的主张。自此，"搁置争议、共同开发"成为我国南海政策的指导原则。"搁置争议、共同开发"的基本含义是：一方面，对于南海岛礁归属的争议问题，在主权在我这一前提和基础上，可以先把不具备解决条件的争议搁置起来；另一方面，在存在争议的海域进行共同开发，实现资源和利益的共享，为最终合理解决南海争端创造条件。"搁置争议、共同开发"是彼时国际、国内环境下，中国领导人跳出传统零和博弈观念，实现共同发展、扩大共同利益和相互依存的长远战略选择，是顺应时代发展趋势的历史之选，充分体现了老一代领导人的领导气魄与战略智慧。自"搁置争议、共同开发"战略思想实施以来，的确在维护南海地区和平稳定、防止冲突上发挥了重要作用：从狭义层面看，2000 年 12 月，中越两国政

府签订的《关于在北部湾领海、专属经济区和大陆架的划界协定》和《中越北部湾渔业合作协定》，以及 2002 年中国与东盟十国签署的《宣言》可谓这一战略思想的成功实践；从广义层面看，正是"搁置争议、共同开发"的战略共识为南海地区国家间的和平共处、合作与经济的快速发展保驾护航，发挥了基石性作用。但是该战略思想在中国同周边国家的南海争端问题上所发挥的实际效益并不乐观，甚至可以说收效甚微。"搁置争议、共同开发"政策提出后，得到了多数南海周边国家的欢迎，但多停留在外交说辞层面，"共同开发"一直未得到根本实现。在"搁置争议、共同开发"政策思想下，中国坚持同其他南海问题当事国就主权归属与海洋管辖权争议进行双边谈判的原则，反对通过多边途径解决南海问题，并避免引入无关的第三方导致局势复杂化。但其在促使南海争端得到解决的双边谈判上并未取得任何实质性进展，甚至无法扭转中国在南海的主权及主权权利日益受侵犯的局面，同时也无法阻止南海问题的多边化，并使中国被动地陷入由东盟主导的行为准则磋商这一多边进程中。2005 年 3 月，中菲越三国签署了《在南海协议区三方联合海洋地震工作协议》。该多边机制被认为是朝着"搁置争议、共同开发"迈出的实质性和历史性的一步，[①] 但因其在2008 年未能被菲律宾最高法院批准通过而被迫中止；2012—2013 年，中菲就有关南沙群岛礼乐滩的合作开发问题进行了第二次南海油气资源"共同开发"的尝试，同样由于菲律宾的国内政治问题和法律问题而流产。"搁置争议、共同开发"这一南海政策思想之所以面临如此困境，一方面，学术界和各国政府对"共同开发"这一概念存在不同解读和理解。同时，对于共同开发的具体海域的确定、共同开发的条件和方式、共同开发区的法律适用和管理模式等一系列问题的存在也阻碍了对共同开发的明确界定。另一方面，从现实层面看，南海主权归属之争是最主要的因素，其直接影响了共同开发的条件和可能性。同时，相关国家缺乏与中国实施共同开发的政治意愿也是另一个现实

---

① 菲律宾要在南沙重修跑道 不利于地区和平,环球在线,2006 年 6 月 29 日,http://www.chinadaily.com.cn/jjzg/2006-06/29/content_629187.htm。

原因。南海多数争议岛礁和海域被他国长期控制和实际占领，部分国家已经进行单方面勘探和开采，甚至已经形成了较大的生产能力，且获得了一定的资源和经济利益。因而，没有同中国共同开发争议海域的强烈的政治意愿和经济需求。

（2）《宣言》相关条款落实效果不佳

《宣言》包含 10 项条款，基本反映了中国在南海问题上的政策立场；尤其是《宣言》第 4 条对解决领土和管辖权争议方式的明确规定，更是成为中国南海政策的指导原则。《宣言》签署后，中国与东盟国家通过定期召开中国—东盟高官会、中国—东盟联合工作组会议等寻求将《宣言》中的规定转化为具体的合作活动，但在2011 年 7 月，中国与东盟国家通过落实《宣言》的指导方针之前，中国与东盟国家共召开了两次高官会和 6 次联合工作组会议，并未取得任何实质性进展，相关合作项目也未落到实处。与此同时，《宣言》也无法有效约束部分国家侵犯南海主权和利益的行动，尤其是自 2009 年以来，南海事态频发，南海局势再度紧张。不可否认，《宣言》的签署具有里程碑式的意义，不仅反映出中国与东盟关系的新发展，也有助于增强互信，但作为行为准则的淡化版，《宣言》只是中国与东盟各国相互妥协的产物，指望其能达到促使各方停止可能使局势复杂化的活动的目标是不太现实的。首先，《宣言》仅是一份没有法律约束力的政治文件，它既不解决有关南海领土主权问题的相互矛盾，也不向各方强加任何可执行的义务，对于所有建立信任和合作的活动也都只是可选的，不具有强制性。其次，《宣言》的第五项条款并未明确列出哪些行动应该被"冻结"；相反，一些拥有既得利益的声索国将该项条款视为"安全符"。再次，缺少对于海上事件的核查机制及对《宣言》执行情况的监督机制——《宣言》的运行和实施仅依赖各方的诚信。最后，《宣言》所采取的一揽子协议的方法并不具有可行性。

（3）"双轨思路"有待持续推进

2009 年以后，一些南海争端当事国通过国内法巩固自身主张、加紧"主权宣示"和实际管控,以及通过单方面提起国际仲裁、挑拨中国与东盟关系等方式使得南海地区安全风险上升。同时,以美国为首的域外国家以航行自由等为借口不断加大对南海问题的介入,并加强了在南海地区的军事存在,使得南海争端复杂化和国际化,更是给地区安全蒙上了阴影。南海域内争端各方的利益冲突及域外势力的干涉,再加上《宣言》的软性失灵,南海地区尚不存在能够在法律层面约束各国在南海地区行为的规范和准则,使得南海局势日趋紧张,南海争端陷入僵局。尽管中国就相关当事国非法侵占南海岛礁,以及进行单方面开发的行为进行谴责并与其进行过谈判,但因涉及岛礁主权争端和海洋划界问题,重大的利益冲突使双边谈判停滞不前,尚未取得任何实质性进展。同时,中国对域外国家不断加大介入南海问题的行径一再表达抗议,却未得到东盟国家的预期支持。再加上东盟及其部分成员国在中国还没有同意重启"准则"谈判的背景下,已经推出有关"准则"的文本草案并力求制定有约束力的"准则"压制中国,表明中国就南海问题提出的既有政策方针,在操作层面遇到了困境,中国在争端中的处境相对被动。基于此,如何提出一个既具有法理依据且能为争议各方所认可和接受,又有助于摆脱中国的被动地位及推动解决南海问题的新思路,是对中国外交智慧的一种考验。2014 年 11 月,时任国务院总理李克强在第 9 届东亚峰会上就如何落实"双轨思路"进行了具体说明,意味着"双轨思路"成为我国解决南海问题的新倡议。"双轨思路"是指"有关争议由直接当事国通过友好协商谈判寻求和平解决,而南海的和平稳定则由中国与东盟国家共同维护"。①"双轨思路"的第一轨是中国在南海问题上一贯坚持的原则立场,既符合《联合国宪章》所倡导相关宗旨,也符合《宣言》第 4 条的规定,坚持领土及海洋争端由直接当事国通过双边谈判协商解决,不仅有助于避免非争端当事国,尤其是域外国家的介入及交由第三方机构进行裁判,也能有

---

① 中方提"双轨思路"解决南海问题,人民网,2014 年 8 月 11 日,http://world.people.com.cn/n/2014/0811/c157278-25439125.html。

效遏制部分声索国借南海争端绑架东盟进而影响南海地区整体环境的企图；"双轨思路"的第二轨既体现了《宣言》的精神和宗旨，也是中国在处理南海问题上所倡导的原则：中国与东盟国家同为南海周边国家，有维护南海地区和平稳定的责任与义务；在南海争议最终解决之前，相关国家可探讨共同开发。实际上，"双轨思路"所倡导的这两项原则是中国既有外交立场和实践的反映，重点是创新性地将两者以政策宣示的形式有机"组合"在一起，发挥"两轨"1+1＞2 的协同效应。"双轨思路"的提出也表明，中国在处理南海问题的方式上进行了调整，由过去拒绝任何多边方式解决南海问题，转向采取以多边合作促进双边谈判、双边谈判巩固多边合作的解决之道。① 这既是中国无法阻止南海问题多边化现实的被动之选，又是中国积极扭转被动处境、夺回在南海争端中尤其是机制建设上的领导权的主动作为。"双轨思路"自提出以来便得到了东盟大多数国家的积极呼应和认可，中国外交部也在外交表态中多次强调，要积极践行"双轨思路"的两项原则。在该政策方针的指导下，中国与东盟国家积极推进"准则"磋商并取得了一系列阶段性成果：在双边层面上，中国相继与菲律宾和马来西亚构建了双边磋商机制，中菲还在该机制下建立了油气事务工作组，双方同意在不涉及领土主权问题的情况下，就油气联合勘探与开发等进行充分沟通与协商；2018 年 11 月《中菲油气合作开发谅解备忘录》的签署，更是表达了两国政府愿意达成合作共识的政治意愿，将中菲南海海上合作开发推向了一个新的阶段。但是，需要注意的是，"双轨思路"这一政策思想在倡导和落实的过程中仍面临一些困境：一方面，"双轨思路"尚未在南海地区取得足够的话语空间。尽管中国与东盟已就以"双轨思路"解决南海问题基本达成一致，但这一政策方针还无法主导关于南海问题解决方式的话语权。事实上，对南海问题相关政策思想及南海维权方面较差的语言传播能力和国际形象宣传策略所导致

① 毕海东：《国际法视角下解决南海问题的"双轨思路"》，《重庆社会主义学院学报》,2016 年第 5 期,第 92 页。

的中国南海话语权弱，一直是中国在南海问题上存在的一大问题。另一方面，要具体落实"双轨思路"的"两轨"，中国不仅要根据《公约》赋予的权利，明确中国对南海的海洋权利和管辖权的主张范围，还要就全面落实《宣言》与东盟积极展开磋商，以及主动积极地参与并力争领导"准则"磋商进程，确保"准则"内容对中国有利。

（二）东盟难以胜任"领导者"角色

在区域性机制的构建中，除了扮演"领导者"角色的区域大国，区域性组织的推动作用同样不可忽视。环顾南海周边区域，唯有东盟是能够对南海周边所有国家产生重要影响且比较成熟的区域性组织。自 1967 年成立以来，东盟始终以推进区域合作为己任，在维护南海地区和平与稳定及促进区域协调等方面发挥了重要的平台作用。冷战结束之前，东盟并没有将南海问题列入其议事日程。冷战结束之后，尤其是自 1992 年东盟作为一个整体首次公开发布《东盟南海宣言》以来，逐渐加大了介入南海问题的力度。从《宣言》的签署到当前的"准则"磋商，除了作为地区大国的中国所发挥的建设性作用，同样离不开东盟的协调和坚持。但是，总的来看，不管是从东盟所拥有的权力资源还是其所执行的南海政策思想来看，东盟都难以胜任中国—东盟国家南海区域合作机制构建中的"领导者"角色。同时，作为非南海声索方的东盟，其在南海问题上的"有所作为"，也使中国在寻求与东盟南海声索国通过谈判与协商的途径和平解决南海问题上面临复杂因素。

首先，东盟作为一个非强制性和弱机制化的松散组织安排，所能获取的权力资源十分有限，也不具有通过强制性法律文件对其成员国形成有效制约的能力。因此，将其所拥有的物质性权力资源转化为相关机制制定的权威更是奢谈。与拥有推进一体化建设雄心且实力雄厚，同时已构建出如欧洲议会、欧盟委员会这样的超国家机制的地区组织欧盟相比，东盟的区域一体化程度仍比较低，且东盟也从未将发展成为一个成员国进行主权让渡的超国家组织作为目标。

因而，相较于欧盟在地中海和波罗的海沿岸国海洋合作机制构建中所充当的"领导者"角色，在南海地区的东盟难以胜任。作为政府间国际组织的东盟，其权力资源的获得在很大程度上仰赖于成员国对其的提供。由于东盟并不具有超国家性，它无法从成员国直接获取军事资源，经济资源的获取也比较有限。再加上能够支撑其运作和使用的预算资金也并不充裕，物质性权力资源的短缺在很大程度上限制了其在相关南海问题议题领域发挥影响力的执行能力，只能依靠作为规范性资源的"东盟方式"的一些基本原则、理念和方法，以及作为制度性资源的东盟框架内的一系列讨论南海相关议题的机制平台，无疑使东盟在推进中国—东盟国家南海区域合作机制构建上的实际执行能力大打折扣。

其次，东盟的南海政策思想所折射出的其对待南海问题的矛盾心态，对中国—东盟国家南海区域合作机制的创设的影响是双重的。东盟的南海政策具有一定的两面性：一方面，东盟在南海问题上奉行中立立场，并主张通过和平与对话的方式及国际法来解决南海争端。东盟并不是南海问题的一方，无法代替其成员国解决相关争议问题，也没有应对和管理解决南海问题的职能。再加上南海非声索国也都不愿东盟卷入南海主权争端，因而只能持不偏不倚的中立立场，[①] 而这种中立政策主要反映在东盟各层级会议形成的文件及东盟秘书长代表东盟对南海问题的具体表述之中。东盟一直自视为地区安全和稳定的维护者，防止南海发生冲突、反对在南海问题中诉诸武力也是对东盟有能力维护地区和平稳定的证明，而在东盟所通过的《东盟南海宣言》《东南亚友好合作条约》《东盟宪章》等文件中也都阐明以和平手段解决南海问题。在南海争端的解决上，东盟坚持国际法精神和原则，尤其青睐于《公约》，在首轮"准则"谈判期间，东盟起草的"南海行为准则草案"，以及 2012 年 7 月公布的"六点原则"中都涵盖有相关内容。另一方面，东盟又视自身为

---

① 周士新：《东盟在南海问题上的中立政策评析》，《当代亚太》，2016年第 1 期，第 107 页。

南海问题的"利益攸关方"，希望增强自身在南海问题上的话语权，同时在菲、越等部分南海声索国及以美国为首域外大国的推动下，东盟通过多种方式积极介入南海问题。第一，东盟以"集团方式"参与南海问题的管理。1992 年的《东盟南海宣言》、2002 年的《南海各方行为宣言》、2011 年的"落实《宣言》的指导方针"、2012 年公布的"六点原则"，以及 2014 年发布的《东盟外长会议南海共同声明》等一系列政治文件均体现了东盟"以我为主"介入南海的战略意图和"地区问题地区解决"的思维模式。① 第二，东盟以"多边机制"介入南海问题并以此牵制中国，掌控南海地区局势。1995 年中菲"美济礁事件"发生后，东盟就南海问题发出集体声音。此后，东盟借助东盟峰会、东盟外长会议等一系列地区多边机制多次讨论南海议题，引导中国接受南海问题的多边化。第三，东盟推行大国平衡外交，推动南海问题的国际化。长期以来，菲、越等部分东盟成员国积极拉拢美、日、印、澳等域外大国介入南海问题，牵制中国的力量并维持南海地区权力结构的稳定和平衡。而作为整体的东盟，同样不愿意看到地区事务由中国单独主宰，也寻求推动大国平衡政策，以其所主导的一系列多边机制为载体，域外大国纷纷介入南海问题。

综合来看，东盟的南海政策表现出总体上持不偏不倚的中立立场，以及以"集团方式""多边机制""大国平衡"三种方式介入南海问题的两面性特征。这一政策思想并不是凭空而来，是东盟基于维护本地区的团结与稳定、增强东盟的凝聚力、维护和提升东盟在地区事务中的主导地位所做出的选择。具体到东盟的这一南海政策对相关南海区域合作机制的构建的影响主要表现为积极和消极两个方面：从积极作用来看，东盟所搭建的一系列多边机制为中国与东盟有关国家就南海问题进行非正式的讨论提供了平台，在一定程度上有助于了解彼此在南海问题上的原则和立场，进而减少分歧并扩大共识。同时，《宣言》的磋商和成功签署主要是借助于东盟首

---

① 赵国军:《论南海问题"东盟化"的发展——东盟政策演变与中国应对》,《国际展望》,2013 年第 2 期,第 88 页。

脑会议、东盟地区论坛、东盟部长级会议等东盟所创建的多边机制，这在一定程度上表明，东盟能够在南海事务及相关南海区域合作机制的构建上发挥积极作用。从消极影响来看，东盟以多边机制和大国平衡外交政策推动南海问题的多边化和国际化，有悖于中国一直所坚持的在南海岛礁主权归属和海洋划界问题上通过双边协商谈判解决的政策主张。同时，由于东盟以集团方式介入南海问题，因而在中国与东盟国家就"准则"展开磋商与博弈时，很可能不时会面临东盟国家用"一个声音"说话的局面，正如对于"准则"的性质问题，东盟同菲、越等部分东盟国家的立场一致，都是致力于构建更具约束力的"准则"，进而为"准则"的顺利达成带来了新的变量。

最后，在中国—东盟国家南海区域合作机制的构建上，东盟要么因相关机制构建涉及主权等高敏感问题——作为非当事方的东盟不具有参与的资格，要么在一些功能性海洋领域的合作上——东盟仅停留在清谈层面，推动作用有限：一方面，中国所坚持的由直接当事方通过友好谈判来解决其领土和管辖权争议，不仅作为《宣言》的一项条款被确定下来，也已成为中国与其他声索国之间的共识。而东盟对南海并没有声索权，且从国际法的角度看，东盟并没有得到相关当事方认定由其来处理南海问题的授权。因而，东盟不能算是相关合作机制的适格主体，没有权利作为一个独立主体参与或者代替其成员国构建相关机制。在面对南海争端时，东盟可以为各争端方提供沟通交流的平台，创造更多的交流机会，进而成为促进各方互信的宝贵推动者而不是参与者。[①]另一方面，受其自身能力和意愿的影响，即使是在推动有关各方就南海非传统安全领域进行实质性合作上，东盟也仅停留在清谈的层面。作为比较成熟的区域性组织，东盟需要处理的问题十分广泛，诸如南海环境保护、海洋科学研究等区域内海洋合作议题，并不是其关注的重点议题。最重要的是，

---

① Xue Hanqin, "China-ASEAN Cooperation: A Model of Good Neighbourliness and Friendly Cooperation," Singapore, 19 November,2009,http://www.iseas.edu.sg/aseanstudiescentre/ Speech-Xue-Hanqin-19-9-09.pdf,pp. 5-24.

中国与东盟国家之间围绕南海开展的合作不同于一般性国家间合作，而是相关国家之间存在深刻矛盾的国家之间的合作，因而，在过去相当长一段时间里，东盟回避就相关问题的谈论。即使自 2009 年以来，东盟就区域层面海洋合作做出重要政策调整，开始积极倡导海洋合作，但其相关政策的提出从根本上来说，仅是为了维护其在区域合作中的主导和中心地位，就海洋合作的推进上，多停留在议程设置及东盟框架下相关机制平台的构建，没有能力也没有意愿将区域海洋合作问题落到实处。

二、共同利益易被捆绑

围绕岛礁的主权归属及其专属经济区与大陆架的争议，以及争议海域的资源开发争议，尽管仍然是南海问题的核心和主要问题，但南海沿岸国家之间并不是只存在争议与冲突，还同时存在有利益趋同或部分趋同的时候，即能够形成共同利益。共同利益的存在是促使相关国家寻求加入国际机制进而推动机制发展的重要激励因素，是保障国际合作顺利、有效开展的基础。中国—东盟国家南海区域合作机制，无一不是在机制参与国之间所拥有的共同利益的基础上创设的，但共同利益的存在，并不必然意味着更高制度化水平的南海区域合作机制就能够成功创设和顺利发展。南海周边国家，尤其是南海声索国对其所声称的领土主权的极度珍视，即南海问题领域的高度敏感性，再加上在具体问题领域国家利益及相关实力存在的巨大差别，在很大程度上影响了参与合作的南海诸国对成本—收益的考量。当一些国家认为与他国共同创设国际机制进而开展合作会使其付出极高的成本时，相关合作机制便难以建立。

不可否认，当前南海周边国家之间的确存在着足以构建相关南海区域合作机制的共同利益。首先，在维护南海地区和平稳定上，南海沿岸国家拥有共同利益。南海的和平稳定事关包括中国和东南亚国家在内的所有南海周边国家的切身利益。南海拥有突出的地缘战略地位，扼太平洋至印度洋海洋交通要冲，是连接东亚和南亚、中东、非洲及欧洲的国际重要航道，每年有 10 万多艘船舶经过该海域，日本、中国和韩国都依赖这一航道进行石油输入，超过一半的中国对外航线要经过南海海域。因而，维护南海和平稳定十分重要。再加上近些年，无论是中国还是东盟国家，它们都以发展民族经济为主要任务，尤其是 2020 年新冠疫情在全球肆虐，导致世界经济整体呈衰落之势，各国更是集中精力来解决国内经济和社会问题，尽快重振国内经济、实现经济复苏成为南海周边国家目前最重要的利益，而南海地区的和平稳定是实现这一利益的重要保障。

其次，南海各方在以和平方式处理南海问题，以及以规则治理南海上拥有共同利益。一般而言，国际争端的解决方式主要分为和平方式和武力方式两类。但在现代的国际法中武力方式已基本无法得到认可，所以和平方式成为目前最主要的争端解决方式。和平方式主要包括以谈判协商、斡旋调停、调查和解等为主要方式的政治解决途，以及包含国际司法和国际仲裁两种方法的法律解决途径。南海争端涉及多个国家，因历史背景和敏感的政治因素而复杂化，兼具政治性和法律性，但因法律方式在实践中无法触及争端的政治问题，且即便国际法院或国际仲裁庭做出裁判，仍不能解决关键问题。因此，政治解决途径更适合南海争端的解决。同时，根据《公约》及《宣言》，中国与其他南海声索国都同意通过友好协商谈判来解决南海争议。而中菲南海问题双边磋商机制的建立和发展，以及中马同意建立海上问题磋商机制也都表明，南海问题相关方愿意通过谈判协商解决海上有关问题，推进海上务实合作。中国与东盟国家积极推进"准则"磋商，并在各方的努力下取得了一系列阶段性成果。这同样表明，南海各方愿意通过创设相关南海合作机制来规制南海问题，构建南海秩序的共同愿景。

最后，南海周边国家共享同一片水体，在南海海洋环境保护、海洋资源的有效利用、海上搜救、打击海盗，以及维护海上航道安全等诸多低敏感领域拥有休戚相关的共同利益。例如，在海洋环境保护上，面对过度渔业捕捞和无序开采油气资源导致南海生物资源锐减和海水污染的现实，以及海洋环境保护日渐成为全球共识的背景下，南海各方也意识到构建相关合作机制以开展合作，进而保护南海生态环境的必要性。同时，在海上搜救及打击海盗等领域，同海洋环境保护一样，仅靠一个或少数几个沿岸国家的努力很难达到预期的效果，需要相关各方在区域层面形成合力开展合作。

中国与其他南海周边国家尽管在维护南海地区和平稳定、以和平方式解决南海问题和以规则治理南海，以及诸多低敏感领域问题上拥有共同利益，但南海问题相关方不仅在政治、安全等高敏感领域尚未形成正式合作机制，甚至在低敏感领域的合作也进展缓慢，同样尚未形成具有约束力的双边和多边合作机制。这在很大程度上应归结于中国与东盟国家所拥有的促进合作的共同利益易被捆绑，进而直接影响到相关国家就选择加入或者不加入，以及加入何种机制化水平的合作机制所进行的成本—收益考量。

（一）共同利益易被领土主权问题捆绑

问题领域敏感程度越高，共同利益越易被捆绑，形成正式国际机制的可能性越低。南海问题涉及岛礁主权争端和海域划界问题，再加上对于曾在近代沦为殖民地或半殖民地的南海各方而言，对领土主权问题特别敏感，故问题领域敏感程度比较高。南海问题依然是主导着中国与其他南海争端声索国之间海洋议程的主要议题——当相关国家之间进行海洋事务的讨论时，它们首先考虑的还是领土与海洋争端纠葛，而不是在诸如海洋环境保护、海洋渔业资源养护、海上搜救、打击海盗，以及开发和利用海洋资源等非传统安全领域展开合作。因而，中国与东盟国家在南海地区就开展相关领域合作所形成的共同利益易被该政治问题所捆绑。南海争端声索国对于各自声索的领土主权极为珍视，丝毫不愿做出让步，消减了争端方之间通过双边协商和谈判解决争端的可能性，而由于岛礁主权争议所引起的大陆架和专属经济区的重叠和争议，直接影响了相关国家在非传统安全领域深入进行双边或多边合作，以及构建相关正式合作机制的可能性。

南海问题在南海拥有丰富的石油、渔业、可燃冰及其他宝贵资源的资源因素、拥有十分重要的战略地位和战略价值的地缘战略因素，以及二战之前的殖民侵略史和之后的冷战史的历史因素等多种因素的共同作用下，于20世纪70年代开始发酵，又因《公约》的签署在全球范围内引起新一轮的"蓝色圈地运动"，以及20世纪90年代以来域外国家的介入而日趋复杂化和国际化。当前的南海问题主要是指中国、越南、菲律宾、马来西亚、文莱、印尼及中国台湾等南海沿海的6国7方，围绕南海诸岛，主要指南沙群岛的主权归属，专属经济区与大陆架划界，以及争议海域资源共同开发等问题所引发的冲突和分歧。

首先，南海问题的实质是领土主权和利益之争，核心便是领土主权问题。南海诸岛涵盖西沙群岛、南沙群岛、中沙群岛和东沙群岛四大群岛，而岛礁主权归属争端主要集中于南沙群岛。越南政府根据其于1975年发表的《关于越南对西沙和南沙群岛主权的白皮书》对西沙和南沙群岛整体提出了主权要求，并已非法占据了南沙群岛中的29个岛礁；菲律宾依据所谓的"先占"和"邻近原则"对南沙群岛的部分岛屿与岛礁（菲律宾称为"卡拉延群岛"）提出了领土主权要求，还声称对中沙群岛的黄岩岛拥有领土主权，并通过采取军事行动先后非法占领了南沙群岛的9个岛礁；马来西亚依据"大陆架自然延伸原则"对南沙群岛的部分岛礁提出主权主张，并对南沙群岛中的5个岛礁已形成事实上的占领；文莱同样依据"大陆架自然延伸原则"对南通礁及其附近海域提出主权和管辖权要求；印尼与中国并不存在领土主权争端，只是其位于纳土纳群岛的专属经济区与中国所主张的断续线内的海域相重叠。

其次，由岛礁主权归属问题所带来海洋划界问题也是造成南海地区局势紧张的一个重要原因。自20世纪70年代以来，南海周边国家开始通过国内法，尤其是《公约》，主张200海里专属经济区和大陆架。《公约》制定了一系列关于岛屿、大陆架、封闭海域和领土界限的准则，在一定程度上确立了比较公正的海洋秩序。但因相关规定的解释力不足及模糊性的存在不仅没能解决南海岛礁主权争端问题，反而使南海海洋划界出现交叉重叠的局面，令南海问题变得更加复杂：《公约》第3条关于领海宽度的界定、第55—75条对专属经济区概念的界定、第76条对一国大陆架的界定，以及第121条关于岛屿制度的界定等，都为南海各方主张专属经济区和大陆架提供了依据。但其中对专属经济区和大陆架的界定不够明确，使得争端当事国以各自利益为出发点做出解释，出现对《公约》相关条款的歪曲和错误理解；而第121条关于"不能维持人类居住或其本身的经济生活的岩礁，不应有专属经济区或大陆架"的规定，更是因"维持人类居住或其本身的经济生活"这一概念的含混不清，导致一些别有用心的国家为了争取更多本国利益对原本不适宜人类居住的岩礁进行改造，然后对其进行专属经济区的主张。这种行为的出现更是加剧了专属经济区出现重叠的情形。

最后，由于南海岛礁主权争端和海洋划界问题的存在，客观上导致围绕争端海域进行资源开发的争议频繁发生。各声索国对南海丰富的油气和渔业等资源的需求可谓南海问题产生的根本原因所在。近些年来，南海声索国在非法侵占诸岛礁的同时，不断掠夺南海资源，导致中国的海洋主权和权益遭受巨大的威胁。为和平开发和利用南海资源，中国政府提出"搁置争议、共同开发"的南海政策，虽在一定程度上有助于维护南海地区的和平与稳定，但实际执行效果并不理想。同时，针对南海资源的共同开发，部分南海国家及域外国家也都提出了解决方案。例如，菲律宾于1988年和1999年分别提出"仿北海模式"和"仿南极条约"，但这些方案都因无法兼顾或协调声索国权益主张和利益诉求，并没有得到各国的响应和接受。显然，在岛礁主权争端及专属经济区和大陆架划界问题未得到解决的情况下，南海相关方出于对蕴藏在丰富海洋资源之下的经济利益的追求，围绕争端海域资源开发的竞争和争议将一直存在。

以上对南海问题的阐释，表明其极尽复杂且具有高度政治敏锐性。而领土主权问题一直得不到解决已然成为影响南海区域国家间关系发展，以及相关国家之间以南海为纽带构建区域合作机制的症结所在。一方面，争端国对有争议领土提出主权声索并无视和驳斥别国对争议领土同样的主权声索，同时通过实际占领和控制以及取得法理上的正当性等方式，维护各自提出的领土声索的绝对主权，导致争端国家之间在领土争端问题上丝毫不愿让步，很难通过谈判和协商来解决——因为如若两个争端国之间就相关争议领土达成协议，则势必需要相互妥协。而一旦妥协，它们在与其他争端国进行谈判时的合法性和地位就会受损。故领土主权争端基本上不存在回旋与商讨的余地，由直接有关主权国家通过协商和谈判进而构建相关合作机制的解决方案难以实施。另一方面，领土主权争端问题，尤其是争议海域的存在，使南海地区存在的在一些具体问题领域的利益共同观容易被捆绑，给海洋环境保护、海洋科研、海洋渔业等非传统安全领域的合作带来诸多不便。例如，在海洋环境保护合作上，岛礁主权归属和海洋划界的未解决，突出表现为各国在南海海洋环境保护的空间范围上存在管辖权的冲突；在海洋科研合作上，按照《公约》规定，相关合作在沿海国专属经济区的开展适用许可制，这就会使在某一多国重叠区域进行科学考察变得异常艰难——因为不论向哪一国递交申请，都会招致存在争议的其他国家的抗议和阻挠；[①] 在渔业合作上，同样会因为无法确定渔民实际捕捞的区域范围而导致渔业纠纷不断。这也从一个侧面印证了为何中国与东盟国家在南海诸多非传统安全领域的合作，多是建立双边而非多边合作机制，争议海域的存在使两国以上国家间的合作很难推进——即使是双边合作，也受此影响很难进行实质性合作及构建更高水平合作机制。

---

① 高婧如：《南海海洋科研区域性合作的现实困境、制度缺陷及机制构建》，《海南大学学报人文社会科学版》，2017年第2期，第30页。

（二）共同利益易受具体问题领域国家利益差异和实力差距的影响

中国与东盟国家在南海地区就开展相关领域合作所形成的共同利益，除了容易受岛礁主权争端及海域划界问题等高敏感政治问题捆绑，也容易受具体问题领域国家利益差异和实力差距的影响。南海周边国家尽管在一些海洋问题领域拥有共同利益，但由于各方对于该问题对其国家利益威胁程度的看法不同，会基于特别的国家利益考量而选择合作或不合作，或者受南海沿岸国家之间经济和社会发展水平差异的影响，在具体问题领域国家之间的实力相差悬殊——这种差距往往会使实力较弱的国家因担心会付出高昂的成本而不愿意合作。

一方面，即使在拥有共同利益的同一问题领域，国家也会根据该问题对其国家利益的威胁程度而选择积极合作、消极合作或者直接不合作。例如，在南海海洋环境保护合作上，官方关于开展和推进海洋环境保护的倡议即使不断，合作成果也很少，一直无法积极有效地推进。在很大程度上是因为，在南海地区海洋环境保护领域的合作会对部分国家的海洋经济产生影响——同发展国内经济的强烈内在驱动相比，海洋环保问题只能让位。在南海周边国家中，除了新加坡，其他均为发展中国家。在最近几十年里，为发展国内经济、提高经济发展水平，南海沿岸国家纷纷将助推国民经济发展作为国家发展战略的首要考虑目标，而在国民经济中，以海洋渔业、海洋油气业、海洋旅游业、海洋交通运输业等为主要发展产业的海洋经济占据重要地位。海洋经济所带来的发展机遇和丰厚红利使这些经济发展水平比较低的发展中国家难以摆脱对其的依赖。因而，即使由这些国家海洋基础设施比较薄弱、相关海洋产业发展层次低和技术落后等造成南海海洋渔业资源、油气资源等的过度和无序开发，以及由此引起的海洋生态环境污染等问题日益严重且亟待解决时，相关国家仍倾向于满足自身发展需求，专注本国经济利益，在海洋环境保护等领域的合作上积极性不高，不愿意以短期内牺牲海洋经济收益换取海洋的绿色健康长久发展。此外，在海上搜救领域，迄今不存在具有实际意义的双边和多边搜救合作机制。这与该问题领域对不同国家的威胁程度不同使国家利益出现分歧，进而使有关各方共同开展海上搜救合作的内在动力严重不足有很大关系。在南海海域发生的海难事故中，中国船舶所发生的非常严重和严重事故数量均高于南海周边其他国家，是海难事故相对较多的越南的5.7倍，泰国、新加坡的8倍，菲律宾、印尼、柬埔寨、马来西亚等国家海难事故数量与中国相比极少。[①] 故在南海搜救问题上，中国受威胁程度最大，也最为重视并更希望南海搜救合作能有效开展。相反，发生海难事故率较低的一些南海国家则不愿意在此问题上投入更多资源和成本。正是南海周边国家在此问题领域国家利益的巨大差异，导致缺少内部合作动力，影响相关合作机制的构建。

另一方面，南海地区内国家经济发展水平参差不齐，这就导致各国在应对不同领域问题上所拥有的实力和能力存在差距。实力和能力的不足可能会使一国担心在与他国合作中将会付出高昂成本。因而，基于成本—收益的考量，当预期收益小于成本，甚至入不敷出时，合作自然难以实现。这更多地体现在打击海盗、海上搜救等一些非传统安全领域的合作上，因为在这些问题领域开展合作，以及进行相关合作机制的构建不仅需要国家之间的政策协调，更需要国家投入大量的资金、人力和物力来支持相关行动支撑力量，如巡逻舰艇、海上探测器、大批量海警、信息搜集、港口补给等。但由于南海周边国家多为发展中国家，国力财力比较有限，因而在某些国家看来，将有限的物力财力投入在非传统安全领域，成本是高于收益的。[②] 例如，在打击海盗或恐怖主义上，拥有两倍地球周长海岸线长度的印尼虽一直备受相关问题的困扰，但因其本国海上部队发

---

① 向力：《南海搜救机制的现实抉择——基于南海海难事故的实证分析》，《海南大学学报人文社会科学版》，2014年第6期，第54页。

② 李志斐：《南海非传统安全问题的现状与应对机制分析》，《太平洋学报》，2020年第4期，第79页。

展比较落后，严重缺少设备、资金和专业知识，且有限的海警和海军还同时面临非法移民、非法捕鱼和毒品走私等问题，因而，在印尼看来，与他国共同在海域进行巡逻或开展联合演练的合作，会耗费其大量人力和物力，使其付出高昂代价，与收益不成正比，因而打击海盗或恐怖主义并不被印尼视为比较紧迫的任务。在相关领域的双边或多边合作上，印尼的表现也并不积极。

三、缺乏地区认同

中国与东盟国家所构建的南海区域合作机制属于地区性合作机制，地区认同对其建设同样影响巨大。地区认同是国家将自身视为地区整体一部分的意识，以及国家在观念上与之地理相近且相互依存的本地区其他国家的认同。地区认同的形成可以为区域内国家之间采取共同行动提供一种原动力，即地区认同可以创造地区利益，进而使地区利益成为国家利益的一部分，最终促使地区内国家之间开展合作。对中国—东盟国家南海区域合作机制而言，积极的地区认同有助于南海周边国家之间更加关注地区所面对的共同问题，协调政策预期，黏合利益分歧，积极推动相关合作机制的建设以促进和加强地区合作。

作为一种心理建构，地区认同的建立是一个缓慢的过程。一方面，有了地区认同的存在，地区内行为体才能明确自己的"身份"；另一方面，地区内行为体倾向于与自身有共同命运和相互依存的其他行为体建立"集体身份"，并以此为基础促进地区认同的形成。因而，要考察地区认同的形成程度，可以首先分析地区内成员国之间是否具备有助于形成"集体身份"的条件。温特建立了影响"集体身份"形成的包含相互依存、共同命运、同质性和自我约束4个变量在内的动态因果机制。[①] 当下，我们可以依照这4个变量进行分析，看南

---

① ［美］亚历山大·温特：《国际政治的社会理论》，秦亚青译，上海：上海人民出版社2008年版，第334页。

海地区是否具备产生"集体身份"的条件，进而探讨其对南海地区认同形成的影响。

（一）相互依存——南海相关国家间政治互信不足

从相互依存上看，在经济领域，南海地区达到了一定程度的相互依存，但在政治安全领域各国相互依赖度低。这突出表现在基于历史与现实等多方面因素。中国与部分东南亚国家间仍存在的互信赤字问题。

一方面，中国与越南、菲律宾等南海声索国之间的岛礁主权争端和海域划界问题一直未得到解决。再加上在争议海域因资源开发问题产生的摩擦不断，以及曾经发生的海上对峙事件导致争端相关方互相充满警惕，互信度低。另一方面，随着中国的快速崛起，综合国力显著增强，已然成为一个区域性乃至世界范围内的强国，经济上跃居世界第二大经济体，军事上大力推进海军力量建设并成功研制多种尖端军事武器，一些西方国家和部分南海声索国，曲解中国经济实力的高速增长和正常的军队现代化建设，对中国的现行战略意图持怀疑态度，深恐中国掌握构建地区秩序的话语权，"中国威胁论""中国挑战"等词语不时出现，南海周边国家对中国的信任赤字不断加大。此外，我国在南海岛礁上的军事设施部署及人工岛的建设，也使一些国家感到不安。2015年，时任东盟秘书长黎良明表示，"中国在南海的扩张主义是危险的，侵蚀了中国与东盟之间的信任"。越南和菲律宾也曾多次抗议中国的填海造岛计划，担心中国将利用这些岛屿干扰航行和其他周边国家捕捞、钻探石油和天然气的权利，加剧了南海地区紧张局势。[①]

中国十分重视发展与东南亚地区国家的关系，而对于南海争端的管控和解决。中国一直积极寻求通过和平的方式，但其他南海周边国家却将中国视为南海地区局势紧张的源头，采取多种措施加大

---

① "Tensions Rise in the South China Sea," New York Times (Online),6 April, 2016,https://search.proquest.com/docview/1778866607?accountid=11523.

侵犯中国南海主权和利益的力度，加快挑衅步伐。根据国际关系的现实主义理论，一国的崛起必然会给邻国造成不安全感。因此，中国尽管坚持睦邻友好的和平外交政策和防御性的南海战略，但这种"安全困境"并未因此而消除，很难弥合中国与其他南海周边国家之间的信任赤字。这种长期存在的互信赤字问题，无疑将会影响南海地区国家间的相互依赖度，制约南海务实合作的深入推进。

（二）共同命运——中国与部分声索国围绕南海问题战略利益分歧大

从共同命运来看，南海地区相关国家间在战略利益上，尤其是围绕南海问题的互动还存在严重的分歧，很难讲志同道合、命运相连。越南、菲律宾与中国在南海问题上产生的利益冲突最为激烈。下面主要探讨一下中国与越南、菲律宾等部分南海声索国之间针对南海问题的关系发展和利益分歧。

作为南海沿岸的东盟国家中唯一对整个西沙群岛和南沙群岛整体提出"主权"的国家，越南非法侵占的岛礁最多，获取的石油、天然气等战略资源也很多。中国与越南之间的关系自1979年两国发生陆地边界军事冲突而陷入低谷以来，在某种程度上随着《陆地边界条约》（1999年）、《关于划定北部湾水域、专属经济区和大陆架的协定》（2000年）和《关于在北部湾捕鱼合作的协定》（2004年）等条约和协定的签署开始有所改善。中越两国尽管已就通过和平协商和谈判的方式解决双方的领土主权争端问题，以及在南海低敏感问题领域加强合作上达成共识，但为了获取其在南海的所谓"主权"权益、对南海油气资源进行开发利用的经济利益、通过加强与东盟其他声索国及区域外国家的安全合作以获得在南海的安全利益，以及实现其"地区大国"梦想的政治利益等战略利益，越南采取了多方面战略措施。首先，越南从未停止过对南海争议岛礁的侵占和改造。自20世纪90年代以来，越南开始通过加强对其所占南沙岛礁的基础设施建设，以及增强防御作战能力来强化对岛礁的实际控制，同时还通过组织参观旅游、建立通信设施等软性渗透行为来加强其对所侵占的南沙群岛的实际占有。其次，在对南海渔业、油气资源的开发和掠夺上，越南政府也十分积极，进而导致中越之间在有争议的南沙群岛海域也频繁爆发与渔业和能源相关的冲突和争议事件。2009—2012年，中国在西沙群岛水域实施的26项禁止捕鱼令，都被越南以这些禁令涵盖其所声称拥有的领海和专属经济区水域为由拒绝；2014年5—7月，中越之间爆发"海洋石油981"勘探风波，不但中越两国的海警船对峙，就连越南的普通船只也加入其中，导致中越关系严重紧张；围绕万安滩海域的油气开发，中越更是发生多次对峙：1994年4月的万安滩事件，2017年上半年越南在万安北争议地区单方面启动油气开发活动，中国出动40艘军舰和海警船阻止越南的钻探行动，而自2019年7月上旬开始，中越又在万安滩发生对峙；进入2020年以来，越南渔船进入西沙海域实施侵渔活动的事件也频繁发生。再次，越南还通过国内立法等行为来固化对西沙群岛和南沙群岛的"主权"要求。在2012年6月越南通过的《海洋法》中，其将对西沙、南沙群岛的主权要求纳入其中，并派遣空军在南沙群岛附近巡逻，这种严重侵犯我国领土主权和海洋权益的行为遭到了中国的抗议；2020年3月30日，越南常驻联合国代表团向联合国递交照会，不仅反对中方关于南海主权主张的两份照会，还重申对西沙和南沙群岛拥有主权。最后，在与中国的南海之争中，越南学界普遍认为，随着中国综合国力和军事实力的逐渐增强，中国的南海政策将会愈加强硬，而鉴于中越之间的差距被不断拉大，越南维护自身海上主权的难度也将加大。因此，越南为平衡中国的影响力，确保其非法攫取的南海岛礁不受影响，不愿单独与中国进行对抗，开始寻求外部支持。首先便是借助东盟，但基于其中立立场以及受限于地区主义原则，东盟在南海问题上的支持力度无法满足于越南，越南便寻求美国、日本、印度、俄罗斯等域外势力的支持，在发展与这些域外国家的双边关系上突出南海问题，拉拢其介入南海事务、介入区域内相关合作机制的建设，支持越南的主张或做出对越南有利的公开表述，提升越南在南海的军事和海军实力，同时参与越南在南海争议海域的开发，进而为其实现南海主张和利益带来收益。总的来说，越南对我国南海领土主权的非法侵占，并多次采取可能导致南海争议升级的行动，不仅使越南在南海问题上与中国"与邻为善、以邻为伴"的政策渐行渐远，也不利于相关合作机制的构建。

在南海问题上，菲律宾的立场最为强硬。中国与菲律宾在涉及南沙群岛的大部分地区存在领土争议，为更大程度地攫取其在南海的战略利益，菲律宾采取了一系列措施。首先，通过发起一系列挑衅行动，加大对南沙群岛部分岛礁的侵占，同时对已非法占领的岛礁实施改造，强化实际占有。20世纪90年代，中菲之间在南海的摩擦加剧，菲律宾在美济礁、黄岩岛和仁爱礁发起的一系列挑衅行动，不仅导致中菲关系的恶化，还加剧了南海地区紧张局势；2011—2012年，中菲关系因礼乐滩事件和黄岩岛事件而持续恶化。此外，菲律宾还加大对已占领南海部分岛礁的改造，不仅在中业岛建造了一个机场、码头和其他设施，还在中业岛、马欢岛和费信岛等岛屿和珊瑚礁建造所谓的旅游设施，并且试图通过加强其非法"搁浅"的军舰来占领仁爱礁。[①] 其次，菲律宾通过国内立法及诉诸国际法来获取其非法声索的南海部分岛礁主权法理上的正当性。2009年3月，菲律宾"领海基线法"的通过表明其加强在南沙群岛的主权要求。该法案遭到中国的严厉谴责，称其为"非法和无效"，中国政府取消了预定的双边会谈，并加强了在南海的军事力量。[②] 因在黄岩岛事件中受挫，且在南海问题上寻求东盟的支持也未能达到其预期，同时美菲同盟仅在安全领域发挥作用，对于南海争端的解决能力有限，菲律宾决定尝试国际仲裁，并于2013年1月将南海问题提交国际法庭。2016年7月，仲裁庭做出有利于菲律宾的裁决，否认中国的历

① The Regular Press Conference of China's Ministry of Defense on June 28,China,June 2012, http://news. mod.gov.cn/headlines/2012-06/28/content_4381066.htm.

② "China Lodges Stern Representation to the Philippines on South China Sea Issue," *People's Daily*, March 14, 2009.

史权利，认为中国通过在南海建造人工岛屿和干涉菲律宾的渔业和石油勘探，侵犯了菲律宾的主权。虽然该裁决并没有被中国接受和执行，但菲律宾希望借此树立中国拒绝遵守国际法规则和抵制国际正义的负面形象。最后，菲律宾在南海问题上与美国、日本等域外势力互动频繁，针对中国的态势更为直接。在南海问题上，菲律宾不仅寻求美国对其行动和言论直接或间接的支持，还加大与美国的军事合作，通过购买武器装备和举行联合军事演习来提升其海空军力量，进而增强应对中国的军事力量，维护其南海"权益"。此外，在相关南海区域合作机制的创设上，菲律宾积极致力于构建具有约束力的"准则"，以此来约束中国的行为并使其非法侵占南海岛礁的行为合法化。在20世纪90年代，菲律宾便积极参与东盟推动构建的"行为准则"之中，并协同越南起草"行为准则"草案；2009年之后南海地区紧张局势加剧，菲律宾积极鼓动东盟重启"准则"谈判，并提出对己有利的草案文本，为重启"准则"谈判做准备。菲律宾杜特尔特政府上台后，对华外交做出了大幅度调整，不仅将中国作为东南亚国家之外的首访之地，表达对中国的好感，全面加强与中国的经贸合作，还实行和平和双边谈判的南海政策：一方面，积极寻求与中国在南海地区增强能源、资源合作水平；另一方面，承认但暂时搁置仲裁结果，以此缓和与中国的紧张关系，防范中菲因南海问题走向战争。杜特尔特政府对华外交政策的调整，不仅使中菲关系升温，也为中国与东盟国家进行相关南海区域合作机制的构建营造了良好的氛围。但重提仲裁结果的可能性无法排除，且菲律宾国内一直存在要求政府拒绝中国"经济诱惑"、坚持仲裁"裁决"的杂音。越南、马来西亚、印尼等南海周边国家，未来也有可能利用仲裁结果继续开展和扩大对中国的侵权活动。因而，在菲律宾为维护其南海战略利益而采取的相关措施不断推进且仲裁"裁决"的负面影响面临继续发酵风险的背景下，对中国—东盟国家南海区域合作机制的创设，尤其是"准则"案文磋商所带来的消极影响也可能会逐步显现。

（三）同质性——南海地区国家之间同质性程度低

南海周边共有9个国家，除了因南海争议而涉及的6国（中国、越南、菲律宾、马来西亚、文莱和印尼），还包括新加坡、泰国、柬埔寨3国。这些国家不仅在政治制度、经济体制和经济发展水平及宗教文化等方面都极具差异，同时在南海问题上所持立场也不尽相同。因而，南海地区国家之间同质性程度低，各国对自己"身份"的定位及对自身国家利益的认识会存在差异和分歧，面对区域合作及在参与相关机制的建设中也会形成不同的态度。

从政党体制来看，南海周边国家主要是由社会主义和资本主义这两种制度的国家组成。中国和越南同属于由共产党一党领导的社会主义国家；文莱、马来西亚、泰国和柬埔寨4国虽同为君主立宪制国家（但因君主的产生及拥有的权力不同，文莱又可被称为二元君主制国家，其他3国为议会君主制国家）；菲律宾和印尼为总统制国家，且都已实现由新权威主义总统制向立宪主义总统制的转型；新加坡为议会共和制国家。从经济体制来看，中国与越南同属于社会主义经济发展模式，但又在多年的经济发展进程中形成了不同的特色——中国为社会主义市场经济体制，越南为社会主义定向的市场经济体制；其他几国均为西方式市场经济体制。从经济发展水平来看，除了新加坡为发达国家外，其他均为发展中国家，但虽同为发展中国家，各国之间的经济发展阶段不一致，经济发展水平也具有较大的差异性，呈现"一超多弱"的格局。而在同中国相比经济实力较弱的几个国家中，印尼国内生产总值经济总量近几年一直名列前茅，泰国、马来西亚、菲律宾和越南紧随其后，文莱和柬埔寨则相对靠后。从宗教文化上看，南海周边国家同属于亚洲，也都受儒家文化的熏陶，但具体每个国家的宗教文化还是极具差异性。其中中国、越南、泰国和柬埔寨同为以一个或几个民族为主的多民族国家，且通用语言都为本国的母语；在宗教信仰上，中国大陆实行无神论宣传教育，同时允许多种宗教的存在并尊重公民的个人宗教信仰；其他 3 国国民多信仰佛教，又略有不同，越南为大乘佛教，泰国和柬埔寨为小乘佛教；马来西亚、印尼和文莱 3 国国民多信仰伊斯兰教，但各国在风俗习惯、禁忌等方面各有不同的特点；新加坡没有国教，不过作为一个种族众多的移民国家，不同种族的信仰不同，如华人多信仰佛教，印度人信奉印度教，马来人多信奉伊斯兰教；菲律宾国民多信奉天主教。从南海周边国家在南海问题上所持立场来看，各国立场不尽相同，甚至同为争议国的国家之间也明显不同。具体来说，在争议国家中，菲律宾和越南在南海问题上态度和立场都比较强硬，尤其是菲律宾。近些年两国非法侵占南海岛礁，并采取多种措施维护其声索领土的"主权"，频频挑起和制造海上冲突和对峙事件，直接影响着南海地区和平稳定的局势；相比之下，马来西亚虽也侵占了南沙岛礁，并非法掠夺大量南沙海域资源，同时在涉及岛礁主权归属问题上同样态度比较强硬，但却极少与中国直接对抗，也不采用如军事行动这样的激烈手段；印尼与中国存在专属经济区重叠争议，尽管为加强其主张，印尼近几年不断加强对纳土纳群岛的军事部署和开发力度，但在南海争端中，更多的是作为"可靠的中间人"来协调南海冲突；作为小国的文莱，与中国存在南通礁之争，更倾向于以比较温和的方式解决南海争端。而在非争议国家中，新加坡对南海争端不持立场，但积极在涉及自身利益地区的航行与飞行自由上发声，并支持以国际法为依据和平解决南海争端；泰国在南海争端上持较为中立的政策，希望南海争端能够通过和平方式解决，不希望南海争端影响东盟与中国之间的合作；柬埔寨作为中国的友好邻邦，在南海问题上持不偏不倚的中立政策，支持当事国通过和平手段解决南海争端，不希望南海问题东盟化和国际化。

（四）自我约束——部分声索国单边行动不断发生

在自我约束方面，基于南海问题涉及岛礁主权争端与海洋划界问题，再加上没有具有法律约束力的机制进行约束，部分南海声索国自我约束能力不强，为获得更大的经济利益和谋取更多的政治利益而开展的单边行动一直存在。这些海上单边行动不仅极大地降低了南海周边国家对开展海上合作的需求和政治意愿，与实现油气钻探和开采等的共同开发倡议直接冲突，干扰南海海上务实合作进程，同时也容易造成南海局势紧张，激化声索国之间的冲突和矛盾，并损害相互间的政治互信。

在《宣言》签署前，部分声索国为加大对其声索的南海岛礁的侵占便开始进行一系列导致南海争端升级的行动。而《宣言》的签署也未能实现南海地区的和平合作与共同发展，因其自身固有的缺陷，无法有效约束有关国家的行为，越南、菲律宾、马来西亚等声索国对《宣言》的态度较为冷淡，违约单边行动不断发生，不仅加快对周边海域的渔业、油气资源开发，还不断改造和扩大被占领岛礁，并加强对已占岛礁的行政管理。在 2009 年之前，南海总体局势稳定、可控。因 2009 年越南、马来西亚等部分声索国向联合国大陆架界限委员会提交大陆架界限，以及美国推行"亚太再平衡"战略，积极介入南海，南海局势日趋紧张。自 2009 年以来，越南、菲律宾等声索国还开始通过国内立法甚至借助国际法来巩固其非法主张，国际法开始在南海地缘政治中扮演着越来越重要的战略角色。2016 年公布的南海仲裁案仲裁结果，全面否定了中国在南沙群岛的岛礁地位及其主张的海洋权益。尽管菲律宾将仲裁裁决置于一旁，积极改善与中国的关系，但自 2017 年以来，部分南海周边国家为强化其主张，利用仲裁结果在争议地区开展海上单边行动的力度逐渐加大，频率明显上升。越南在 2017—2019 年，3 次单方面启动了对万安滩附近海域的油气勘探和开发活动。2020 年 3 月以来，越南多次派遣海警船为钻井船护航，闯入"断续线"附近进行非法作业。同时，越南也加快了对其侵占的南沙多个岛礁的填海造岛，并升级军事设施，扩大军事基地和雷达基站。2019 年 5 月下旬之后，马来西亚开始推进在南沙群岛南部的南康暗礁的油气勘探。而在"准则"达成之前的"窗口期"，一些声索国为制造更多"既成事实"，加大对南海新油气田以及渔业资源的开发和捕捞，将加速推进海上单边行动，如占领无人控制的岛礁、勘探和开发争议海域油气富集区、对"断续线"内渔业资源进行捕捞、与域外国家进行相关合作机制的建设等，[①] 将成为南海形势发展再度动荡的主要诱因。

通过对以上4个变量的分析可以看出，南海地区尚不具备构建"集体身份"的条件。尽管近些年来南海周边国家之间经济相互依赖程度不断加深，但在政治安全领域却存在"安全困境"，南海争端的久拖未决及中国的不断成长，导致南海相关国家之间出现互信赤字，而南海相关国家之间围绕南海问题所存在的严重战略分歧，使南海周边国家之间很难形成共同命运感，再加上这些国家在政治制度、经济体制和经济发展水平、宗教文化，乃至在南海争端的立场上都极具差异，导致南海周边国家之间同质性程度比较低，而海上单边违约行动的不断发生表明南海部分国家在南海地区，尤其是关涉南海争端问题上自我约束能力不强。因此，南海地区认同意识的建立还有很长的路要走，甚至远比我们想象的还要艰难。尽管缺少地区认同并不会直接导致相关合作机制无法构建，但作为协调政策预期和黏合利益分歧的一股重要力量，地区认同的缺失，的确会影响现有中国—东盟国家南海区域合作机制的持续推进和新的正式合作机制的构建。

四、南海周边国家国内政治变数大

一项合法和合理的南海政策，除了考虑国际因素，国内因素更是必须兼顾的，因为南海问题关涉的主权、军事安全、管辖权等都离不开国内政治。因而，甚至可以说，南海问题的焦点在国内而不是国际。事实上，国际关系学界也已经屡次提及国内政治的重要性。随着领导层的更迭，相关南海政策的变化，会对能否成功创设及创

---

① 吴士存、陈相秒：《中国—东盟南海合作回顾与展望：基于规则构建的考量》，《亚太安全与海洋研究》，2019年第6期，第47页。

设正式或非正式的南海合作机制产生正向或反向的影响。

从国内政治领导层的更迭上看，其可谓影响国内政治的最大变量。随着国内政治决策核心的更迭，各国的对外政策也将有所改变，而随之对区域乃至国际问题产生的影响有时甚至是关键性的。

以菲律宾为例，菲律宾有学者认为，菲律宾外交政策主要有两个特点：一是政策存活期一般不超过任期，二是突出与前任的差异。① 纵观近几届菲律宾政府的外交政策及对待南海问题的政策和态度，通常是处于一种"为反对前任而反对"的模式。阿罗约政府实行平衡外交政策，在南海问题上采取相对温和和友好的政策，中菲南海合作也不断发展。然而，深陷贪腐丑闻和合法性危机的阿罗约于2011年被捕，不仅使一系列中菲合作项目遭受牵连，中菲南海合作也被"污名化"。阿基诺三世政府上台后，推行向美国一边倒的政策，借助美国"亚太再平衡"战略，与美国签署协议，强化美菲同盟关系，为换取美国的军事支持，向美国开放了大批军事基地，南海政策也迅速转向激进，不仅派军舰和飞机侵犯南海，还关上了与中国开展双边谈判的大门，并将南海争端诉诸国际仲裁，中菲关系也随之跌到谷底，甚至直接影响了自2013年开启的第二轮"准则"磋商。但是阿基诺的路径并没为菲律宾带来什么收益。同样深陷贪腐丑闻的阿基诺政府下台后，杜特尔特政府上台，采取独立、灵活的外交政策，而南海则成为其多方套利的工具。一方面，通过冷冻长期以来损害菲中关系的南海争端来修复与中国的关系，扩大与中国的经济联系；另一方面，疏远美国，淡化与西方特别是美国的安全合作。

实际上，杜特尔特政府所采取的独立性、务实性和大国平衡性的外交政策，不仅使中菲关系转圜，也在一定程度上削弱了美国在南海地区的消极影响，成为南海局势降温和推动"准则"磋商的关键因素，甚至还产生了一些溢出效应。首先，杜特尔特上台后将南海仲裁裁决置于一旁，积极改善和发展与中国的关系，不仅有效缓

---

① 谢茜、张军平：《日菲在南海问题上的互动与中国的应对》，《边界与海洋研究》，2017年第3期，第99页。

解了南海地区紧张局势，还加快了"准则"磋商进程，取得了一系列阶段性成果，通过了"准则"框架，同时"准则"单一磋商文本草案也已形成，且目前已进入二轮审读。其次，中菲于2017年初建立了南海问题双边磋商机制，重回通过谈判协商解决海上有关问题的正轨，[①] 目前该磋商机制已召开了5次会议，该平台在防止和管控海上意外事件发生及妥善处理分歧等方面发挥了重要作用，而其下设的政治安全、海洋科研与环保、渔业工作组，也有助于增强双方在相关领域合作项目的交流与开展。最后，杜特尔特政府的外交政策因菲律宾重要的国家地位溢出效应明显，带动东南亚其他国家，尤其是与中国有南海争议的国家调整对华外交。特别是马来西亚，在杜特尔特访华后，其领导人于2016年11月访问中国，两国签署了包括马来西亚东海岸衔接铁路计划和购买军舰等价值超过2000多亿美元的商业贸易。[②] 同时，中国与马来西亚还于2019年9月12日一致同意建立中马海上问题双边磋商机制，作为两国增进了解与互信、就海上问题开展对话合作的重要平台。[③] 此外，越南也谋求改善与中国的关系，更为重视推动两国传统友好关系和全面战略合作伙伴关系发展。2017年，越中两党总书记进行互访，习近平总书记评价中越关系为"好邻居、好朋友、好同志和好伙伴"，并同意妥善处理海上问题。为推进两国务实合作，2018年越中各级代表团互访频繁。越中经济合作成为两国关系的亮点。同时，在南海问题上，双方已签署《越中关于指导解决海上问题基本原则协议》，在维持南海和平与稳定以及管控分歧等方面达成了共识。[④] 同时，还需注意

---

① 外交部回应中菲南海问题双边磋商机制近期进展，人民网，2018年10月16日，http://world.people.com.cn/n1/2018/1016/c1002-30345159.html。

② 马来西亚总理访华签2000多亿大单 竟被质疑"卖国"，观察者网，2016年11月8日，https://www.guancha.cn/Neighbors/2016_11_08_379913.shtml。

③ 中国与马来西亚建立海上问题磋商机制，人民网，2019年9月12日，http://world.people.com.cn/n1/2019/0912/c1002-31352011.html。

④ 越南国会主席阮氏金银访问中国：重视推动越中全面战略合作伙伴与传统友好关系发展，人民军队，2019年7月6日，https://cn.qdnd.vn/cid-6153/7190/nid-561656.html。

的是，多元化的国内利益同样也会影响国内政治。例如，菲律宾国内利益集团存在分歧：来自国内军方和精英层的亲美意识难以改变，多数菲律宾民众对美国的好感度要高于中国，美国依然是菲律宾不可取代的安全伙伴，菲律宾国内的反恐形势也将促进菲美安全合作。[①]

总的来说，受国内政治的影响，南海相关国家的南海政策及围绕南海开展的行动都会随之改变，不仅影响着南海地区合作的开展，对于相关区域合作机制的构建也会产生影响。

五、域外国家的介入

冷战结束以来，美国、日本、印度、澳大利亚等南海地区的域外国家出于政治和经济利益的驱使、地缘政治战略的考虑、遏制中国快速崛起的目的，以及蓄意扩大东南亚国家与中国的利益纷争，不断调整各自的南海政策，加强对南海地区的渗透，使南海问题呈现国际化、复杂化的发展趋势，进而使得南海问题的解决面临更多的障碍。对于中国—东盟国家南海区域合作机制的创设，尤其是就目前正在进行的"准则"磋商，这些域外国家的干扰也不容小觑，它们拥有影响谈判进程的渠道和能量。美国推崇建立"以规则为基础的地区秩序"，因而支持并敦促部分东盟国家制定具有法律约束力的"准则"的主张和立场。然而，随着"准则"磋商的深入推进，美国转变立场，由支持和敦促转为强调"准则"不能损害非签署国的权利及利益；日本、印度、澳大利亚等域外非声索国，则通过就"准则"内容提出自身主张及支持部分东盟国家立场等方式来影响"准则"制定。下面主要通过域外国家对南海问题的介入，尤其是对"准则"谈判进程的影响的分析，来探讨作为干扰变量的外部结构性压力对中国—东盟国家南海区域合作机制构建的影响。

[①]　杜兰、曹群：《关于南海合作机制化建设的探讨》，《国际问题研究》，2018 年第 2 期,第 90 页。

（一）美国的公开介入掣肘"南海行为准则"谈判进程

美国尽管并不是南海争端的当事方，但对于20世纪90年代"准则"的酝酿、中国与东盟国家开启的第二轮"准则"问题的磋商，有来自美国因素的一定影响。尤其是自2009年美国开始深度介入南海事务以来，中美在南海地区的战略竞争不仅影响了南海局势走向，也反映在了"准则"的议题磋商中。目前，以美国为首的域外国家插手、干预"准则"谈判进程随处可见，不仅已成为"准则"谈判的主要障碍，未来也将继续影响谈判进程。

自20世纪80年代以来，美国在南海问题上一直奉行的立场是坚持其在领土主张合法性问题上不偏袒任何一方，也不参与南海领土争端，强调争端应以和平方式解决。直至中菲"美济礁事件"发生后，1995年5月，美国国务院首次就南海问题发布一份口头声明。在这份声明中，"美国重申了对南海岛礁及珊瑚岩礁所提主权声索的合法性持中立立场，但强调其严重关切任何不符合包括《公约》在内的国际法的海洋主张或对南海地区海洋活动的限制"。同时，声明进一步指出，"反对使用或威胁使用武力来解决纷争……声明美国对维护南海和平与安全有着持久的兴趣，维护航行自由是美国的根本利益"。[①] 该政策声明涵盖了此后美国在南海问题上的利益诉求和基本政策主张，成为奥巴马政府调整南海政策的基础。而声明中关于严重关注不符合国际法的南海海洋主张或对南海地区海洋活动的限制的主张，为后来奥巴马政府公开质疑中国的断续线埋下伏笔。同时，声明所表达的美国对维护南海和平与安全有着持久的兴趣，也为日后美国积极干涉和介入南海问题预留了政策空间。进入2009年以后，南海局势恶化，美国也开始在南海与中国发生摩擦，仅2009年就发生了至少5起中美船只之间的对抗性事件。美国开始

---

① Anne Hsiu-An Hsiao, "China and the South China Sea 'Lawfare'," *Issues & Studies: A Social Science Quarterly on China, Taiwan, and East Asian Affairs*, Vol. 52, No.2, 2016, pp14-15.

重新评估南海问题，采取"更积极的"南海政策。2009 年 7 月，美国签署《东南亚友好合作条约》，拉开了美国深度介入南海事务的序幕。2010 年 7 月 23 日，在越南河内举行的东盟地区论坛部长级会议上，美国国务卿希拉里·克林顿就南海问题发表讲话，称美国"在南海航行自由、开放进入亚洲海洋共同水域、尊重国际法等问题上拥有国家利益"。[①] 同时，美国还表示支持《宣言》，并鼓励各方就具有约束力的行为准则达成协议。2011 年，奥巴马政府宣布"重返亚太"战略后，美国以"维护安全和航行自由"为由，积极干涉南海问题。2017 年特朗普政府上台后，尽管南海问题在其对外政策中所占比例并不重，但美国国防部和军方却持续加大对南海的投入，南海政策"军事化"色彩渐趋浓厚。同时，美国还在其"印太战略"下联手盟友伙伴国家介入南海问题，并加大对南海周边国家的拉拢和施压。总的来说，在"准则"问题上，从 2010 年开始，在美国的支持下，越南大力推动重启"准则"谈判。希拉里发布河内声明后，美国在各大场合表达对"准则"的看法和观点，推动"准则"朝着有利于美国利益的方向发展。中国则始终排斥非声索国，特别是美国参与南海争端，干扰"准则"的协商进程，并采取维权和维稳的行动应对美国的介入。

整体来看，围绕"准则"问题，中美两国展开了 4 个阶段的政策互动。第一阶段（2010 年 7 月—2012 年 7 月）以 2010 年希拉里河内声明为标志，美国通过质疑中国南海断续线主张、针对"无暇号事件"对中国"阻碍"美国南海航行自由表达不满、煽动国际舆论曲解中国将南海界定为国家"核心利益"、加大对南海问题的外交关注力度等方式公开介入南海问题。面对美国南海政策的突然转变，中国被动应对。时任中国外交部部长杨洁篪公开抗议希拉里河内声明，表示南海问题"与美国无关"。2011 年，在巴厘岛举行的东亚峰会上，时任中国国务院总理温家宝告诫外界不要参与南海问

[①]　Fu Ying, Wu Shicun, "South China Sea: How We Got to This Stage," The National Interest.html, June 2016.

题，并重申了中方立场，即任何争议都应在声索国之间通过双边方式解决。在"准则"协商问题上，中国仍保持审慎态度。但自2012年以来，中国采取了一些维权措施，以实际行动来抗议和抵制美国介入。2012年以来，中国调整了海洋战略，从"优先保持稳定"转向"优先维护权利"；2012年4月，中国以保护中国渔民不被菲律宾逮捕为由，对黄岩岛进行了现场监督和海洋监视，以及渔业巡逻船的系统监督，实现了执法船只对黄岩岛的实际控制，创造了中国南海维权的"黄岩岛模式"；^①中国国务院于2012年6月21日同意将原来的西沙、南沙和中沙群岛管理局升级为海南省辖下的三沙市；2012年6月28日，中国国防部宣布，中国军队将开始在包括南海在内的中国管辖海域进行常规战备巡逻，并指出，中国军队将对危害中国国家安全和利益的行为采取行动。^②

第二阶段（2012年8月—2014年底）美国加大对南海问题介入力度，中国采取维权和维稳的双重措施。2012年7月召开的东盟部长级会议因"准则"问题首次未发布联合公报。在此背景下，美国国务院于2012年8月发表了一份关于南海问题的声明，以此声明为标志，美国开始在"准则"上展开全面的外交介入。首先，美国政府高官通过多个机制发表支持"准则"制定言论；其次，美国积极反对中国长期坚持的双边谈判立场，强烈支持东南亚国家"作为一个共同体"参与协商并制定"准则"；再次，鼓励声索国采取法律行动，美国政府以多种方式支持菲律宾政府将南海争端诉诸国际仲裁的行为；最后，推动制定具有约束力的"准则"，以此来限制中国的行动自由。中国则以维权与维稳相结合的政策措施与美国展开政策博弈。在维权方面，在"建设海洋强国"这一新海洋战略指导下，

① Wu Ningbo, "China's rights and interests in the South China Sea: challenges and policy responses," *Australian Journal of Maritime & Ocean Affairs Liss C*, Vol.8, No.4, 2016, pp.292-293.

② The Regular Press Conference of China's Ministry of Defense on June 28, China, June 2012, http://news.mod.gov.cn/headlines/2012-06/28/content_4381066.htm.

中国开始进行有效的控制、管理和保护以前被忽视的海洋领域，特别是东海和南海，并以强硬的海洋外交手段对地区和国际海洋法规和实践产生重大影响，还通过有效利用中国主权空间内外的海洋资源发展强大的海洋经济。[①]2013 年 3 月，习近平主席就职后，中国推出了一系列海事体制改革，为实现中国的海洋愿景和重新建立之前被忽视的海洋空间的有效控制所进行的努力是前所未有的。2013 年 3 月，中国人民解放军海军南海舰队在曾母暗沙海域进行了一次联合军备两栖演习，宣誓保卫中国在南海的主权。[②]同年 5 月，中国开始在仁爱礁附近海域实施维权巡逻和监控。2014 年 5 月，中国部署超过 100 艘护卫舰，并动用战斗机以应对因中国部署"海洋石油981"钻井平台来自越南军舰和渔船的激烈对抗。在维稳方面，中国重视改善与周边国家的关系，提出"亲、诚、惠、容"的睦邻外交理念，并将东南亚作为习近平主席提出的构建人类命运共同体愿景的第一个目的地，积极改善与东盟国家的关系。同时，在"准则"问题上，中国与东盟重启"准则"谈判，在中国提出的"四点原则"和"双轨思路"的指导下，中国与东盟国家展开了密集的磋商和会谈，并取得了一些阶段性成果。

第三阶段（2015—2017 年底）以美国为首的域外国家对"准则"的干预相对弱化，"准则"磋商进程加快，中国逐步掌握了"准则"协商的主动权。2015 年以来的奥巴马政府时期，以及 2017 年初新上台执政的特朗普政府时期，美国南海政策的核心不再是重点关注以"准则"为代表的外交介入，而是通过炒作中国的填海造礁来制造相关国家的恐慌和煽动地区紧张局势；同时，以维护"航行自由"为名，经常派遣巡逻机、战斗舰和军舰等驶入南海争议海域，直接

---

① Yizhou, Wang, "China's new foreign policy: Transformations and challenges reflected in changing discourse," Asan Forum, 21 March,2014,http://www. theasanforum.org/chinas-new-foreign-policytransformations-and-challenges-reflected-in-changing-discourse/.

② "Daring show of force by PLA Navy," *South China Morning Post*, 27 March, 2013.

向中国施压和"示威"。不仅如此，美国还鼓动和支持日本、印度、澳大利亚等域外大国介入南海事务，加强与菲律宾、越南的安全合作，并拉拢这些盟友和伙伴在南海采取与中国为敌的策略。在涉及"准则"的谈判过程中，美国主要通过发起学术交流活动向东盟各国灌输中国"强硬胁迫"的南海政策，通过高层互访表达对"准则"谈判的关切，通过美国驻新加坡外交机构官员出面"协调"立场，以及对"准则"发表负面评价等方式来干扰"准则"案文磋商进程。在这一时期，中国不仅积极推动"准则"的磋商，为改善驻岛人员的生活条件，维护和完善岛礁功能，履行海洋科研、海上搜救、航行安全、气象观察等方面的国际责任，还加快了南沙岛礁建设和设施维护。从 2015 年开始，中国已经陆续在 5 个南沙岛礁上建立了灯塔并已投入使用，有助于提供高效的导航助航服务，保障南海海域的船舶航行安全。2015 年 6 月，中国外交部宣布土地复垦工程竣工时，中国已复垦了约 11736 平方米土地，完成了对 7 个南沙岛礁的填海造陆。[①]在现阶段，中国除了建造提供各种民用服务的设施，还努力满足必要的军事防御要求，2016 年 1 月，拥有 3000 米跑道的永暑礁机场建成，可以停靠大中型军用飞机和民用飞机——如果需要，可以在机场部署战斗机，而无须依赖 1200 千米外海南岛的空中支援。在"准则"协商问题上，自 2016 年南海仲裁案裁决公布及菲律宾总统杜特尔特上台以来，中国与东盟国家加快了磋商进程，并取得了一系列阶段性成果。2017 年 5 月，"准则"框架正式审议通过，该框架受到了东盟和中国领导人的广泛欢迎，为接下来就"准则"内容展开实质性磋商奠定了基础。

第四阶段（2018 年初至今）美国南海政策"军事化"色彩浓厚，并改变了一贯对制定"准则""支持"和"敦促"的立场，试图形成对"准则"磋商的"反向制动"。面对美国对南海问题的积极军

---

① Wu Ningbo, "China's rights and interests in the South China Sea: challenges and policy responses," *Journal of Maritime & Ocean Affairs Liss C*, Vol.8, No.4, 2016, pp.293-294.

事介入，中国保持克制，并将岛礁建设的重点转向民事化功能扩展和对区域公共产品的提供，"准则"磋商持续取得阶段性成果。

特朗普执政期间，其南海政策逐渐被国防部和军方所"操控"，采取了多项"横行"南海的具体措施。首先，美国在南海针对中国的航行自由行动在频率和烈度上都有所上升：2018年，基本上每8周实施一次航行自由行动；2019年公开报道的便有7次。同时，美国还加强在南海的战略威慑和前沿存在：2018年，美军先后出动4支航母打击作战群，以及多艘潜艇和轰炸机前往南海及其周边海域开展战略威慑活动；2019年，美国更是数十次出动航母、侦察机和轰炸机等穿越和飞越南海；进入2020年以来，在新冠疫情重创美国的背景下，美国也并未放缓其以军事手段介入南海地区的节奏，航行自由行动、军机的侦察飞行和飞越及舰艇的航行和演习等军事活动不断。即使受疫情的严重影响，致使在太平洋地区的4艘超级航母暂停战备活动，美军也并未完全从南海抽身。其次，在特朗普政府推出的"印太战略"下，突出南海问题在中美安全博弈中的比重：一方面，加大对其盟国和伙伴国的拉拢和施压，希望日本、印度、澳大利亚、英国、法国等美国的盟友和伙伴国通过参与联合巡航、多边联合军演等行动彰显在南海的存在；另一方面，强化与部分南海周边国家的安全合作，支持它们提高海事安全能力，并积极鼓噪其抗衡中国。自2018年3月，美国航空母舰"卡尔·文森"号战斗群访问越南岘港军事基地后，美越两国军事关系升级，安全合作也不断强化。在两国关系交好的背景下，美国有意将越南打造为其在东盟内部的"代理人"，并通过唆使越南等声索国利用"准则"的法律性质和争议海域油气开发等问题发难，影响"准则"磋商。同时，美国与印尼也积极推动深化双方海上安全合作，希望印尼在南海及太平洋安全上扮演"关键支点"角色，并称其为"印太地区的海上支点"。最后，在外交和舆论方面，一方面，针对中国在南海的军事力量发展和岛礁建设，美国的反应调门明显升高，甚至一些高官公开叫嚣要以战争手段阻止中国控制南海；另一方面，美国军方高官发表关于"准则"磋商的负面言论，不仅指责中方操纵"准则"，还宣称"准则"将会损害南海的"航行自由"。

针对美国在南海日益增强的军事行动，以及意欲形成的对"准则"磋商的反向制动，中国总体上保持克制，并实施了维权和维稳的双重措施。在维权方面，从法理和实际控制的角度，中国开始真正掌控南海，南海岛礁建设的重点转向民事化及对区域公共产品的提供，有利于塑造中国区域负责任大国的形象，抑制南海紧张局势的升级。2020年4月18日，国务院办公厅批准三沙市政府设立西沙区和南沙区，标志着我国岛礁建设向民事化功能扩展。紧接着19日，自然资源部、民政部低调公布南海25个岛礁、55个海底地理实体标准名称。这是自1983年以来我国再次对南海区域进行名称规范，有利于加强我国对南海的规范化管理。这一连串动作不仅表明中国维护南海主权和国家海洋利益的决心，也是对近期越南声称拥有西沙和南沙群岛主权的有力回应。在对区域公共产品的提供上，通过加强对南沙岛礁的民事功能建设，中国积极为南海地区提供民事和国际公益服务。2018年7月，中国派遣"南海救115"号轮赴南沙群岛渚碧礁担负值班待命任务。作为目前中国最先进的搜救船舶之一，该船不仅向遇困船只提供救助，还提供多种海上救援服务。[1]2018年10月底，中国在南海群岛一些岛礁启用气象观测站、岛礁海洋观测中心、南沙国家环境空气质量检测站等，开始对外提供气象预报、海洋预警预报、空气质量预报及防灾减灾等服务。[2]2020年3月，中国科学院岛礁综合研究中心永暑站、渚碧站正式启用（美济园区则在2018年底已正式启用）。岛礁中心将利用其区位优势在珊瑚礁生态系统保护、海洋酸化和海洋灾害治理等多方面提供海洋科技公共产品，

---

① 中国派专业海洋救助船赴南沙待命 我外交部回应，北京时间，2018年7月31日，https://item.btime.com/32r98026dm78apphh5qpqogonqt。

② 中国南沙岛礁气象观测站正式启用，中国日报网，2018年11月1日，http://www.chinadaily.com.cn/interface/toutiaonew/53002523/2018-11-01/cd_37183128.html。

服务于中国及南海周边国家。[①] 在维稳方面，中国加快"一带一路"倡议在东南亚地区的推进，并继续将东南亚地区作为周边外交的优先方向，推进海上合作，共同维护南海地区和平稳定。同时，"准则"磋商也在持续有效推进，2018年8月，"准则"单一磋商文本草案形成，并于2019年8月提前完成第一轮审读，目前进入二轮审读阶段。

总的来说，由于南海问题国际化是中国快速崛起、南海周边国疑虑增多、中美战略竞争加剧的产物，具有长期性。因而，美国也会继续以南海问题牵制中国，在中国与东盟国家相关南海区域合作机制的构建上，以寻求"代理人"和"战略搅局"等方式进行干预。但因美国并非南海问题当事方，也不可能成为相关区域合作机制的缔约主体，故其影响力是有限的。

（二）日、印、澳等域外国家干扰"南海行为准则"磋商进程

自2009年，特别是2011年以来，在"重返亚太"战略提出和推进下，美国开始积极介入南海事务，成为南海问题国际化的主要推手。美国以维护"航行和飞越自由"为名，支持和鼓励域外大国介入南海争端。日本、印度和澳大利亚基于自身战略考虑，与美国的政策调整相呼应，也开始日益积极地介入南海事务。作为区域大国的日本、印度和澳大利亚，尽管对南海问题的介入能力和介入程度不同，但无疑都造成南海问题的扩大化和复杂化，并在一定程度上对"准则"的协商进程造成干扰和影响。

日本并非南海问题的当事国，南海与日本也没有直接的利害关系。早在20世纪80年代日本便已开始关注南海地区，但并未介入，主要是与东盟国家开展经济贸易。进入20世纪90年代以来，日本开始对南海事态保持高度关注，并谋划插手南海争端。直至2009年后，在南海局势日趋紧张、美国实施"亚太再平衡"战略、中国实

---

① 中国科学院岛礁综合研究中心永暑站、渚碧站启用，新华网，2020年3月20日，http://www.xinhuanet.com/tech/2020-03/20/c_1125742608.htm。

力地位上升、日本国内右翼势力抬头的背景下，日本以确保南海海上通道安全、"维护航行自由"为借口，开始更加积极地介入南海。在2012年12月，安倍晋三政府上台后逐步加强了在南海问题上的介入力度。当前，基于维护海上运输航道安全、实施东海和南海的捆绑与互动、遏制中国的崛起、巩固日美同盟、提升在东南亚地区的影响力和地位、摆脱战后体制等多方面战略意图，日本采取多种路径全面介入南海问题。首先，利用多边框架裹挟南海议题，推动南海问题国际化。近年来，日本在东盟峰会、七国首脑会议（G7）、东亚峰会（EAS）、亚太经合组织（APEC）领导人会议、香格里拉对话会议、日本—太平洋岛国会议等多边场合大肆炒作南海问题，助推南海问题国际化。其次，重视发展同东南亚国家的战略合作关系，提升其海上防卫能力。由于菲律宾和越南在南海争端中与中国的矛盾最为尖锐，因而日本十分重视加强与这两个国家的关系：一方面，向菲律宾、越南等南海声索国提供军事及技术支持，并将政府开发援助（ODA）、防卫装备合作及自卫队提供的能力培训等支援项目组合起来，打造多层援助体系，提高各国的海上军事能力；[1]另一方面，日本还多次组织各类双边或多边联合军事演习，发展与东南亚国家的防务合作关系，扩大日本在南海地区的军事影响力。再次，以"海洋法治"为名挑战中国南海维权行动合法性。在2014年举办的亚洲安全峰会上，安倍晋三提出"海洋法治三原则"，即国家主张必须依照法律；不得以主张为由诉诸武力或以武力相威胁；纠纷的解决必须恪守和平。[2]此后，日本在参加各种国际会议期间，提及南海问题时都反复宣扬"海洋法治"原则，以"法治"的名义攻击中国的国际形象和外交努力，质疑中国南海维权行动的合法性与正当性。

---

[1] 徐万胜、黄冕：《安倍政府介入南海问题的路径分析》，《东北亚学刊》，2017年第1期，第19页；朱海燕：《日本介入南海问题的动向及影响》，《国际问题研究》，2016年第2期，第128页。

[2] 徐万胜、黄冕：《安倍政府介入南海问题的路径分析》，《东北亚学刊》，2017年第1期，第19页；朱海燕：《日本介入南海问题的动向及影响》，《国际问题研究》，2016年第2期，第18、129页。

最后，深化日美同盟体系，构建日美印澳联合干预体制。自奥巴马政府实施"亚太再平衡"战略以来，日美一直就南海问题协调行动，并借此巩固两国的军事同盟关系。在南海事务的政策立场上，日本紧随美国，并将日美同盟作为介入南海问题的主导性机制。同时，基于共同的地缘利益，以意识形态和价值观为联结纽带，日本积极拉拢印度、澳大利亚等域外国家插手南海问题，企图建立在南海问题上建立针对中国的联合干预体制和包围圈。

印度地理上位于南亚，既不是南海问题当事国，也不是美国的亚太盟友，在过去很长一段时间里对南海问题的态度颇为谨慎，甚少表态。但自冷战结束以来，随着国际格局的演变、印度利益的拓展及中国的崛起，印度对南海问题的关注度逐渐提高，从旁观者到有限介入，再到深度介入，成为继美国、日本后南海问题"国际化"的新推手。1992年以来，以"东向政策"为依托，印度注重发展与东盟国家的政治、经济关系。进入21世纪以来，印度逐渐加强了对南海地区事务的介入，并在"东向政策"的总体框架下，由大周边外交逐步转向印太战略，介入南海问题的策略也朝着更加完善的方向发展。2000年，印度提出"大周边"的外交理念，并以此作为介入南海的最直接路径：一方面，继续加强与南海周边国家的政治经济互动，尤其是重视发展与越南的关系。印度将越南视为其实施东向战略的重要支柱，2011年10月和越南签署了扩大和促进石油勘探和开发的协议。[①]中国与印度在能源资源方面存在潜在的冲突，而印度不顾中国的反对，执意与越南实施合作开采南海石油的协议。2013年11月，印度与越南签署了联合声明和8份谅解备忘录，承诺在防务领域加强合作，并再次签订了在南海地区的石油开采协议。另一方面，印度还与东南亚国家开展包括军事培训和军舰访问在内的多领域海事合作。印度的大周边外交注重加强与东南亚国家特别是越南的关系，持续介入南海问题，但却激化了同中国的矛盾，这

---

① "India, Vietnam sign pact for oil exploration in South China Sea," *The Hindu*, 13 October, 2011.

与印度长远的战略利益相违背。2007年以来，印度开始频繁使用"印太地区"的外交概念。自2013年，尤其是2014年莫迪政府上台以来，印度在南海问题上变得更加活跃，运用印太战略来表达自身的南海诉求：一方面，印度在多个国际性多边场合就南海问题表达关切；另一方面，印度开始与美国、日本、越南等国共同对南海问题发声，同时还首次与美、日、澳建立海上对话机制，以提升政策协调程度。[①]此外，印度还加强海军力量，加快军事基地建设，并增加对海军的投入，积极构建自身能力，进而提升其对南海区域的干预和打击能力。总的来说，南海问题不涉及印度的核心利益，也不是中印关系中的最核心分歧，其只是印度实施"东向政策"和对华施压的一个抓手。从长远来看，印度在南海问题上不会把手伸得过长，但也不可能完全撒手。

基于重要的经济、安全与政治利益考量，以美国"亚太再平衡"战略为依托，以维护所谓"基于规则的国际秩序"为由，自2010年以来，长期对南海争端置身事外的澳大利亚开始密切关注南海局势，积极介入并频繁发声，成为影响南海问题解决的新的外部因素，给南海问题的管控带来新的不确定性。澳大利亚介入南海争端的途径主要包括：首先，强化与域外国家、南海声索国的关系而介入南海事务：一方面，澳大利亚十分重视同美国的同盟关系，紧跟美国步伐，积极支持美国的南海政策；在南海问题上还积极向日本靠拢，并协同美国和日本合力发声，共同对抗中国的南海主张。另一方面，澳大利亚还与菲律宾、越南等南海声索国联系频繁，加强在政治、军事领域的合作，共同发声南海问题。其次，提高本国军备的水准与规模，不断在南海地区显示军事存在。最后，在国际性的多边场合引入南海问题，并大力宣扬其"不选边站""基于规则和平解决争端""航行自由"的南海政策，但其实际行动已明显偏离不选边站的立场，不仅支持有关南海的国际仲裁，还声称中国在南海的军

[①] 林民旺：《印度政府在南海问题上的新动向及其前景》，《太平洋学报》，2017年第2期，第33—34页。

事行动威胁区域稳定与航行自由，并指责中国在南海的岛礁建设工程。

总的来说，在对南海问题的介入上，除了基于自身的战略和利益考量，日本、印度和澳大利亚更多的是追随美国。对于"准则"的制定，日印澳三国也密切关注。一方面，支持和鼓励各方达成具有约束力的行为准则，同时希望南海问题通过多边方式解决；另一方面，协同美国对"准则"发声，对"准则"磋商进程中的阶段性成果发表负面评价。

本章小结

本章以上文搭建的关于影响国际机制构建的主要变量的分析框架为基础，深入分析了为什么中国—东盟国家南海区域合作机制，经历了 30 年的发展依然机制化水平较低，即南海问题领域的正式或更高层次区域合作机制难以创设的原因。

从是否存在扮演"领导者"角色的国家或国家集团来看，在南海地区，作为一个正在崛起的大国和南海问题利益攸关方，不管是从综合国力、地缘政治的角度，还是基于中国近些年在南海的存在格局，中国都有成为中国—东盟国家南海区域合作机制创设"领导者"的优势。但由于中国在结构型领导上很难将自身结构性权力转化为机制制定的权威，在企业家型领导上促使机制成功创设上积极主动性有待增强，在智慧型领导上相关南海政策思想对机制建设指导效果不彰。因而，中国尚未成长为相关区域合作机制创设的"领导者"。同时，作为南海地区最大的区域组织，东盟自成立以来便始终以推进区域合作为己任，在维护南海地区和平与稳定及促进区域协调等方面发挥了重要的平台作用，不管是《宣言》的签署，还是当前正在进行的"准则"磋商，其都离不开东盟的协调与推动。但不管是从东盟所拥有的权力资源，还是其所执行的南海政策思想来看，东盟都难以胜任中国—东盟国家南海区域合作机制构建中的

"领导者"角色。从共同利益上看，中国与其他南海周边国家在维护南海地区和平稳定、以和平方式解决南海问题和以规则治理南海，以及诸多低敏感领域问题上的确拥有共同利益，但南海问题领域的高度敏感性，再加上在具体问题领域国家利益及相关实力存在的巨大差别，在很大程度上影响了参与合作的南海诸国对成本—收益的考量——当一些国家认为与他国共同创设国际机制进而开展合作会使其付出极高的成本时，相关合作机制便难以建立。从集体认同上看，依照影响"集体身份"建立的相互依存、共同命运、同质性和自我约束4个主变量对南海地区国家进行分析，可以发现，南海地区仍不具备形成"集体身份"的条件，南海地区认同的建立依然道阻且长，地区认同的缺失的确会影响现有中国—东盟国家南海区域合作机制的持续推进和新的正式合作机制的构建。从国内政治和外部结构性压力这两个干扰变量来看，域内南海问题利益攸关方国内政府的主观偏好，以及随着领导层的更迭相关南海政策的变化，都会对能否成功创设及创设正式或非正式的南海合作机制产生正向或反向的影响。以美国为首的域外国家介入南海事务，推动南海问题的国际化和多边化，并以自身的渠道和能量，介入中国—东盟国家南海区域合作机制的磋商进程，对相关机制的构建产生反向和消极的影响。

总的来看，在中国—东盟国家南海区域合作机制的构建朝着正式机制方向迈进的道路上，扮演"领导者"角色的国家的缺位使其推动力不足；在共同利益上，南海周边国家之间存在构建南海合作机制的共同利益，但受南海问题领域敏感程度高，尤其是各国在具体问题领域国家利益和实力的巨大差距，直接影响参与机制构建的国家对成本—收益的考量，制约共同利益在机制建设中的主要动力和根本性激励作用的发挥；地区认同的缺乏和难以建立，使机制建设缺少黏合利益分歧及协调利益政策预期的助推力；作为干扰变量的国内政治所发挥的影响有时是正向的，有时是反向的；尽管以美国为首域外国家插手南海事务打破了地区权力格局，但作为南海问题非当事国，其很难参与中国—东盟国家南海区域合作机制的构建，以美国为首域外国家，也很难通过发展与部分南海声索国的关系来间接操控机制磋商与制定，它们在中国—东盟国家南海区域合作机制的建设上影响力有限。

第四章 中国—东盟国家南海区域合作机制推进的思考与中国的应对之策

中国与东盟国家尽管自 20 世纪 90 年代以来便着手构建相关南海区域合作机制，但由于受"领导者"的缺位、共同利益易被捆绑、缺乏地区认同等主要变量，以及南海部分声索国国内政治变数大和域外国家的介入等干扰变量的影响，中国—东盟国家南海区域合作机制整体制度化水平较低，甚至在一些具体海洋问题领域连非正式合作机制都未建立。因而，基于中国—东盟国家南海区域合作机制的构建现状及面临的诸多影响变量，我们不应过度追求其机制化，而应在现有合作机制基础上构建信任措施并逐步向前迈进。中国—东盟国家南海区域合作机制的建立和发展尽管仍面临诸多制约，但困境可以努力克服，中国与东盟国家以南中国海为纽带相关合作机制的构建仍存在比较大的可挖掘空间。本章将对中国—东盟国家南海区域合作机制的推进做出理性的思考，首先从法律、实践、理念和现实四个层面，对推进中国—东盟国家南海区域合作机制构建和发展的基础进行分析，继而从"领导者"、共同利益、地区认同和机制构建四个层面探讨了破解中国—东盟国家南海区域合作机制构建困境的路径选择。最后，针对中国在参与中国—东盟国家南海区域合作机制中面临的困境制定了相关的应对之策。

一、推进中国—东盟国家南海区域合作机制构建的基础

中国—东盟国家南海区域合作机制的创设尽管面临诸多影响变

量，但在其推进过程中仍存有法律、实践、理念和现实四方面的基础，这些基础性因素的存在是开展合作、克服困境的坚实后盾。

（一）法律基础：国际法律规范关于海洋区域合作的规定

任何问题领域区域合作机制的构建，都无法绕开国际法。作为规范各国行为及调整各国利益诉求的准则，国际法是构建更为具体的合作机制的指导性法律规范。促进国际合作是国际法的一项基本原则和主要目标，《联合国宪章》的宗旨之一便是"促成国际合作"。《公约》作为各国加强海洋国际合作的规范基础，也是各个缔约国本着"相互谅解和合作的精神"缔结的。而现有国际法律规范关于海洋区域合作的规定，不仅是南海沿岸国家之间构建相关区域合作机制的法律基础，也是沿岸国在南海加强合作应尽的责任和义务。

目前尚不存在适用于南海争端问题解决的专门性国际法解决机制。一方面，涉及多个国家的南海争端，不仅具有法律性，还具有高度敏感的政治性。即使通过国际法院或国际仲裁等法律方式做出裁决，因无法触及争端的政治问题，并不能真正做到解决问题。正如由菲律宾发起的南海仲裁程序，最终以"闹剧"收场，不仅未能解决中菲间的相关海上争议问题，甚至还在一定程度上加剧了南海地区的紧张局势。另一方面，《公约》强制争端解决机制，即《公约》第15部分确定的关于强制解决海洋争端的程序机制，在应对南海争端问题上面临诸多局限。首先，该国际海洋争端解决机制包含非强制性程序和强制性程序，而强制性程序又具有强制性和任择性的特点。但因《公约》在第15部分的第1节和第3节为缔约国提供了可以规避强制机制的附加说明和选择性排除条款，①因而，从根本上来说，该强制争端解决机制的强制性是有限度的，并不能称之为一个真正意义上的强制性争端解决机制。其次，南海声索国之间的南海

---

① ［英］安东尼奥斯·察纳科普洛斯：《〈联合国海洋法公约〉强制争端解决机制下的南海争端解决》，李途译，《亚太安全与海洋研究》，2016年第4期，第1页。

争端是关于岛礁主权归属和海洋划界问题，并不在《公约》的管辖范围内。再加上中国已经根据《公约》第298条做出了排除性声明，因而，《公约》下的强制争端解决机制并不适用于解决南海争端问题。尽管不存在适宜南海问题的专门国际法解决机制，同时因南海问题的高度政治敏锐性和复杂性，也无法通过国际法院或国际仲裁来解决，但这绝不意味着否定国际法的作用。相反，南海问题的解决必须以《公约》等公认的国际法原则为指导性准则和法律规范，尤其是《公约》对于通过谈判与协商的和平方式解决争端的一般性规定，为南海争端的解决提供了一个框架。

在一些海洋功能性领域的合作上，相关国际法律规范发挥着至关重要的作用。以《公约》为主的海洋综合性立法，以及针对不同海洋功能性领域的专门性立法为国际行为体之间就相关海洋问题领域开展合作奠定了法律基础。尤其是于1994年生效的《公约》，为全球海洋开发管理体系的构建提供了一个宏观的法律框架。尽管作为各国际行为体之间政治和法律利益相互博弈及高度妥协的产物，《公约》存在一定的不足，其在一些地方，以及针对一些有争议问题采用了"含混、模糊"乃至有"歧义"的措辞，使其在某种程度上体现出工具性的特点，致使一些别有用心的国家为谋取本国利益最大化，以趋利避害的态度运用相关条款，甚至在很大程度上加剧了相关争端问题，进而饱受国际社会的诟病，但它本身具有内在一致性，且的确为关涉海洋的一些实质性问题的解决提供了一个具有法律效力的框架。再加上南海周边国家均为《公约》的缔约国，因而，《公约》的相关法律规范适用于南海，而其中关于海洋区域合作的法律规定，更是为南海周边国家之间开展相关海洋问题领域区域合作行动及承担相应合作义务提供了法律依据。

南海周边国家之间所开展的海洋区域合作，既不同于在公海地区相关国家之间的合作，也不同于主权无争议国家之间的海域合作，因其即使在一些低敏感领域的合作也很难完全不牵涉领土主权问题，故有着特殊的复杂性。《公约》关于海洋区域合作的相关法律规定，为主权有争议的南海相关国家之间的海洋合作搭建了法律框架。具体来说，《公约》为南海沿岸国家之间应承担的合作义务提供的法律框架主要来源于两个方面。一方面，《公约》第123条规定了闭海或半闭海沿岸国开展合作的义务。根据《公约》第122条对于"闭海或半闭海"的定义，①南海的地形条件符合其对半闭海的界定，因而，作为半闭海的南海，其沿岸国家应依据第123条指明的合作领域及合作方式进行合作。另一方面，《公约》第74条和第83条分别提出了对专属经济区和大陆架界限的划定，并指出在达成相关专属经济区或大陆架的划界之前，有关国家应在不妨碍最终界限划定的前提下，努力做出实际性的临时安排，即开展临时合作。总的来说，结合以上条款，《公约》为诸如南海此类的半闭海和其他闭海地区的海洋区域合作搭建了如下的法律框架：首先，得到明确界定的"闭海或半闭海"为合作区域。其次，合作领域为《公约》第123条明确指出的"海洋生物资源的管理、养护、勘探和开发""保护和保全海洋环境"及"进行联合的科学研究"三大功能领域。②同时，《公约》第12部分和第13部分还分别对海洋环境保护及海洋科学研究两大领域提出了相应的指导性规范。第三，根据《公约》第74条和第83条，区域合作的义务为相关国家在保持克制的前提下开展实质性合作。第四，区域合作的法定主体为闭海或半闭海沿岸国，但《公约》第123条也指出，"在适当情形下，邀请其他有关国家或国际组织"，③进而扩大了合作主体的参与面。最后，闭海或半闭海条款中提及合作应"直接或通过适当区域组织"展开，鉴于区域组织的

---

① "闭海或半闭海"是指"全部或主要由两个或两个以上沿海国的领海和专属经济区构成的海湾、海盆或海域"。参见《联合国海洋法公约》第9部分第122条，联合国公约与宣言检索系统，https://www.un.org/zh/documents/treaty/files/UNCLOS-1982.shtml#9。

② 《联合国海洋法公约》第9部分第123条，联合国公约与宣言检索系统，https://www.un.org/zh/documents/treaty/files/UNCLOS-1982.shtml#9。

③ 同上。

差异性，可概括为以区域性合作机制的方式开展海洋区域合作。①

此外，目前国际社会还存在诸多关于海洋环境保护、海洋生物资源管理与养护等海洋问题领域的专门性立法。例如，在海洋环境保护领域，国际海事组织（IMO）制定了多个相关国际公约。诸多具体海洋问题领域的专门性国际法在此不再赘述，但其同《公约》一样能为南海周边国家进行相关问题领域合作提供法律基础。

（二）实践基础：现有合作机制平台

中国与东盟国家已经建立的南海区域合作机制是推进其深化、发展及构建新机制的一个十分重要的实践基础。第二章已经对中国—东盟国家南海区域合作机制的构建现状进行了探讨。尽管中国与东盟国家围绕南海多个问题领域所构建的双边与多边协商机制取得了一些成就，但仍存在种种不足，整体制度化水平比较低，不具有强制力，不仅尚未建立聚焦于南海沿岸国家之间的合作机制，而且在诸多具体海洋问题领域，尚未形成区域性合作机制。现有的合作机制虽然是初级的和不完善的，但仍可以作为进一步合作的起点。依托现有中国—东盟国家南海区域合作机制相关平台，能有效降低合作的成本和风险，是中国与东盟国家的务实之选。

作为中国与东盟国家所签署的第一份关于南海问题的多边政治文件，《宣言》为中国与东盟国家在规避冲突、建立信任及海洋治理等方面开展合作提供了框架。《宣言》内容包含 10 项条款，不仅提出了解决南海争端问题所应遵守的基本原则，明确了参与主体、方式和底线，还呼吁南海各方应保持克制，并且在岛礁主权争端及海域管辖权争议解决之前，通过多种途径来增进互信。同时，倡议有关各方在海洋环保、海洋科学研究、海上航行和交通安全、搜寻与救助、打击跨国犯罪等领域开展合作，并提出南海有关各方应以各方同意的模式进行后续的对话，强调制定南海行为准则为最终达

---

① 郑凡：《从海洋区域合作论"一带一路"建设海上合作》，《太平洋学报》，2019 年第 8 期，第 57 页。

成的目标。① 因而，从《宣言》所包含的内容可以看出，作为一份框架性协议，《宣言》只是从宏观上为缔约国解决南海问题确立了纲领性的指导原则和方向，过于宏观的内容，以及为协调各方利益在一些条款上表述的模糊性，使这一份不具有约束力的政治文件缺乏可实施性，后续行动和对相关条款的落实一直跟不上。即使存在诸多的局限性，但《宣言》的签署标志着南海区域安全合作机制的初步建立，使南海各相关方在处理南海问题上变得"有章可循"。同时，以《宣言》为基础达成的落实《宣言》指导方针，以及成立的落实《宣言》高官会和联合工作组机制，不仅有助于中国与东盟国家海上务实合作的逐步开展，"准则"磋商所取得的一系列成果也主要是依托这些机制平台。因此，中国—东盟国家南海区域合作机制的构建离不开《宣言》这一压舱石所发挥的基础性作用。

具体来说，就南海领土主权争端问题的解决来说，各相关方尽管已就解决方式达成共识，但鉴于该问题的高度政治敏锐性和复杂性，短期内很难得到解决，而中菲南海问题双边磋商机制和中马海上问题双边磋商机制的构建，则是对争议问题由直接当事方之间友好谈判和磋商解决的体现和实践。双边磋商机制的构建有助于相互之间就涉海关切问题进行交流，探讨管控分歧的方式，开展海上务实合作，进而增进互信和共识。这些都是南海争端问题能够最终得到解决的基础。尽管只是万里长征的第一步，但其基础性作用仍不容忽视。

就中国与东盟国家在具体海洋问题领域合作机制的构建上，主要是非传统安全领域，已有相关机制呈现碎片化和松散性，亟待深化和发展。但相关机制的构建和持续推进同样离不开这些可以作为积累经验的机制平台，同时还可以依托落实《宣言》的相关机制及正在推进中的"准则"。

就目前正在推进中的"准则"磋商而言，其制定的具体逻辑和

---

① 《南海各方行为宣言》，外交部，https://www.fmprc.gov.cn/web/wjb_673085/zzjg_673183/yzs_673193/dqzz_673197/nanhai_673325/t848051.shtml。

关键问题需要以《宣言》和"准则"框架为基础。一方面，《宣言》文本中明确了最终的目标是制定"准则"，因而《宣言》的推进和落实是达成"准则"的基础，中国之前的态度一直是在《宣言》得到有效落实的基础上重启"准则"谈判，当前《宣言》的实施与"准则"磋商同步推进的情况下，中国将"准则"制定视为《宣言》实施过程的一部分，因而《宣言》将对"准则"内容产生重大影响；另一方面，2017年通过的"准则"框架可谓连接落实《宣言》与制定"准则"的重要一环。"准则"框架形成了"准则"的大致轮廓，其内容主要包括序言、总则及最终条款3部分（见表4-1）。序言部分第2条提到了《宣言》与"准则"之间的相互联系问题，但并未细谈，而从中国与东盟国家在一些场合对该问题的谈论看，部分东盟国家希望"准则"与《宣言》有本质的区别，中国则更强调二者的联系。总则部分首先明确了"准则"制定的3个目标：（1）"建立以规则为基础的框架，包括一套指导各方行为、促进南海海洋合作的准则"；（2）"促进相互信任、合作和增强信心，预防冲突，在冲突事件发生时予以管控，并为和平解决争端创造有利的环境"；（3）"确保海上安全和航行飞越自由"。第一个目标中"以规则为基础"的表述并未言明"准则"是否具有法律约束力；第二个目标提到了对冲突事件的预防和管理，这是《宣言》中没有的，在一定程度上反映了中国与东盟国家对管控冲突及预防危机事件发生和升级的担忧；第三个目标中以"确保"代替《宣言》中的"尊重和承诺"，用词相对更加强硬，反映出一些东盟国家对南海争议可能损害其航行自由的担心。其次制定了4个原则：（1）"'准则'不是解决领土争端和海洋划界问题的工具"；（2）"以《联合国宪章》、1982年《公约》《东南亚友好合作条约》、和平共处五项原则和其他公认的国际法原则作为处理国家间关系的基本准则"；（3）"致力于全面有效落实《宣言》"；（4）"根据国际法相互尊重独立、主权和领土完整，互不干涉别国内政"。第一个原则是对"准则"的定位进行了明确界定，即"准则"为危机管控机制而非争端解决机制；第二个原则也同样出现在《宣言》中，已成为中国与东盟国家关系发展的基础；第三个原则是中国与东盟国家此前便已达成的共识；第四个原则虽是对和平共处五项原则的第一条和第三条内容的重申，却是《宣言》中没有提及的，表明随着中国与东南亚国家之间权力不对称的加剧，东盟国家更加重视国家的独立自主地位。最后阐明的基本措施包含6方面内容：（1）"合作义务"；（2）"促进海上务实合作"；（3）"自我克制及增进信任和信心"；（4）"通过建立信任措施和'热线'来预防冲突事件"；（5）"冲突事件管控并重申建立'热线'"；（6）"根据国际法履行'准则'目标和原则的其他承诺"。其中第4、第5点提出预防和管控冲突，是相较《宣言》进步比较大的一点，也更为贴合"准则"作为危机管控机制的定位。最终条款中提出建立必要的监督机制和对"准则"予以修改，实际上为构建具有约束力的"准则"提供了可能性，而其中设立监督机制是《宣言》中未提及的，也是致使《宣言》缺乏执行力的一大原因。显然，从"准则"框架内容来看，没有提及"准则"是否具有约束力的性质问题及地理范围问题，同时因其仅是宏观的框架，缺少了对一些规则的详细规定，但相较《宣言》也的确有一些进步之处，是自《宣言》签署以来，中国与东盟国家在南海冲突管控问题上向前迈出的一步，后续的"准则"磋商将会以此为基础。

　　总的来说，基于南海地区当前的局势和现实条件，中国—东盟国家南海区域合作机制的构建应以已有机制为实践基础，而不是另起炉灶，新机制的构建与已有双边和多边合作机制相辅相成、并行不悖，这是创设起有效的中国—东盟国家南海区域合作机制的关键所在。此外，还可以考虑借鉴其他半闭海地区的区域合作实践经验，例如在地理环境、地缘政治等方面与南海相类似的地中海和波罗的海。波罗的海在海洋环境合作领域，以及地中海在渔业合作和海洋环境合作领域，相关合作机制的构建与运行十分具有代表性。它们对所在区域相关问题的改善效果是显著的。由此，其所形成的相关区域合作机制被称为地中海模式和波罗的海模式。尽管与之对比，目前南海地区的相关合作机制建设基本处于初级阶段，但就其未来的发展方向来说，应该是向合作约束性强、法律化程度高的地中海和波罗的海模式看齐，尤其是与南海同样有着复杂地理环境、海洋划界争端，以及极具差异化的沿岸国家的地中海，其在相关合作机制构建中的成功因素值得借鉴。

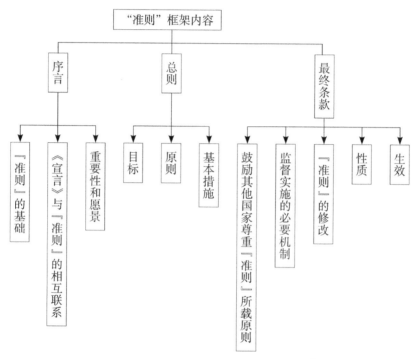

图 4-1 "南海行为准则"框架内容 [①]

（三）理念基础："海洋命运共同体"

2019 年 4 月 23 日，习近平主席提出构建"海洋命运共同体"的理念。该理念的提出是对人类命运共同体理念在海洋领域的进一步发展，为全球海洋治理贡献了"中国方案"和"中国智慧"。"海

---

① 图由作者自行整理，图表内及文章提及的"准则"框架内容可参考：Ian Storey, "Assessing the ASEAN-China Framework for the Code of Conduct for the South China Sea," *ISEAS Perspective*, No.62,2017,pp.3-6.

洋命运共同体"所蕴含的丰富内容及具有的重大现实意义和理论价值，不仅能为全人类开发和利用海洋提供规范指引，更为南海沿岸国家之间开展区域海洋合作提供了新的契机。

"海洋命运共同体"的提出绝非凭空而来，有其时代背景和思想渊源。一方面，"海洋命运共同体"是在全球海洋治理面临诸多困境、世界海洋安全形势异常严峻的背景下提出的，具有鲜明的时代特征。[①]其一，当前全球海洋治理问题凸显，面临诸多困境。《公约》的签署和正式生效，进一步提升了海洋的发展空间和战略价值，其对专属经济区和大陆架的界定也进一步拓展了沿海国家的海洋权益，在促使全球海洋资源得到充分开发和利用以造福人类的同时，也造成国际海洋竞争更加激烈，海洋问题层出不穷，不仅海洋生态恶化、海上恐怖主义、海洋自然灾害、海上非法活动等海上非传统安全问题不断涌现，因岛礁主权争端、海域划界及争议海域的资源开发等问题引起的海上传统安全问题依然突出，而且诸多海洋领域问题也对全球海洋可持续发展与利用带来负面影响。此外，全球海洋治理机制和理念所面临的不适应时代发展的问题也逐渐凸显，《公约》为全球海洋合作及国际海洋秩序的构建和发展提供了法律规范基础，但其自身存在的制度缺陷及其颁布距今已近 40 年，难以适应当前国际形势下面临的一系列海洋发展问题，再加上当前的全球海洋治理理念是由西方海洋强国塑造的，同样也已不适应当前的海洋发展需求。其二，面对作为海洋后发国家的中国在海洋领域的不断崛起，并开始对反映西方海洋强国的海洋国际规则的不合理和不公平之处发出自己的声音。以美国为首的"海洋守成国家"为维系其海洋主导地位，与这些新崛起海洋国家展开战略博弈。正如美国对南海问题的介入所导致的中美战略竞争，不仅不利于地区海域的和平稳定，也致使世界海洋安全形势愈加复杂。因而，基于全球海

---

① 冯梁：《构建海洋命运共同体的时代背景、理论价值与实践行动》，《学海》，第 12—14 页；刘叶美、殷昭鲁：《"海洋命运共同体"的构建理念与路径思考》，《中国国土资源经济》，第 2—5 页。

洋治理存在的诸多困境，以及世界安全形势的异常严峻和复杂，中国政府提出了"海洋命运共同体"理念，旨在促进全球海洋的健康和平发展，引领顺应时代发展需求的国际海洋秩序的构建，同时，避免海洋后发国家与传统强国之间的海洋战略竞争，走出一条能够协调世界各国间海洋利益诉求、实现人类与海洋和谐共存的新路。另一方面，"海洋命运共同体"理念的形成有其思想渊源，不仅是对胡锦涛同志提出的"和谐海洋"理念所体现的中国和平发展思想的传承和创新性发展，也是对"人类命运共同体"理念在海洋领域的实践和发展。

基于"海洋命运共同体"理念所具有的鲜明时代特征，以及其对"和谐海洋"理念和"人类命运共同体"理念的传承和发展，再加上习近平主席对如何推动海洋命运共同体的构建所作的深入阐述，"海洋命运共同体"理念的丰富内涵主要体现为：共同应对海上威胁和挑战，以平等协商方式处理争议和分歧，维护海洋和平与安宁；共同承担海洋治理的国际责任，同时兼顾各国海洋治理能力的差异，追求权利、义务分配的公平与平衡；推进共商、共建、共享的互利共赢合作，共同增进海洋福祉；共同保护海洋生态文明，实现人海和谐共生。[①]

"海洋命运共同体"作为一个新提出并契合时代发展要求的全球海洋治理理念，其思想内涵有待进一步充实，实践行动也有待开展，但这一理念所体现的价值取向和目标愿景，使其能够为陷入僵局的全球海洋治理问题提供有益的解决思路和方案。其所涵盖的对南海命运共同体构建的要求，使其必然适用于指导南海周边国家间的海洋区域合作问题。南海地区因其存在的岛礁主权争端和海洋划界问题而具有高度政治敏锐性，围绕争议海域资源的开发，又使其海上

---

① 关乎人类福祉！习近平提出一个重要理念,新华网,2019 年 4 月 23 日, http://www.xinhuanet.com/politics/xxjxs/2019-04/23/c_1124406391.htm;张芷凡: 《南海港口区域合作机制的构建与完善——以"海洋命运共同体"为视角》,《海南大学学报人文社会科学版》,2020 年第 4 期,第 33 页。

冲突和争议事件频繁发生，再加上以美国为首域外国家的介入，使得南海问题极具复杂性，而中国与东盟国家为维护南海地区和平稳定，推进区域海洋合作所进行的相关合作机制建设虽取得一些成果，但也面临诸多局限性。以"海洋命运共同体"为理念基础，有助于培育中国与东盟国家在一些海洋问题领域的利益共同体意识，进而推进区域性海洋治理问题的解决，为中国与东盟国家在南海海洋问题领域的区域合作及合作机制构建提供新的契机。

（四）现实基础：中国—东盟之间友好合作关系的良性发展

自 1991 年中国—东盟建立对话关系，尤其是 2003 年双方建立战略伙伴关系以来，中国—东盟之间的合作不断深化，中国—东盟命运共同体建设也稳步推进；而自 20 世纪 90 年代以来，中国与东盟国家也逐渐建立、恢复和巩固了外交关系。中国与东盟在近 30 年里友好合作关系的良性发展，尤其表现在经贸往来的日益密切，以及与之相随的经济上相互依赖程度的不断加深。经济相互依赖程度加深虽然并不意味着中国与东盟国家之间在南海区域合作机制的建设上更容易推进，却能营造良好的氛围，为其构建提供坚实的现实基础。

在中国与东盟建立对话关系的近 30 年时间里，中国—东盟关系已臻成熟稳定，双向贸易投资合作发展快速，务实合作成果非常显著。早在 2002 年 11 月，中国—东盟自由贸易区便正式启动，并于 2010 年 1 月 1 日全面建成。2019 年 8 月，中国—东盟自贸协定的升级版议定书全面生效并实施。目前中国已签署的 16 个自由贸易协定中，中国—东盟自由贸易区是签署时间最早，拥有最大人口数量和覆盖最多发展中国家的世界上最大的发展中国家自由贸易区，同时也是首个实现了全面升级的自贸区。自贸区的成立，尤其是"升级版"的正式全面生效和实施，有助于使中国与东盟国家之间的经济融合，在规模和质量上都提升到更高的水平。中国已经连续 11 年成为东盟的第一大贸易伙伴。在 2020 年的前 3 个季度，面对新冠疫情影响下的世界贸易萎缩和全球经济出现衰退，东盟超越欧盟成为我国第一大贸易伙伴，双边贸易实现逆势增长。① 这一结果看似出乎意料，却是中国—东盟携手推进区域经济一体化的必然结果。与此同时，中国连续多年成为越南、马来西亚、印尼、泰国、菲律宾、新加坡、柬埔寨等国的第一大贸易伙伴，中国与东盟国家之间的双边经贸合作也日益紧密。

同时，自中国政府于 2013 年提出"一带一路"这一国家级顶层合作倡议以来，中国与东盟及东盟国家之间的经济合作得到了进一步的推动。对于"一带一路"倡议，东盟及东盟国家普遍表示支持并积极响应，并且在"一带一路"倡议与《东盟互联互通总体规划 2025》、越南"两廊一圈"规划、印尼"全球海洋支点"发展规划、泰国"泰国 4.0"战略、老挝"变陆锁国为陆联国"战略、菲律宾"菲律宾雄心 2040"战略、柬埔寨"四角战略"以及文莱"2035 宏愿"战略等东盟及东盟国家所提出的倡议和战略的对接下，取得了一系列合作成果。中国与东盟国家不仅共同完成了越南龙江工业园、泰中罗勇工业园、柬埔寨西哈努克港经济特区等经贸园区建设，还共同合作有中马"两国双园"、印尼雅万高铁、中缅油气管道、中老铁路、中新互联互通项目，以及中泰铁路等大型项目。此外，随着大湄公河次区域合作、澜沧江—湄公河次区域合作、泛北部湾经济合作、中国—中南半岛经济走廊等项目建设的不断推进，区域和次区域合作也将成为中国与东盟经贸合作的新增长点和新亮点。②

作为中国的好邻居、好伙伴和好朋友，中国高度重视发展与东盟的关系，将其作为中国周边外交的优先方向。经过 30 年的发展，

---

① 李克强：东盟已成为中国第一大贸易伙伴，中华人民共和国中央人民政府，2020 年 11 月 12 日，http://www.gov.cn/xinwen/2020-11/12/content_5560815.htm。

② 东盟成中国第一大贸易伙伴，中华人民共和国中央人民政府，2020 年 3 月 23 日，http://www.gov.cn/xinwen/2020-03/23/content_5494368.htm。

双边关系已进入全方位发展新阶段，成为引领东亚区域合作的一面旗帜，而接下来在《中国东盟战略伙伴关系 2030 愿景》的指导下，双边战略伙伴关系及命运共同体的构建将会更上一层楼。与此同时，近些年中国也采取行动积极发展并提升与东盟成员国之间的关系，尤其注重开展务实的经贸合作，注重对话与沟通，即使在南海问题上时有摩擦，中国与相关国家也能及时进行磋商并坦诚对话，并未因领土主权争端问题而影响到整体的外交关系。可以预见，在接下来的很长一段时间里，中国—东盟之间友好合作关系的良性局面都不会被打破，这势必有助于南海地区和平与稳定，为共同构建地区规则营造良好氛围。

二、破解中国—东盟国家南海区域合作机制构建困境之路径选择

中国—东盟国家南海区域合作机制在构建过程中，扮演"领导者"角色的国家或国家集团的缺位使其缺少了推动力；共同利益易被捆绑使其缺少了机制构建中的根本性鼓励因素；地区认同的缺乏使其缺少了黏合利益分歧及协调利益政策预期的助推力；对于南海周边国家国内政治变数大这一干扰变量的存在，有太多不可控的因素；域外国家的介入造成南海问题的国际化和复杂化，也在一定程度上使中国—东盟国家南海区域合作机制的构建面临域外战略竞争，但因域外国家不是南海问题当事方，也不属于南海周边国家行列，不可能成为相关合作机制的缔约主体，只能通过寻求"代理人"、在外交场合发表不利言论等方式间接干预中国与东盟国家相关合作机制的建设，其所产生的影响力是有限的。因此，本部分主要从"领导者"、共同利益和地区认同 3 个主要影响变量层面，探讨如何破解中国—东盟国家南海区域合作机制构建困境；从机制构建层面，探讨推进中国—东盟国家南海区域合作机制创设和发展的现实之路。

（一）"领导者"层面：培育多元化互动合作主体

在相关南海区域合作机制的构建过程中，作为南海地区综合国力最强的国家，中国尚未成长为"领导者"，而作为南海地区发展相对比较成熟的区域组织，东盟也难以胜任"领导者"一角，扮演"领导者"角色的国家或国家集团的缺位使机制建设的推动力不足。但在国际合作的集体行动中，扮演"领导者"角色的国家或国家集团发挥着非常重要的作用，其对于破解集体行动的困境意义重大，因而，国际合作的开展，以及国际机制的创设离不开"领导者"。在南海地区，作为南海争端问题的利益攸关方、崛起中的海洋强国、负责任的区域和世界大国，以及世界第二大经济体，中国是唯一有能力且有责任成为区域海洋合作机制"领导者"的国家。但中国领导作用的发挥并非意在单方面领导南海事务，更不会充当霸权国，而是以企业家型和智慧型"领导者"的身份，成为相关合作机制建设的参与者与推动者。鉴于南海地区复杂的局势不允许单个国家单方面领导，因而中国应在充分发挥作为地区大国的应有作用的同时，携手南海周边其他国家，共同推进相关合作机制的谈判与磋商。同时，我们还应充分发挥东盟的机制平台作用，并且努力将其他国际政府间或非政府间组织作为一种补充性力量纳入其中，形成多元互动合作主体，共同推进相关南海区域合作机制的构建和发展。

1. 充分发挥中国作为地区大国的应有作用，推动各方互利合作

不管是从综合国力、地缘政治，还是在具体的实践中，中国都拥有成为中国—东盟国家南海区域合作机制"领导者"的能力，以及对维护南海地区和平稳定义不容辞的责任。但鉴于南海问题的高度政治敏锐性，以及南海周边其他国家对中国的崛起一直存在的担忧，中国的领导地位很难被接受。因而，中国应成为不公开的"领导者"，应在尊重东盟南海声索国主权的前提下，合理利用作为地区大国的权威及影响力，在议题的倡议和宣传、方案的制订，以及相关创新性思想体系的提供上发挥引领作用，贡献中国的智慧，进而携手南海周边其他国家促成相关合作机制的谈判与磋商。

（1）中国有成为中国—东盟国家南海区域合作机制"领导者"的能力和责任

中国与南海周边其他国家的实力呈现"一超多弱"的格局，从多个方面来看，中国都有成为南海区域合作机制创设"领导者"的能力，同时作为南海争端当事方及负责任的地区大国，在推进相关合作机制建设进而推动区域海洋合作及维护南海地区和平稳定上，又有义不容辞的责任。

首先，从综合国力上看，中国综合国力世界排名第2位，与其他南海相关国家相比，中国拥有占有优势的结构性权力。中国拥有约960万平方千米的陆域和473平方千米海域面积，14亿多人口，是当今世界上人口最多、发展很快的地区大国；作为世界第二大经济强国，中国拥有巨大的经济总量，且近几年的增长趋势屡创新高，从2012年突破50万亿元到2019年接近100万亿元，人均国内生产总值（GDP）也即将迈上1万美元的台阶，甚至在面对世界经济不稳定、不确定因素明显增多，以及受地缘政治局势紧张、国际贸易摩擦不断等不利因素的影响下，中国经济依然能保持中高速的增长速度，彰显出中国经济的活力和强大韧性。尤其是进入2020年以来，受新冠疫情影响，世界经济陷入自二战结束以来最严重的衰退，而中国经济在构建以国内大循环为主体、国内国际双循环相互促进的新发展格局下，实现由负转正的稳步增长，甚至成为2020年全球唯一实现经济正增长的主要经济体，为世界经济注入了宝贵活力。①

其次，从地缘政治的角度来讲，一方面，与其他南海沿岸国家相比，中国在南海的海洋权益覆盖面最广，南海自然海域面积约350万平方千米，中国主张管辖的海域占到2/3。因而，作为南海领土主权争端问题的核心参与者和南海周边一个正在和平崛起的大国，中

---

① 多国人士高度评价中国经济成就：双循环新发展格局将造福全球，央视网，2020 年 12 月 26 日，https://news.cctv.com/2020/12/26/ARTIMDeFrr25KWsuKnNvEPRT201226.shtml。

国不仅有推动集体行动的利益诉求，也有责任推动南海区域合作并承担更多的义务；另一方面，中国如果不积极参与南海区域合作机制的创设和发展，不仅不利于中国有责任、有担当的国际形象，将会受到域内国家的指责，使自己陷于道德的不义之地，有损国家声誉，而且还会使域外国家有机可乘，更加肆无忌惮地介入南海事务，甚至取代中国成为主宰南海的中坚力量。

最后，从实践上看，自 2012 年中共十八大以来，中国以积极、主动的南海策略强化了在南海的存在格局，对南海实际控制有了质的转变，掌控南海局势的能力及谈判议价的能力都大为提升。一方面，中国通过一系列的主动作为加强对南海的实际控制，以强大的现实力量支撑中国以主权原则为基础的秩序观念。[①] 第一，开展南沙岛礁建设增强中国在南海的主权存在。自 2013 年 9 月以来，中国开始在 7 个岛礁[②] 上开展岛礁建设。2015 年 6 月，中国完成了对这 7 个岛礁的填海造陆，每个岛礁的面积都比扩建之前作为南沙第一大岛的太平岛大，其中永暑礁、渚碧礁和美济礁还建有 3000 米跑道的机场，2016 年中国民航在这 3 个岛礁的机场进行了试飞测试。2017 年 10 月，习近平总书记十九大工作报告对"南海岛礁建设积极推进"做出重要指示，肯定了过去几年南海岛礁建设取得的成就，并再次吹响了积极推进南海岛礁建设的号角。第二，为强化中国在南海的政权存在，加强对南海的治理和管理，2012 年 7 月挂牌成立了作为地级市的三沙市，管辖西沙、中沙、南沙群岛的岛礁及海域。第三，在开展岛礁建设的同时，中国也加强在南海的防御力量部署，并积极发展南部战区海军，不仅增强了中国在南海的军事力量，还改变了南海的安全格局。第四，通过加大科研投入，中国在南海进行资源开采的能力和水平大为提高。2012 年 5 月，中国海洋石油首座超深水半潜

---

① 左希迎：《南海秩序的新常态及其未来走向》，《现代国际关系》，2017 年第 6 期，第 36 页。

② 主要包括美济礁、渚碧礁、永暑礁、华阳礁、南薰礁、赤瓜礁及东门礁等岛礁。

式钻井平台"海洋石油981"钻井平台在南海海域正式开钻。2017年5月，由我国自主设计建造的全球作业最大、钻井深度最深的半潜式钻井平台"蓝鲸1号"横空出世。同时，中国在可燃冰开采技术、深海载人潜水器等领域也取得了重大进展，极大地增加了中国在未来南海油气开发格局中的话语权。第五，在中菲"黄岩岛对峙事件"中，为保护中国渔民不被菲律宾逮捕，中国对黄岩岛进行了海洋监视和渔政巡逻船的系统监督，实现了执法船只对黄岩岛的实际控制，不仅提高了中国对中沙群岛海域的管控能力，同时这种"黄岩岛模式"也对中国维护南海其他岛礁的权益有借鉴意义。[1]另一方面，中国将南海问题置于中国—东盟关系的适当位置，共同维护南海和平稳定。基于此，中国不仅提出了处理南海问题的"双轨思路"，还于2015年8月提出了中国在南海问题上将始终奉行的"五个坚持"。[2]此外，中国于2013年设立中国—东盟海上合作基金、提出建设"21世纪海上丝绸之路"和"中国—东盟命运共同体"的倡议，以及2016年提出以南海为关键合作区域的《南海及其周边海洋国际合作框架计划（2016—2020）》，不仅有助于南海地区合作，也为南海区域合作机制的创设和发展提供了资金支持和有利的战略环境，尤其是"21世纪海上丝绸之路"倡议的推行，其与正处于磋商中的"准则"不仅都强调互利共赢和包容开放的原则，同时两者也存在诸多相互促进和相辅相成之处。

（2）中国应成为不公开的"领导者"，携手各方促成相关合作机制谈判与磋商

中国—东盟国家南海区域合作机制的构建需要扮演"领导者"

---

[1]　Wu Ningbo, "China's rights and interests in the South China Sea: challenges and policy responses," *Journal of Maritime & Ocean Affairs Liss C*,Vol.8,No.4,2016,pp.292-293.

[2]　即坚持维护南海的和平稳定，坚持通过谈判协商和平解决争议，坚持通过规则机制管控好分歧，坚持维护南海的航行和飞越自由，坚持通过合作实现互利共赢。可参见王毅：中方在南海问题上将始终奉行"五个坚持"，中华人民共和国驻以色列国大使馆，2015年8月3日,https://www.fmprc.gov.cn/ce/ceil/chn/zgxw/t1285974.htm。

角色的国家或国家集团，而在南海地区，只有中国具有成为"领导者"的能力，同时也愿意承担相应的责任。尽管就目前来看，中国在结构型、企业家型和智慧型领导三个方面的表现和行动，并不能被称为南海区域合作机制的"领导者"，但中国所拥有的综合国力、国家利益、国际地位，以及应承担的大国责任要求其不能选择扮演非领导者，即跟随者的角色，应该要作为"领导者"参与相关合作机制的建设中。与此同时，基于南海问题所关涉的领土主权争端的高度敏感性，以及南海地区国家间的所存在的信任赤字问题，中国不应成为公开的"领导者"，而应兼顾其他相关国家的不同利益诉求，整合区域内各国的共同利益，进而与各国携手，以积极的参与者和推动者身份促成相关合作机制的谈判与磋商。

在未来中国—东盟国家南海区域合作机制的创设中，我们需要充分发挥中国作为地区大国的应有作用，但不应成为公开的"领导者"。这主要是基于以下两方面原因：其一，南海周边其他国家，尤其是其他声索国不会接受中国在南海地区公开的领导地位，尤其是当相关合作机制的建设涉及岛礁主权归属与海洋划界问题时。实际上，即使是在其他领域，例如，中国在一些南海岛礁上建造灯塔等民用设施，以为南海周边国家提供相关区域公共产品和服务也会被周边国家进行歪曲解读。因而，出于对其声索的南海领土主权的极度维护，以及担心受到作为区域大国的中国的威胁，中国的领导地位不会被接受。其二，基于中国一贯的外交政策方针及向外界传达的相关海洋合作理念，中国也不愿意成为公开的"领导者"。自中华人民共和国成立以来，"不称霸"始终是中国外交关系的核心。同时，中国所提出的"和谐海洋"理念及"海洋命运共同体"理念，也都传达出中国不会单方领导南海事务，更不会依靠本国的结构性权力优势向其他国家施压。

因此，在南海区域相关合作机制的构建中，中国不应成为公开的"领导者"，即不充当霸权国，不寻求单个主导南海事务，在相关议题的推动和解决方案制定上发挥引领作用，在资金、技术等的支持上主动承担大国责任；以伙伴主义精神鼓励其他相关国家发挥各自优势，共同推进各方就相关合作机制建设达成共识，促成机制的磋商与谈判。具体来说，一方面，在尊重南海周边国家主权的前提下，中国合理利用其结构性权力与影响力为周边国家提供优质公共产品，尤其是寻求提供安全战略方面的公共产品，进而使南海其他沿岸国逐渐改变视中国为威胁的不利认知，这样中国便可以在涉及领土主权、海洋安全等方面的问题上设计出有创意的、建设性的解决方案，与区域内相关国家共同解决南海争端问题，[①] 而不是依靠结构性权威对其他国家施行"威慑"或"施压"来使其接受中国的提议。另一方面，中国应在企业家型和智慧型领导上发挥带头作用，扮演好在相关问题领域合作机制建设的日程制定者、宣传者、发明家以及协调者的身份，积极主动地参与其中，促成南海周边国家之间的协商谈判；通过已阐明的与南海区域相关合作机制建设相关的思想体系来指导相关机制谈判，例如，积极践行"双轨思路"这一处理南海问题的新模式，为相关合作机制的顺利达成提供有益尝试。

2. 发挥东盟建设性作用，并将其他国际政府间与非政府间组织作为补充力量

中国—东盟国家南海区域合作机制的构建，不仅需要作为地区大国的中国与东盟国家等主权国家之间的通力合作，还需要发挥南海地区最重要区域组织东盟的建设性作用，同时将其他国际政府间与非政府间组织作为补充力量，进而形成多元主体之间的互动，为南海区域合作机制的建设贡献合力。

对于东盟在中国—东盟国家南海区域合作机制的创设中所应发挥的作用和扮演的角色来看，上文已经从东盟所拥有的权力资源及其所执行的南海政策思想等方面进行了分析，认为东盟难以胜任"领导者"角色。那么，作为在包括南海问题在内的地区事务中拥有不可忽视的影响力的重要区域组织，东盟在相关南海议题，尤其是相

---

① 涂少彬：《全球治理视阈下南海安全合作机制的建构》，《法商研究》，2019年第6期，第175—176页。

关合作机制的建设上只有发挥建设性作用，才能有益于南海区域合作机制的构建和南海地区和平与稳定。冷战结束之后，东盟开始关注南海议题，并逐渐加大了介入南海问题的力度，东盟的南海政策表现出总体上持不偏不倚的中立立场，以及以"集团方式""多边机制""大国平衡"三种方式介入南海问题的两面性特征。这一政策思想不仅与南海局势的发展有关，也受南海区域内外各种因素的影响，而维护和提升东盟在地区事务中的主导地位，以及增强东盟的凝聚力可谓最主要的原因。因此，不管基于哪个层面来看，东盟都不会放弃对南海议题的持续关注和介入。一方面，东盟能够为中国与东盟国家之间就南海议题进行交流、互动，以及化解或消除彼此之间的担心与顾虑提供良好的沟通平台。同时，东盟在疏解和管控南海地区紧张局势，以及推动南海周边国家达成《宣言》、推进"准则"磋商和一些具体海洋问题领域的合作上，也的确发挥了建设性作用。另一方面，在南海岛礁主权归属及海域划界问题上，作为南海问题的非当事方，东盟虽不具有参与的资格，也应尽力规避东盟相关国家借助东盟整体对华的潜在风险——倘使在南海主权问题谈判协商上面临一对十的局面，不仅对中国不利，也无法促使南海问题的解决。因此，应该在中国提出的"双轨思路"政策思想下，通过将领土主权问题与维护南海地区局势相分离，进而发挥东盟在维护南海地区和平稳定，以及相关机制构建上的建设性作用。

在充分发挥东盟建设性作用的同时，也应该努力将其他国际政府间组织及国际非政府间组织作为补充力量共同推进相关合作机制的构建和发展。尽管国际政府间、非政府间组织的参与，并无法保证区域合作及相关合作机制建设的成功，但相关国际组织所具有的影响力，在其他海域合作机制建设上的参与和制定并由此累积的经验，以及在一定程度上提供的资金支持，能够为南海区域合作机制的建设发挥桥梁和纽带作用，进而提供有益助力。例如，作为地中海渔业合作治理机制下的一个主要渔业管理机构，地中海渔业一般委员会（GFCM）便是在联合国粮食和农业组织（FAO）牵头制定的相关渔业协定的基础上成立的；地中海区域海洋环境保护的机制化建设主要得益于联合国环境规划署（UNEP）；联合国环境规划署不仅直接推动了相关框架公约的形成，还提供了大量资金支持，以及以中立者立场协调区域内各种势力之间的不同利益。因此，在南海地区相关问题领域合作机制的建设上，尤其是在海洋环境保护、渔业资源合作、海上科学研究等诸多问题领域，都尚未建立专门的区域性合作机制的背景下，应重视相关国际组织的参与，并正确评估其所能发挥的作用与功能。例如，可以在联合国粮食和农业组织、联合国环境规划署及国际海事组织等分别对沿岸国之间海洋渔业资源、海洋环境污染和海洋环境保护、海事安全等方面相关活动提出合作要求的国际政府间组织的推动下，为构架和完善南海地区相关合作机制提供推动力。除了要重视一些国际政府间组织在推动和促成区域海洋合作方面发挥的重要作用，国际非政府间组织的影响力也不可小视。譬如，由中国南海研究院发起成立的"中国—东南亚南海研究中心"。作为地区国家涉海研究合作的新范式，该研究中心不仅为中国与东南亚国家之间的海上合作提供智力支撑，也为其创造了和谐、良好的国际环境。①

（二）共同利益层面：正确看待南海区域合作中的海洋权属争议问题

尽管在维护南海地区和平稳定、以和平方式解决南海问题和以规则治理南海，以及诸多低敏感领域问题上，中国与南海周边其他国家之间拥有共同利益，但在相关南海区域合作机制的构建中，南海问题所包含的岛礁主权归属与海域划界问题的高度政治敏锐性，使共同利益极易被该问题所裹挟，不仅消减了争端方之间通过双边协商和谈判解决争端的可能性，也直接影响了相关国家在非传统安

---

① 中国—东南亚南海研究中心正式运行,中国南海研究院,2016 年 7 月 24 日,http://www.nanhai.org.cn/info-detail/22/3247.html。

全领域深入进行双边或多边合作，以及构建相关正式合作机制的可能性。不可否认，共同利益易被海洋权属争议问题所裹挟，使中国—东盟国家南海区域合作机制的构建所需的根本性鼓励因素面临缺失的风险，但南海周边国家之间远未进入"非此即彼"的零和博弈状态，区域海洋合作及相关合作机制的构建并非不可能。因此，我们应正确看待南海区域合作中的主权争议问题，既要看到该地缘政治难题是影响合作机制构建的最根本症结，也应看到相关海洋问题领域的合作及合作机制的构建并非不可能，仍存在可挖掘的空间。

一方面，南海岛礁主权归属及海域划界问题因其高度政治敏锐性和复杂性在短期内很难得到解决，将会长期存在，但得益于南海各方对已构建的相关合作机制的遵守，以及对维护南海地区和平稳定达成的共识，尤其是哪个国家都不愿意看到因海域争端导致地区安全局势失控，进而使本国的经济发展与社会稳定受到影响。因此，尽管以美国为首的域外大国的介入及部分声索国的单边行为，可能会导致局部冲突的发生，但爆发像 20 世纪之前的那种大规模武装冲突甚至战争的可能性比较低，当前南海局势整体稳定、可控。而海洋环境污染、海上恐怖主义、海洋自然灾害、海盗等非传统安全问题凸显，成为南海周边国家面临的亟待解决的主要问题。由于作为半闭海的南海所具有的流动性、整体性等特征，再加上南海周边多为发展中国家，国家实力相对较弱，仅靠单方面作为难以应对来自非传统安全领域的挑战，需要双边，尤其是多边开展合作才能达到互利共赢。因此，国家之间即使存在比较尖锐的矛盾，只要能够找到共同关切点，就仍有推进合作的空间。

另一方面，领土主权与使用权具有可分离性，[①] 海洋功能性领域的合作与海域划界问题并行不悖。领土主权与使用权在一定程度上能够实现分离，正如跨国公司的国际投资行为，通过与领土主权国签订协议租借领土使用权，而主权国的领土依然在其控制之下，进

---

① 李昕蕾、范存祺：《基于利益共同体视角的南海战略资源合作开发模式与机制探析》，《广西大学学报（哲学社会科学版）》，2020 年第 4 期，第 116 页。

而实现双赢。南海海域所蕴藏的丰富的石油、渔业等资源是南海问题产生的最主要原因，南海各方都希望通过开发和利用南海的宝贵资源以支持本国的经济发展，但因海洋划界问题仍未得到解决，对南海资源的开发利用也无法有效实施，由此造成在争议海域的资源开发纠纷不断，对南海周边国家来说，损失明显大于收益。因此，不如中国与其他声索国搁置争议，在达成的相关合作协议下，以成立国际公司等开发资源的方式共享其使用权，进而实现在争议海域开展合作，而这也与中国政府一直提倡的"搁置争议、共同开发"的南海政策思想相契合。事实上，地中海地区在海洋环境保护和渔业合作上，能够建立制度化的合作机制，同样离不开地中海沿岸国家对海洋争端问题的有效回避。地中海地区不仅有着复杂的地缘环境，同时极具差异化的22个沿岸国家之间还存在海洋划界争端问题，同时还伴随有宗教问题和历史冲突，但地中海沿岸国家都选择了暂缓对专属经济区和大陆架的划界，有效避免了划界纠纷的产生，为相关合作机制的构建奠定了基础，并最终使开展渔业和海洋环境保护合作的基础性利益克服了复杂的政治利益冲突。这进一步说明了领土主权争端问题并不是阻碍合作的必然因素。即使在存在海域划界问题的情况下，海洋功能性领域的合作同样能够实现，甚至能够构建相关问题领域的正式合作机制。总之，不管是从理论上还是在实践中，都证明了，即使国家之间存在海洋权属争议问题，只要还存在共同利益，就能以此为基础促进合作。在南海地区，即使在某些海洋问题领域国家之间存在共同利益，依然无法开展合作或者推进合作的深入，还有一个很重要的原因是，国家之间政治互信不足，国家之间信任的缺乏使相关声索国在领土主权问题上愈加敏感。因而，增进互信、凝聚共识、构建休戚与共的南海命运共同体是打开"搁置争议、共同开发"大门的关键一环。在存在主权争议问题的前提下，中国与东盟国家构建相关海洋领域合作及合作机制不是不可能，只是任重而道远。

　　总的来说，海洋权属争议问题的长期无法解决是客观存在的事实，但非传统安全领域问题和对海洋资源的开发利用并不会由此消失或停滞。这反倒从一个侧面促进了合作的展开。从某种意义上说，争议和差别的存在才能使合作变得更加必要，矛盾虽会影响合作但不会将合作拒之门外。

（三）地区认同层面：增强合作互信与共识

中国与部分东盟国家之间在岛礁主权归属和海域划界问题上所存在的尖锐矛盾长期无法得到有效解决，以及由此引起的海上对峙事件和海上纠纷与摩擦时有发生，再加上中国的崛起使南海周边其他国家感到不安，这一系列历史与现实等多方面因素，导致中国与东盟国家之间互信赤字问题的长期存在。互信是合作的前提，是中国—东盟国家南海区域合作机制创设并切实有效推进的基础。因而，增强合作互信与共识是推进中国—东盟国家南海区域合作机制构建的重要一环。

从宏观层面来看，中国与东盟应继续强化在政治、经济、文化、安全等方面的合作与交流，以进一步增强战略互信。在政治上，加强中国与东盟国家之间的高层战略对话与政策沟通。在中国与东盟建立对话关系的下一个 30 年里，中国应继续坚持与邻为善、以邻为伴和睦邻、安邻、富邻的睦邻友好外交政策，坚定支持和维护东盟在区域合作中所发挥的协调作用和中心地位。同时，以《中国—东盟战略伙伴关系 2030 年愿景》为指导，将中国与东盟国家的发展战略通过中国与东盟已经搭建的多重战略对话平台与协商机制进行对接，加深中国与东盟之间的战略伙伴关系，打造更为紧密的命运共同体，促进中国与东盟国家共同发展。经济上，在已经顺利实现的中国—东盟自贸区"升级版"和已签署的《区域全面经济伙伴关系协定》（RCEP）的指导下，深化中国与东盟之间的互利合作，在多个经济领域打造新的合作增长点，共同推进区域经济一体化。同时，持续推进中国"一带一路"倡议与东盟及东盟国家相关发展规划与战略的有效对接，加强基础设施互联互通和经贸等多领域合作，以及一系列重大合作项目的推进，使中国与东盟国家在经济层面取得的合作成果实现"外溢"，带动其他领域的交流与合作。文化上，继续通过深化中国与东盟国家民众之间的人文交流合作来提升战略互信。在《中国—东盟文化合作行动计划》的指导下，发挥"中国—东盟文化部长会议""中国—东盟青年事务部长会议""中国—东盟教育交流周"等创新性机制的作用，不断促进中国与东盟国家之间在教育、青年、媒体、智库等领域的友好交流与合作。安全上，进一步增进中国与东盟之间的军事互信，完善多边安全对话机制，尤其是在共同面临的来自非传统安全领域的现实而严峻的挑战上，中国与东盟应持续加强合作。例如，面对新冠疫情，中国与东盟通过构建新冠防控合作长效机制加强抗疫合作。[①]同时，通过向东盟国家提供新冠疫苗等方式，中国不断加大对东盟的抗疫支持，在共同抗击疫情的合作中双方之间的关系也得到了升华。

从微观层面来看，具体到相关南海区域合作机制的构建，中国与东盟国家应该在《公约》和"海洋命运共同体"理念的基础上寻求区域海洋合作的最大利益公约数，增强合作互信与利益共识，同时，利用现已构建的相关合作机制平台来加强合作，增进互信，并继续推进"准则"磋商，寻求以规则治理南海，将南海建设成和平、友谊与合作之海。首先，《公约》提出了各争端方应选择任何和平方法解决争端的一般规定，以及对海洋区域合作义务的规定，而"海洋命运共同体"理念也涵盖了以平等协商方式处理争议和分歧及推进互利共赢合作的思想内涵。这不仅有助于南海争端方之间形成以和平方式解决争端的共识，也可通过加强海洋合作来增进互信。其次，作为全球海洋治理的新方案，"海洋命运共同体"理念不仅能协调国家之间的不同海洋利益诉求，还有助于培育中国与东盟国家在一些具体海洋问题领域的利益共同体意识。例如，倡导推进共商、共建、共享的互利共赢合作，意在推进海洋区域合作中兼顾各方利益和关

---

① 中国—东盟携手共建新冠疫情防控合作长效机制，中国新闻网，2020年11月24日，https://www.chinanews.com/gn/2020/11-24/9346538.shtml。

切,并共享合作带来的红利,以及相关合作机制构建提供的公共产品,有助于各方在相关问题领域合作中寻求最大利益公约数;倡导共同承担海洋治理的国际责任及致力于实现人海和谐共生,传达出了舍小利而求大同的情怀,即在面对海洋问题时,不能只以自身利益为重,尤其不能以损害整体利益为代价来获得自身利益。这有助于南海周边国家在一些海洋问题领域形成共同利益,减少一些国家为追求自身国家利益逃避责任和"搭便车"的行为。最后,推进现已构建的中国—东盟国家南海双边、多边合作机制的全面落实,积极推动并早日达成对"准则"的谈判,不仅有助于加强南海各方在海洋领域的合作,增强在南海具体问题领域的共识,也有助于共同维护南海地区和平稳定。

(四)机制构建层面:以低敏感领域合作机制的构建作为重要突破口,以推进"准则"磋商作为合作机制建设的核心

对于南海岛礁主权争端和海域划界问题,中国与南海周边其他国家已经达成了以平等协商等和平方式进行解决的共识。但鉴于南海主权争端兼具法律性与政治性,再加上以美国为首域外国家的介入,使得南海问题愈益尖锐和复杂化。因而,南海争端在短期内很难得到解决,甚至在其他与之联系密切的海洋问题领域上开展合作也比较困难。不过与岛礁主权、海域划界和争议海域资源开发等高敏感领域问题相比,海洋环境保护、海上搜救、海洋科研等海洋问题敏感程度较低,且具有巨大的合作空间,因而在南海争端解决之前,加强低敏感领域问题的合作,以及推进相关合作机制的建设可谓南海争端困局及中国与东盟国家南海区域合作机制构建和发展的重要突破口。同时,对于正在推进中的"准则"磋商,虽无法解决南海主权争端问题,但作为朝着具有约束力方向发展的危机管控机制,"准则"的达成有助于推动南海地区走向良序。因此,就目前来说,应该将推进"准则"磋商作为中国—东盟国家南海区域合作机制构建和发展的核心。

1. 以低敏感领域合作机制的构建作为重要突破口

以低敏感领域合作及相关合作机制的构建，作为创设和推进中国—东盟国家南海区域合作机制的重要突破口具有必要性和现实可操作性。一方面，当前南海在海洋环境、海上跨国犯罪、海上搜救等领域面临严峻的挑战，同时又由于这些问题领域政治敏锐性比较低，南海沿岸国之间存在能够开展合作的共同利益。另一方面，中越于 2011 年签署的《关于指导解决中越海上问题基本原则协议》中，指出应本着先易后难的精神，积极开展海上低敏感领域合作，将其作为最终解决南海争端问题的先行措施。[①] 此后，两国政府还专门成立了低敏感领域合作专家工作组。这就说明，先摘取低敏感领域的低垂果实进而循序渐进地促进海上问题的解决是官方政府所认可并以此践行的。同时，近几年不少国内学者也就南海低敏感领域的合作内容，以及相关机制建设现状和构建前景等问题展开了具体研究，[②]进一步说明了以南海低敏感领域合作作为开启和推进南海区域合作之匙还具有学理意义。

那么应该从哪些南海低敏感领域切入呢？我认为首先应满足三方面条件才能促使相关领域合作的实现和推进：其一，该问题领域必须是南海周边国家都优先关注的；其二，中国及其他相关南海国家都具有合作应对该问题的意愿和能力；其三，中国与南海周边其他国家就该领域的合作已经有一定的基础。以此为基础，同时根据《公约》第 123 条对闭海和半闭海沿岸国家开展合作的领域的规定，以及《宣言》第 6 条提出的中国与东盟国家可探讨或开展合作的领域，可以以海洋环境保护、海上搜救，及海洋科研等南海各方共识度较高

---

① 中越签署指导两国解决海上问题基本原则协议（全文），中国新闻网，2011 年 10 月 12 日,https://www.chinanews.com/gn/2011/10-12/3382401.shtml。

② 可参见王秀卫：《南海低敏感领域合作机制初探》,《河南财经政法大学学报》,2013 年第 3 期；张颖：《半闭海制度对南海低敏感领域合作的启示》,《学术论坛》,2016 年第 6 期；李光春：《南海低敏感纠纷解决机制构建研究》,《大连海事大学学报（社会科学版）》,2016 年第 6 期；王秀卫：《区域海洋环境合作对南海低敏感领域合作的借鉴与启示》,《中国海洋大学学报》,2019 年第 1 期。

且已取得初步成果的低敏感领域为抓手，作为构建和推进相关南海区域合作机制的重要突破口。对于中国与东盟国家在海洋环境保护、海上搜救及海洋科研等领域合作开展的现状（本书第二章已经进行了阐释），相较于其他问题领域，中国与东盟国家在这几个问题领域的合作上成果较多，但也多是以"谅解备忘录""议定书""协议"等形式建立了双边非正式合作机制，相关区域性的合作机制长期缺位。这一惨淡的现实值得主张积极推进中国与东盟国家在这几个领域的区域合作，尤其是提出机制化建设建议的学者深思。事实上，"领导者"缺位、共同利益易受具体问题领域国家利益和国家实力差距裹挟，以及缺少地区认同等因素决定了南海沿岸国家之间就这些低敏感问题领域的机制化建设在短期内也是不可能的，甚至实质性意义上的合作都很难进行。因此，基于这一现状，在推进海洋环境保护、海上搜救、海洋科研等领域合作机制的构建和发展上，我们应本着务实的态度，在现有的合作基础上逐渐实现突破。

第一，在南海环境保护合作机制的构建上，中国与东盟国家在2002年签署的《宣言》中便表达了开展南海环境保护的决心和意愿。同时，近几年落实《宣言》高官会和联合工作组会议也积极探讨建立相关技术委员会，以及推进相关机制的建立，但至今尚未形成南海环境保护的区域性合作机制，相关的机制化建设远未开启。因此，就当前来看，建设专门性的南海环境保护非正式合作机制比较具有现实可行性和可操作性，同时也是必要的。南海被多个国家所包围，同时又是重要的海上运输通道，不可避免地承载了较多的陆源和船舶污染。再加上周边国家为追求经济的高速发展，对海洋油气、渔业资源等的过度开发或开采，以及其他人类活动导致的海洋生物栖息地的恶化甚至丧失，都在严重损害着南海海洋生态环境，并且还会反过来影响南海沿岸国家的经济和社会发展。因而，在南海开展区域性海洋环境保护合作十分有必要。同时，由于南海海域的流动性和整体性，再加上相关声索国所主张的专属经济区和大陆架相互重叠且基本覆盖了整个南海，相较于制定双边的环境保护协议，区域性的多边海洋环境保护合作机制更具有优势。但是基于南海沿岸国家之间经济社会发展程度各异，且在一些国家的国内政策中，相较于环境保护，发展经济才是其首要目标，因而应首先注重国家观念与海洋环境保护这一共同利益的整合，这一过程将是艰难的也是长期的，这也是相关正式合作机制至今无法建立的主要原因。不过，相较之下，推动南海周边国家之间构建该领域非正式合作机制更容易实现，且对于目前的南海生态环境现状同样意义重大。具体来说，首先，由于陆源污染对半封闭海区海洋环境影响最大，且相较于其他污染因素，沿岸国家的国内立法也更为重视陆源污染，可以探讨在农药、化肥、塑料制品，尤其是有毒化学品等方面的控制使用上开展合作，在协调各方有关国内立法的基础上，签署一个关于减少陆源污染的海洋环境保护合作谅解备忘录。其次，在保护珊瑚礁等海洋生态环境方面，多数沿岸国家对此不够重视，相关的国内立法也比较薄弱，中国近年来在海洋生态环境的保护上采取了积极行动——例如于 2017 年 1 月 1 日生效的《海南省珊瑚礁和砗磲保护规定》，有助于对珊瑚礁和砗磲的保护及改善南沙岛礁生态环境。未来，可由中国牵头，以此为基础，与南海周边其他国家共同制订关于保护珊瑚礁的海洋生态环境战略行动计划。[①] 最后，南海沿岸国之间应协同建立海洋保护区，当前多数国家设立的海洋保护区并未涉及争议海域，且多数未得到有效管理，但南海地区环境保护利益具有整体性，单方面划设海洋保护区不利于区域海洋环境保护合作。此外，构建海洋环境保护机制的过程中，也应该注重加强与东盟、联合国环境计划署等区域和国际组织的合作，尤其是由联合国环境计划署和全球环境基金（GEF）牵头组织的相关南海环境保护项目。

第二，在南海海上搜救合作机制和海洋科研合作机制的构建上，尽管《宣言》第 6 条同样提出，要加强中国与东盟国家在这两个领域的合作，但相关的区域合作机制仍未建立，实质性合作的推进困

[①]　祁怀高：《构建南海非传统安全多边合作整体架构研究》，《国际安全研究》，2020 年第 6 期，第 151 页。

难重重。针对不同领域存在的问题，以问题解决为导向进而推进合作，构建相关合作机制才是现实之路。对于南海海上搜救合作机制的建设，相关国家之间主要因海难事故对本国国家利益的威胁程度不同，再加上国家之间搜救实力的差异，导致南海诸国在海上搜救的精诚合作很难实现。由于在南海发生的海难事故中，同南海其他沿岸国家相比，与中国有直接联系的事故数最多，显然，在南海海上搜救合作中，中国应该以负责任地区大国的姿态挑起重担：一方面，中国应加强自身海上搜救能力建设，尤其是注重提升远海水域搜救力量。同时，为便于对已发生海难事故案例的查询并利用其参考价值，中国也应加快研发海难事故数据库。另一方面，中国须牵头与其他在南海发生海难事故数相对较多的南海周边国家之间开展合作，寻求共同建立低层次的海上搜救合作机制。对于南海海洋科研合作机制的建设，中国与印尼、越南、马来西亚、泰国等东南亚国家之间都签订了关于海洋科研的双边合作协定，同时与印尼还共同启动了多个科研合作项目，但这些双边合作机制并未对具体的合作海域进行明确，且合作层次比较低，尚不具有约束力，也未形成海洋科研的多边合作机制，导致合作协定仅停留在原则性、框架性层面而无法有效推进，海洋科研合作项目也经常出现停滞的情况。基于此，未来双边或多边海洋科研合作机制的构建中，应首先明确适用的海域范围，因为《公约》规定要以海域制度规范来开展海洋科研合作。但南海涉及争议海域比较广，要在"搁置争议"的前提下划定合作海域也并非易事。因而，要促成相关协定的达成，最后很可能依然会对海域范围进行模糊化处理。在这种情况下，正式性的双边或多边海洋科研合作机制很难构建。因此，中国—东盟国家南海海洋科研合作机制的创设应继续围绕已建立的相关双边合作协定、研讨会、联委会及确定的合作项目展开，并以此为基础加强双边海洋科研合作并推进相应合作机制建设。

此外，谈及南海渔业合作问题，一般都会将其归于高敏感领域。正是基于此，在《宣言》中并未将其列为各方可探讨或合作的领域。

但其实不能笼统地看待这一问题：渔业执法、渔业生产、渔民生命财产安全等具有高政治和安全敏感性，而渔业资源管理和养护，从短期来看并不具有高政治敏锐性，同样可以作为中国与东盟国家积极开展合作的低敏感问题领域。鉴于当前中国与东盟国家的南海渔业合作方式采用的是双边合作模式，该模式虽无法做到对具有共享性和移动性特征的鱼类资源进行统筹管理，但具有灵活性，既能顾及双方的具体国情和资源情况，也能对出现的问题做到及时有效的沟通。因而，中国与东盟国家在渔业资源管理和养护的合作上，可以继续采用双边渔业协定的合作模式，在已有的合作机制上推进。同时，面对南海沿岸国家对渔业资源过度捕捞导致的渔业资源枯竭，中国与南海周边其他国家可探讨设立季节性"休渔期"来共同保护渔业资源。

　　总的来说，在中国—东盟国家南海区域，合作机制构建面临诸多影响变量，尤其是南海争端解决机制在短时间内很难形成的背景下，以南海低敏感领域合作机制建设作为突破口具有必要性和现实意义。但需要注意的是，相关合作应在已有合作机制上稳步推进，在整体制度化水平比较低的情况下切勿枉谈机制化建设。尽管是低敏感问题领域，但其根源依然触及领土主权和海域划界问题，尤其是当双边尤其是多边合作机制的构建需要确定机制适用海域时。因此，可以说，中国—东盟国家南海区域合作机制建设和发展道阻且长。

2. 以推进"准则"磋商作为合作机制建设的核心

　　鉴于南海有关争端问题的彻底解决在短期内很难实现，因此，推动构建基于规则和制度的南海地区安全秩序符合当前南海地区形势需求和南海各方长远的利益诉求。当前中国与东盟国家正在磋商中的"准则"是朝着正式机制方向迈进的，不仅事关南海各方开展合作的可持续性，也是构建未来南海地区安全秩序的基础。因而，中国与东盟国家应该将"准则"的制定作为推进相关南海区域合作机制构建的核心，积极推动"准则"磋商。当前"准则"磋商处于对单一磋商文本草案的第二轮审读阶段，已经进入实质性磋商的深水区，掩藏于中国与东盟国家将"准则"打造为地区规范性机制这一共同利益之下的触及各相关国家利益的一系列重大争议问题开始浮现。但就"准则"已经取得的阶段性成果来看，"准则"越来越呈现从非正式机制走向正式机制的趋势。未来"准则"达成的文本较《宣言》将会有不小的突破。不过，在当前，受新冠疫情影响"准则"被迫叫停，以及不排除未来南海局势发展可能陷入动荡的情况下，"准则"的达成之路依然不平坦。

（1）"准则"案文磋商的争议焦点问题及解决方案建议

目前，"准则"单一磋商文本草案处于三轮审读中的第二轮，将不可避免地面临一系列具体条款的细节性磋商，触及更多敏感问题，进入时间紧、任务重的爬陡坡过深坎阶段。

第一，"准则"的法律性质问题

"准则"是否应该具有约束力，以及应该具有何种程度的约束力，不仅是第一轮"准则"谈判的核心问题，也将贯穿第二轮"准则"的磋商进程（甚至在各方的渲染下），成为区分"准则"与《宣言》的"关键"。在第一轮"准则"谈判期间，东盟以法律约束声索国行为的意愿十分强烈，突出表现在1999—2001年的主席声明中，希望与中国签署有约束力的"准则"，而中国在"准则"性质问题上态度比较审慎，最终因各国的目标差异过大，才退而求其次签署约束力较弱的《宣言》，为后续"准则"谈判做准备。就《宣言》的性质而言，其仅是一份政治性文件，不同于国际条约和国际习惯等硬法。《宣言》这种不具有直接法律约束力的软法，其执行力主要依靠各国所谓"君子"精神和善意履行。纵观《宣言》签署之后的十几年间，南海地区国家之间的海上合作尽管取得不错的进展，但军事挑衅、侵占岛礁及抢夺资源等事件频繁出现，表明《宣言》并未能维护南海地区的和平与稳定，这与其不具法律约束力的性质有很大的关系。而当前正在进行的第二轮"准则"的磋商同样面临着准则是否应具有法律约束力的问题，并且至今还没有达成共识。

从东盟的视角看，其依然希望"准则"具有法律约束力；作为南海争端方的越南和菲律宾，也刻意要求制定具有法律约束力的"准则"文件，认为没有约束力的"准则"与《宣言》无异，希望借此来牵制中国在南海的维权行动，突出东盟在争端解决中的关键作用，并且获得相当程度的安全感和确定感，甚至成为使其在南海既得利益合法化的"护身符"；中国在该问题上持开放的态度，中国外交部部长王毅曾在东盟外长会议上表示，"准则"是否具有约束力，将视东盟十国与中国的讨论而定。①

诚然，有法律约束力的"准则"将明确各缔约国之间的权利义务关系，不仅有助于规范各方行为，更能预防海上冲突进而维护南海和平稳定。但是，并不是达成一个有法律约束力的"准则"就万事大吉了，维护地区和平也需要各方的真诚意愿，以及对约束力的程度、监督机构和违反"准则"的处理方式等因素进行综合考量。根据部分东南亚国家过往的实践，即使拥有具有法律约束力的"准则"，也不能完全保证它们会绝对遵守和执行，采取单边措施的行动仍可能发生。因此，即使最终要签署具有法律约束力的"准则"，也不可在当下直接对"准则"定性：一方面，无法保证部分东盟国家对"准则"的严格遵守和落实；另一方面，倘若对"准则"条款的约束力过强，会影响中国在南海海域合理正常的活动，束缚中国的手脚，进而使我方在谈判中陷入被动。鉴于此，对"准则"法律性质问题的协商需等待时机，视中国与东盟国家的磋商进程来一致决定。同时，中国应该权衡各方面利弊做出战略性判断以维护中国利益。

第二，关于"保持自我克制"的问题

《宣言》第5条及"准则"框架文本中都提及了"保持自我克制"，但表述过于简单，并没有列出哪些方面的行为需要南海各方保持自

---

① 东盟外长会议通过"南海行为准则框架"越南对南海提出不同声音？王毅回应，观察者网，2017年8月7日，https://www.guancha.cn/Neighbors/2017_08_07_421695.shtml。

我克制。因而，这就为一些别有用心的声索国采取加剧南海局势紧张的行动提供了空间。为避免这一规定的模糊不清导致非法行动的产生，需要中国与东盟国家在"准则"磋商过程中，明确在有争议海域哪些单边活动是被允许或禁止的，以及各方应该在哪些领域积极开展合作，履行合作义务。

首先，关于在争议地区禁止和允许的活动的详细规定，可以被认为是预防冲突的措施。因而，有必要尽可能长地列出在争议地区的"负面清单"和"正面清单"。同时，由于在争议区域内所有禁止实施和可以实施的国家行为无法被详细列出，在未来的"准则"磋商中应明确一个基准，各国可据此明确某一特定行为是否使南海局势复杂化和扩大化。对于岛礁建设问题，各方存在明显争议，从根本上来说其是领土主权问题，拥有主权的国家有权开展岛礁建设的行为，岛礁建设不仅符合国际法也没有被《宣言》所禁止。但这并不意味着在岛礁建设过程中，国家可以滥用权利损害别国利益。对于从根本上改变岛礁法律地位、居住能力和大小，以将属于人类共同利益的公海变为私有为目的的行为应该被禁止，而根据《宣言》采取的日常维护行为则是被允许的。例如，对于中国的岛礁建设行为，中方多次介绍其旨在改善驻岛人员的工作和生活条件的目的和用途等情况，不仅符合严格的环保要求和标准，也有助于中国更好地维护南海地区的航行安全及履行国际规则和义务，因而，在"准则"磋商中应该肯定岛礁建设的合法性，同时明确哪些类型的岛礁建设应该被禁止。

其次，关于合作活动的规定可以被认为是建立信任的措施。事实上，《宣言》确实以非详尽无遗的方式设想了一些各方应予以合作的活动。然而，当《宣言》本身规定双边和多边合作的方式、范围和地点应在实际执行之前由有关各方商定时，该条款就成为缺乏适用范围的牺牲品。[①] 同《宣言》一样，"准则"应继续强调合作的

---

① Nguyen Dang Thang-Nguyen Thi Thang Ha, "the Code of Conduct in the south China sea:the intenational law Perspective," *The South China Sea Reader*,5-6 July,2011,p.244.

必要性，加强各方在非传统安全领域的合作，但应明确相关内容要求，如与海洋经济相关的合作应排除域外国家；对于东盟国家与域外国家开展的联合军演活动，中国也应该拥有否决权。同时，"准则"的缔约国亦须考虑南海的特殊性质，以及它们根据《公约》所应承担的相应义务，例如基于南海有价值的鱼类种群高度洄游这一生物背景。根据《公约》第63条第1款，当边界确定时，沿海国应该开展包含生物资源管理、环境保护、海洋科学研究等在内的合作。

第三，"准则"适用海域问题

由于就地理范围的分歧无法达成一致，最终签署的《宣言》文本没有明确界定其所覆盖的地理范围，仅以"南海"这一笼统措辞代替。而当前"准则"的谈判过程中，同样面临适用海域问题。2017年通过的"准则"框架并没有提及"准则"的适用海域问题，表明各方并未达成一致意见，因此避而不谈。2019年1月，越南泄露的"准则"谈判文本草案内容被证实各方已就地理范围进行磋商，但由于"准则"单一磋商文本草案尚未公布，因此无法获悉相关当事方是否已在该问题上取得成果。鉴于该议题涉及主权和海洋权益，各相关当事方之间要达成有价值的共识十分艰难，但要达成"准则"，不管其最终是否采取有法律约束力的条约形式，适用海域问题都无法回避。明确"准则"的适用范围更有利于中国与东盟国家将"准则"案文磋商谈判推向深入。

具体而言，从维护中国主权立场来说，一方面，基于南海地区存在诸多无争议海域，应反对将"准则"适用海域范围规定为"整个地理意义上的南海"；另一方面，鉴于"准则"将会建立一个危机管控机制，且相关的海上纠纷和摩擦多发生在南海争端所集中的南沙群岛及其附近海域，那么"准则"的适用海域范围可以限定在南沙群岛的争议地区，且有关各方可以不去追究"南沙争议地区"的具体范围，并且不对具体的地理坐标进行明确的规定，这样更能为各国所接受。

第四，南海航行自由问题

近些年，尤其是自2009年南海争端升温以来，以美国为首的域外大国和东南亚一些国家频频指责中国妨碍南海航行自由。尽管中国一再声明，南海的航行自由不存在任何问题，也无法消除它们对中国的南海政策和海洋发展战略的疑虑。实际上，南海航行自由之所以成为一个问题，主要基于三方面原因。首先，南海周边国家严重依赖海上交通与贸易，是南海航行自由的利益攸关方。例如，越南和菲律宾两国海洋经济占其国内生产总值的比重较大，海洋经济产业已经成为它们的核心利益，因而十分关切南海的航行自由和航道安全。同时，两国都在南海拥有较多的侵占利益，作为南海争端的当事国，与中国在南海争端上的矛盾也较为突出，为了制衡中国，多次在南海航行自由问题上做文章，并引入域外势力，从中渔利。其次，以美国为主导的域外大国基于多种战略目的，多次抛出南海航行自由问题，并借机制造和炒作南海航行自由受到冲击的假象。对美国来说，以南海航行自由为借口插手南海事务，主要是因为，南海海域的自由和安全航行不仅关乎美国的能源、经济和军事安全，更是为了维持其地区安全秩序主导者的角色，为了延缓中国的崛起、牵制中国。最后，中国对于断续线从未做出明确的声明，在无形中增加了东南亚国家和域外国家对南海航行自由的忧虑。出于多种原因，中国对断续线的性质和地位采取"模糊战略"，却在一定程度上导致东盟国家和美国等域外国家普遍担心中国未来会根据不同的利益和需要来确定断续线的内涵，进而影响南海航行自由。

《宣言》第 3 条规定："各方重申尊重并承诺……在南海的航行及飞越自由"，"准则"框架文本中也规定"确保海上安全和航行飞越自由"。[①] 相较于"尊重"，"确保"具有更强的约束力，体现了各方对南海争议可能危及南海航行自由问题的担忧。同时，由于《公约》对外国船舶在专属经济区的军事航行没有限制，对于外国军舰进入沿海国领海是否需要事先批准也未明确予以规定，进而导致各国在实际解释和操作上，对"航行自由"存在较大的灵活性

---

① Ian Storey, "Assessing the ASEAN-China Framework for the Code of Conduct for the South China Sea," *ISEAS Perspective*, No.62,2017,p.4.

和随意性。因而，从维护发展中国家的海洋权益出发，在"准则"磋商进程中有必要就此问题进行沟通，达成共识，进而充实航行自由这一骨架。

在专属经济区军事航行问题上，《公约》没有限制也没有禁止沿海国对军事航行进行规制，因而作为区域性多边协定的"准则"可以在各缔约国的协商下明确区分航行自由活动，并在此基础上加以合理限制。对于打着"航行自由"旗号，行危害沿岸国国防利益的军事航行应该被禁止；对于出于正常航行需要且符合"和平利用海洋"和国际法宗旨的航行自由则应该加以肯定和保障。[①]在领海的无害通过问题上，《公约》做出了一般性规定，沿海国不能阻碍外国船舶所开展的不损害沿海国和平、安全或良好秩序的无害通过行为，而对于外国军舰进入领海是否需要事先批准这一问题，《公约》没有予以规定，且中国与东盟国家在此问题上也存在争议，因而在"准则"磋商进程中应协调各方立场，坚持相互尊重各国法律和规章的底线。《公约》尽管没有明文确认这一权利，但沿海国做出"事先批准"的要求并不违反国际法。在"准则"谈判过程中，中国应与东盟国家就此问题展开积极沟通，尊重别国设置的对军舰通过领海进行管制的法律和规章，同时也要旗帜鲜明地提出中国政府对于外国军舰通过我国领海应实施"事先批准"的立场，并要求他国同样尊重我国的法律规章。

第五，监督机制问题

由于在通常情况下，条约的履行主要依靠成员国的自觉，为了防止成员国违反甚至破坏条约的情况发生，保证条约能够得到有效遵守和履行，国际社会逐渐形成了各种"条约监督机制"。这不仅能够实现检查和监视当事国所承担的国际义务，并鼓励和监督各当事国履行其义务，同时其完善与否还直接影响一个条约所制定的规则的遵守和履行情况。《宣言》的一个主要缺陷便是缺少监督机制，

---

① 宝淇：《中国与东盟国家磋商制定"南海行为准则"所涉重大争议条款研究》，华东政法大学 2018 年硕士论文，第 30 页。

进而影响到其执行效力。"准则"框架文本中虽提出"监督实施的必要机制",但对于一个成员国指控另一个成员国违反规则的执法措施和仲裁机制却只字未提。而缺少执行措施和仲裁机制将会削弱最终签署的"准则"的效力。因此,为保证各缔约主体对"准则"的有效履行,"准则"应考虑建立监督机制,并对其进行清晰全面的规定:一方面,要明确监督机制的范围,将其与争端解决机制所调整的问题区分开来,设立监督机制不是为了解决争端,而是监管各缔约国对"准则"的履行情况;另一方面,要明确以何种监督机制来约束成员国遵守"准则",探讨监督机制的方式,进而确定负责监督"准则"实施的机构及监督的内容。条约监督机制的方式大致包括"核查机制""定期报告和审查机制""国际机构监督机制"三种,其中,国际机构监督机制①比较适用于"准则"——"准则"可以尝试依此方式制订南海各方都能接受且合理的方案。例如,可以建立部长级调查或质询机制,作为一个独立的制度安排,其旨在保证成员国对"准则"的遵守。同时,客观中立地对争端事实进行调查分析,并在此基础上帮助消除争端方之间的误会,避免争端升级,而对于违反"准则"的成员国,监督机制中也应该包含一些强制执行措施。

第六,争端解决机制的设置问题

在是否需要在"准则"中设立争端解决机制这一问题上,中国一贯主张南海相关争议应通过友好协商和谈判来解决,因而中国的态度一直较为审慎。事实上,在第一轮"准则"磋商期间,相关各方在该问题上并未产生争议,但自2011年东盟再度倡导推动"准则"磋商以来,部分东盟国家便提出在"准则"中设置一项争端解决机制的诉求并进行了相关讨论。菲律宾于2012年提出的相关南海行为准则草案,要求以《公约》下的争端解决机制来解决南海相关争端,意在将其就南海问题诉诸国际仲裁的行为合法化。这不仅无法有效

---

① 国际机构监督机制是指通过相关的国际机构或依条约建立的机构来监督条约内各成员国的履约情况,并对其进行监管以保证条约执行的机制。

解决争议问题，还使得南海局势愈加复杂化。东盟内部通过的《建议要素》及印尼提出的《零号草案》都指出，通过《东南亚友好合作条约》设立的东盟高级理事会，以及包括《公约》在内的国际法规定下的争端解决机制来解决争端，寻求以包括《公约》在内的国际法下的争端解决机制意味着，声索国可以通过提交仲裁或诉讼来解决南海争端。这显然与中国一贯坚持的通过外交方式并非诉诸第三方机构解决南海争端相违背。而由于东盟高级理事会是东盟创设的，同时该高级理事会在争端解决上有效性不足，更多地只能发挥调节作用，再加上美国等域外国家也加入了该条约，因而，其并不适用于解决南海争端问题。"准则"框架中并未对设置争端解决机制进行规定，只是规定预防冲突事件、在冲突事件发生时予以管控，以及寻求通过建立"热线"来预防冲突事件等。但根据越南披露的"准则"文本内容，中国与东盟国家已就争端解决进行了探讨，对于解决争端的提案涵盖使用和解、调解和建立高级委员会等。[①]这意味着未来达成的"准则"很可能会设置争端解决机制，但可以确定的是其不会适用于解决南海争端，但可以考虑将低敏感领域纠纷纳入"准则"争端解决机制中。

（2）"准则"磋商前景

对于"准则"最终可能形成的文本，有国外学者分析，将会有中国与东盟国家签署理想化的具有约束力的法律协议、在中国牵头放弃部分领土主权且其他相关国家效仿的情况下达成可能解决部分海洋争议问题的协议、有约束力的"准则"在经过长时间的磋商后具象化三种主要走向。[②]就当前"准则"磋商所面临的诸多变量的影响及一系列重大争议问题来看，达成理想化的有约束力的法律协议不太现实；

---

① 越南泄露南海谈判内容 对华提出 5 项要求,中国如何反制？ 2019 年 1 月 11 日,凤凰网,https://mil.ifeng.com/c/7jNYnBOxBoP。

② Rahul Mishra, "Code of Conduct in the South China Sea:More Discord than Accord," *Maritime Affairs:Journal of the National Maritime Foundation of India*,2018,pp.10-11. 转引自王玫黎、李煜婕：《"南海行为准则"谈判主要争议问题研究》,《国际论坛》,2019 年第 5 期,第 115 页。

而就"准则"的定位来看,各方已达成了其为南海危机管控机制的共识,故最终达成的"准则"不可能解决南海主权归属问题;各方经过长时间的谈判后达成有约束力的"准则"似乎最为可行。

事实上,自 2013 年中国与东盟国家正式重启"准则"磋商以来,"准则"的确越来越呈现出朝向正式机制迈进的趋势,主要从"准则"框架内容中体现出来:一方面,"准则"框架提出"建立以规则为基础的框架"的目标,同时在最终条款中提出"监督实施的必要机制""'准则'的修改""性质"等内容。虽没有言明"准则"是否具有约束力,却留下了诸多可能性。另一方面,"准则"框架除同《宣言》所涵盖的条款一样,指出各方应以包括《公约》在内的公认的国际法原则作为处理国家间关系的基本准则外,还倡导根据国际法履行"准则"目标和原则。显然,在"准则"中,包括《公约》在内的国际法的分量有所上升。

此外,从"准则"框架文件以及越南所披露的"准则"文本内容来看,"准则"磋商的确取得了不小的突破。"准则"框架文件中所涵盖的"建立以规则为基础的框架""预防冲突,在冲突事件发生时予以管控""确保海上安全和航行自由""通过建立'热线'来预防冲突事件""监督实施的必要机制"等内容相较《宣言》取得了不小的进展。同时,越南披露的"准则"文本,在中国与东盟国家非传统安全领域的合作、建立互信措施及争端解决上也都取得了部分成果。[①]但是,我们也应该看到,这些取得的进展多数可能只是象征性的,如"准则"框架文本,仅包含一些简单的描述性内容,并没有给出精细化的规定,最终达成的"准则"文本如何还要看各方的具体磋商。

总的来说,"准则"磋商取得了一系列阶段性成果,离不开中国与东盟国家在探索以规则治理南海上形成的共同利益、作为地区负责任大国中国的积极参与和推动,以及南海各方在《宣言》及其

---

① 越南泄露南海谈判内容 对华提出 5 项要求,中国如何反制? 2019 年 1 月 11 日,凤凰网,https://mil.ifeng.com/c/7jNYnBOxBoP。

他已建立的相关合作机制下海上合作的不断推进，也得益于当前内外部环境为"准则"磋商提供了一个良好的氛围。但一些变量也会轻易改变，部分声索国可能利用"准则"达成前的"窗口期"加快推进海上单边行动，实现既得利益的最大化；以美国为首的域外国家出于战略利益和商业诉求，很可能会利用各种渠道对"准则"案文磋商施加影响。因而，不能排除南海局势发展陷入动荡的可能性，"准则"磋商被迫叫停，"准则"的达成之路或将面临难以预料的困难，依然道阻且长。

三、中国推进中国—东盟国家南海区域合作机制构建的对策性思考

作为南海争端当事方、南海区域综合国力最强的国家，以及地区性和全球负责任的大国，在南海地区安全秩序中，中国所发挥的影响力和作用可以说是举足轻重的。但在当前中国与东盟国家所构建的南海区域合作机制中，中国的作用与其自身力量对比却并不相称。这一方面是由于，中国在对这些机制的参与中不够积极和主动，即尚未扮演好企业家型和智慧型"领导者"角色；另一方面，也是出于部分东盟国家对中国国力增长，尤其是在南海地区力量壮大的警惕和疑虑，进而在与中国共同构建相关合作机制中，除积极寻求区域组织东盟的支持，还极力拉拢以美国为首的域外国家介入南海事务以平衡中国。基于此，中国应积极作为并主动参与中国—东盟国家南海区域合作机制的建设，维护并巩固中国与东盟国家之间稳定的双边关系，同时，妥善应对域外国家的介入。

（一）积极作为并主动参与中国—东盟国家南海区域合作机制建设

第一，中国应继续坚定维护南海领土主权及海洋权益的立场和决心，加强对南海的有效占领及实际控制。同时，在国际法层面，

尽快明确南海断续线的法律性质和范围，并做好应对南海问题"司法化"的挑战。一方面，南海问题事关中国的领土主权完整、海洋权益，以及资源、经济和军事安全，中国必须坚持维权的底线不动摇，同时牢记战略重点并保持战略审慎。对于一些已经被中国控制的岛屿应加强固化占领，同时继续进行岛礁建设，完善相关基础设施，并提升对南海地区的管辖能力，加大军舰、渔政海警等的巡航力度，以各种合理合法的行动回击管辖海域内的挑衅行为，针对未来可能发生的各种南海危机，还应提升对管辖海域的预警和应急处理能力。另一方面，凭借各自的声索依据，各南海当事国都对南海海域有着不同程度的声索，且各国声索海域存在重叠。对于中国基于历史性权利对南海诸岛及其附近海域的声索（即南海断续线），中国政府尚未就此问题系统、明确地阐述立场，而围绕南海断续线内相关岛屿的主权归属及附近海域的划界问题，已然成为当前南海争端的核心。基于此，中国应明确断续线的法律性质和地理范围。对于南海断续线，从中国官方发布的相关文件来看，目前得出的共识性判断为，中国从未声称对南海全部海域拥有主权，9 条断续线只是划定岛屿所有权的线，并不是指传统意义上的海上边界。这可以从中国从未对印尼与马来西亚、印尼与越南之前在断续线内达成的海上边界提出抗议，以及未对文莱、马来西亚和印尼在断续线内南海东南部进行大规模的油气勘探开发活动提出抗议等事件体现出来。[①] 对于南海断续线的法律性质，中国学术界存在分歧，主要存在岛屿归属线说、海上疆域线说、历史性权利说和历史性海域说四种学说。这四种观点都认为，断续线内的岛、礁、滩、沙的主权属于中国，但在断续线内海域和线外海域的权属认识上有差别，在此问题上目前仍没有达成共识。基于此，中国应将断续线作为一个战略性议题，从多领域、多角度进行全方位研究，可先就其历史性权利向国际社会做出明示，进而明确断续线的法律性质和地理坐标等。此外，自 2009 年，特别

[①] Gao Zhigou, "The South China Sea: From Conflict to Cooperation," Ocean Development and International Law, Vol. 25, 1994, p. 346.

是菲律宾发起南海仲裁程序以来，南海问题的法律博弈更加严峻，司法化作为解决国际争端的一种方式越来越成为一种普遍趋势。面对南海问题司法化的挑战，中国需要积极运用国际法，通过阐释其法律依据，而不是仅靠诉诸历史来解释中国的南海主张。同时，面对南海部分声索国强制启动国际仲裁的行为，与其选择回避，不如积极参与其中，并在这一过程中全面系统地向国际社会展示中国诉求的事实及法律依据，一一击溃对中国政府南海立场的歪曲认知和谬误裁决，这不仅有助于体现中国负责任的大国形象及对国际法的重视，也有利于提升中国在国际法领域的话语权。

第二，积极表达愿意推动"准则"磋商的意愿，坚持原则，明确自身立场，确保"准则"内容对中国有利。一方面，中国应主动传达愿意同南海其他相关国家共同推动并争取早日达成"准则"的态度。尽管从某种程度上来说，低制度化水平的相关南海合作机制不仅能为中国维护海洋权益的行为留有余地，也有利于中国保持决策的主动性与灵活性，但其缺乏约束力、冲突管理效用有限，以及较难限制域外大国插手南海问题的行为等弊端也十分凸显。相比较而言，高制度化水平的南海区域合作机制虽然会使中国的行动自由受到一定限制，但其较严格的约束力、有效管控冲突，以及削弱域外国家对南海问题的影响力等优势，总体上更加符合中国在南海地区的整体利益。另一方面，在"准则"磋商中明确自身立场，并进行准确评估，划出自己的上限与下限。明确属于共识和分歧的议题，分析有分歧议题产生的原因和背景，并以此划分出哪些分歧可以有条件地做出妥协和让步，而哪些分歧应坚持立场不动摇。

第三，加大我国对南海问题的宣传引导力度，抢夺话语主导权。随着地缘政治格局的演变，南海问题越来越表现为对话语权的争夺。中国在南海的主权声索话语更多的是被动地迎击南海其他声索国及域外国家的话语挑战，一直未能主导话语权。中国南海话语权弱，除了南海部分声索国与域外大国的话语干预，以及南海周边国家与中国存在互信赤字等外部影响因素，中国自身海洋实力的相对不足，尤其是在南海问题和南海维权方面，中国较差的语言传播能力和国际形象宣传策略等内部因素更值得关注和反思。基于此，为使中国以历史依据和岛礁建设为主要脉络的南海维权努力不被怀疑和曲解，打压域外国家制造的中国"以大欺小"的不利舆论，释放中国和平解决争议的诚意，引导舆论向有利于中国的方向发展，进而增强我国在南海问题上的国际话语权，增加在"准则"磋商进程中的话语分量，中国应采取相应的对策：一方面，中国应当变"被动迎击"为"主动出击"，政府、学术界和媒体需要开展更为紧密的协同合作，理性、全面地进行信息传播，并注意传播的内容和形式，要能真正被南海周边国家民众所接受。同时，要提高对一些事件进行报道的透明度，不给境外媒体"断章取义""自由发挥"的空间；在"一带一路"倡议推动下，利用好"21世纪海上丝绸之路"这一平台，树立中国友好合作的形象。另一方面，中国应当变"自食其力"为"借力打力"，[1]借鉴国外媒体，尤其是西方发达国家媒体在运营理念、运作方法等方面的先进经验，开展与其的交流合作，主动介绍中国在南海的立场和主张，为它们提供充足的报道信源，引导它们公正客观地将我国对南海的大政方针传播出去，并借助外国媒体澄清一些对中国在南海问题上的错误认知。我们的媒体和学者也应该大胆走出去，媒体积极主动向国外报道中国的真实情况，鼓励学者在各类国际学术刊物发表关于南海问题各方面的文章，进而增进国外民众和学者对中国南海立场的理解。此外，具体到"准则"磋商，为避免被误解、误读和误判，中国也应主动协同相关国家利用各种渠道向国际社会介绍具体磋商情况及取得的一些阶段性成果。

第四，将落实"21世纪海上丝绸之路"建设和"海洋命运共同体"理念与中国—东盟国家南海区域合作机制建设相结合。自古以来，海道一直是中国和东南亚国家之间的桥梁。东盟为中国海上丝绸之路的必经之地，也是首要合作地区，南海也逐渐成为中国与东南亚

---

① 白续辉、陈惠珍：《美国海洋公共外交的兴起及其对南海问题的影响》，《太平洋学报》，2017年第4期，第20页。

国家互动十分密集的次区域。由中国与东盟国家协同合作推进的"21世纪海上丝绸之路"倡议和"准则"分别的侧重点尽管为经济建设和政治安全，但二者仍有较强的契合性。首先，"准则"的磋商和制定是以有关各方之间的信任为基础的，同时在这一过程中也有助于增强相互之间的政治安全互信，进而有助于管控南海局势。"21世纪海上丝绸之路"倡议的不断推进，势必会增强中国与其他南海周边国家之间的经济合作水平，密切的经济关系有助于增进相互之间的信任，甚至会提升相互之间的政治安全水平，进而有助于管控南海争端和分歧。其次，尽管"准则"主要强调安全问题，但这些安全问题也与各国的经济发展紧密相连。例如，《宣言》第6条包括开展一些海洋非传统安全合作的内容。这些合作领域的开展不仅需要一定的政治意愿，也需要经济实力作为后盾，因而也就要求未来落实"准则"的过程中开展经济合作。最后，由于"准则"的定位为危机管控机制，因而不涉及具有零和博弈性质的领土主权谈判，"准则"磋商进程是各相关方以加强合作并促进各国共同利益为目的开展的，具有正和博弈的性质；而中国与东盟国家合作推进"21世纪海上丝绸之路"其实也是一种建构公共产品的过程，东盟国家发展战略与中国海上丝绸之路的对接，不仅有助于发展经贸关系，也有利于加强港口基础设施建设、互联互通，以及海洋各领域等的合作，实现互利共赢。因此，在"21世纪海上丝绸之路"倡议和"准则"的推进和落实过程中，都强调包容开放和合作共赢的原则，两者是相互促进、相辅相成。在接下来"准则"的磋商过程中，作为"早期收获"项目，其可以加入"21世纪海上丝绸之路"建设的内容。这不仅有助于密切经济联系，也能增进相互之间的政治安全互信。此外，也应该将"海洋命运共同体"理念融入中国—东盟国家南海区域合作机制的构建中。"海洋命运共同体"理念作为中国提出的全球海洋治理的新方案，不仅能够弥补《公约》所存在的一些制度性缺陷，其丰富的内涵及所具有的重大价值，也能够为中国与东盟国家之间南海区域合作机制建设提供指引。

第五，在积极推进"准则"磋商的同时，探讨与区域内其他声索国率先达成实质性双边谅解的可能。长期以来，中国坚持通过双边谈判的政策手段来解决与有关国家的南海争端，但这一策略进展并不顺利，域外国家的积极介入，以及周边国家在南海问题上抱团取暖并构筑针对中国的统一战线，使南海问题日益呈现出国际化和多边化以及复杂化和扩大化的特征，迫使中国不得不接受多边协商的方式。事实上，《宣言》的签署标志着中国处理南海问题的方式由"双边"向"双边＋多边"的转变，再加上自2013年以来"准则"磋商被积极推进并取得了一系列阶段性成果，目前甚至已经发展为"多边＋双边"的方式。在国际关系理论中，多边关系是作为对双边关系的一种补充而发展起来的，无法取代双边关系的重要作用，而这同样适用于南海问题。多边路径和双边路径并不是绝对地相互排斥的，应当将两者适当地结合起来。中国运用这一做法已有先例——在20世纪90年代初，中国与中亚国家便采用"五国双方"的形式解决领土争端。[①] 因此，在作为危机管控机制的"准则"磋商积极推进下，中国与其他南海声索国之间的双边谈判仍应同步进行，中国与菲律宾、马来西亚已经建立了促进南海争端解决的双边磋商机制。各方应以此为基础继续就南海问题进行有效协商，加强海洋合作，甚至在保障公平性的前提下，在某些海域就一些海洋划界问题或渔业、油气资源开发等问题达成双边协议。这才是真正解决南海争端问题、扫除南海冲突潜在引爆点、增强中国与南海周边国家相互信任的关键所在。

第六，做好两手准备，强化海军力量的建设，捍卫中国海洋主权和海洋权益。由于自20世纪70年代以来，南海问题日渐呈现出复杂化和尖锐化的特点，其最终解决很难在短时间内实现，而为维护南海地区和平稳定，管控地区冲突和分歧，以及加强在其他海洋问题领域的合作，中国与东盟国家自20世纪90年代便开始推动相

---

① 张洁、朱滨：《中国—东盟关系中的南海问题》，《当代世界》，2013年第8期，第56页。

关南海区域合作机制的建设，但受多重变量因素的影响，不仅南海争端解决机制尚未形成，甚至在一些低敏感领域合作机制的制度化水平也比较低，因而，通过机制建设解决南海问题的道路依然漫长。鉴于此，一方面，中国在申明主权和海洋权益的同时，积极参与构建南海地区规则，尤其是主动参与制定"准则"的磋商，力求成为南海地区秩序的参与者、构建者及不公开的"领导者"；另一方面，中国虽然一直坚持以和平的方式解决南海争端，但绝不会支持被强加的南海问题解决方式或接受利用第三方解决南海争议的单方面行动，[①]强调军事力量的威慑作用和自卫作用的重要性，加强海军建设和海军战略转型是维护南海权益的基本保障。自中华人民共和国成立以来，我国海军建设取得巨大成就，由实行沿岸防御的战略逐步发展到近岸防御，并逐步扩大海上防御纵深，发展为近海防御；自21世纪以来依照近海防御与远海护卫相结合的战略要求，逐步具有纵深防御作战能力，有助于维护中国海洋主权乃至世界海洋的安全和稳定。此外，面对以美国为首的域外国家在南海的挑衅行为，以及其与菲律宾、越南等部分南海声索国开展的密切军事合作，中国应合理地加强在南海地区的军事存在，并在必要时大胆运用军事手段进行有力的回击。

（二）维护并稳固中国与东盟国家之间稳定的双边关系

中国与东盟国家南海区域合作机制的创设和发展，乃至未来南海地区安全秩序的构建，都需要南海和平稳定的地区局势。而南海的和平稳定需要中国与东盟国家可靠、稳定的双边关系作为保障。这是中国—东盟国家南海区域合作机制得以构建的坚实后盾，也是其能发挥实质作用的基础。

中国与东盟国家之间友好双边关系的发展，既需要政治上政府

---

① Wu Ningbo, "China's rights and interests in the South China Sea: challenges and policy responses," *Journal of Maritime & Ocean Affairs Liss C*, Vol.8, No.4, 2016, p.294.

高层的互访交流与政策沟通进而增强政治互信，也需要经贸合作的助推，尤其是在中国"一带一路"倡议积极推进的背景下，加快"一带一路"倡议与东盟国家发展规划和战略的对接，进而促进双边经贸关系的发展和深化。关于增强中国与东盟国家政治互信与经贸合作，上面一些章节中已涉及相关内容，这里不再赘述，重点谈一下中国应怎样做，才能有针对性地消除东盟国家对中国在南海力量不断壮大的警惕和疑虑。事实上，作为地区负责任的大国，中国应该以实力为后盾，在维护南海地区和平稳定上贡献更多的力量，尤其是在对地区公共产品与服务的提供上。这样不仅有助于消除东盟国家的安全顾虑，进一步拉近中国与东盟国家双边关系发展，也能使中国在未来的南海地区安全合作中掌握更多的话语权。

因此，在中国与东盟国家开展功能性海上务实合作的同时，作为地区性大国的中国，应主动提供地区公共产品与服务。当前南海地区既面临岛礁领土主权争端和海洋权益争夺的传统安全威胁，也存在海洋灾难事故、海洋生态环境恶化、海上恐怖活动、海上跨国犯罪和自然灾害等非传统安全威胁。这些传统和非传统安全问题的存在都严重影响南海地区的和平、稳定与发展。面对愈益凸显的南海地区传统和非传统安全问题，区域公共安全产品的提供却明显不足，主要是因为，南海周边国家虽已开展合作来应对传统和非传统安全威胁，但还未取得实质性进展。同时，作为全球霸权国家的美国，在向南海地区及全球其他地区提供公共安全产品与服务时，更倾向于选择其盟国及友好国家，以为其霸权服务为导向，并且随着美国综合实力的相对下降，其提供全球和地区公共安全产品与服务的意愿和能力也明显下降。此外，尽管近年来中国一直致力于推动南海地区合作，但基于多方面因素，中国在提供地区公共安全产品与服务方面的能力略显不足。在综合国力及在全球和区域事务中的影响力不断增强和提升的背景下，作为南海地区大国，中国应承担的责任与义务，也应与其自身实力和国际地位相适应，更应主动承担地区责任与义务，为推动地区和平、稳定与发展提供更多公共安全产品与服务。这不仅有助于增信释疑，消解"中国威胁论"，也有利于树立中国负责任的形象，回应"中国责任论"。当前，在提供地区公共安全产品与服务上，不仅中国的能力不断增强，中国的态度也变得更为积极主动。同时，区域对话与合作机制的不断发展和近些年中国在南海地区的岛礁建设，也都为中国提供更多的公共安全产品与服务奠定了基础。中国要在维护本国国家利益的基础上，本着自主自愿、量力而行和循序渐进的原则，以自信、有耐心的姿态，依托现有合作机制，采取多种合作方式，积极倡导乃至主导对地区公共安全产品与服务的提供，其中海上航行安全、海洋环境保护、海上搜寻与救助、海洋减灾和防灾、海洋科研、海上跨国犯罪和恐怖活动等非传统安全领域，敏感度低，更易于开展合作并达成共识，因而可以以此为着力点，优先提供非传统安全领域公共产品与服务。

（三）妥善应对域外国家对南海事务的介入

近年来，以各自的国家利益为出发点，以美国为首的域外国家不断加大对南海事务的介入力度，成为影响南海争端解决的一个重要因素。在中国与东盟国家积极推动相关南海区域合作机制，尤其是"准则"磋商积极推进的背景下，为应对域外国家的干预，中国有必要采取相应措施抵消南海问题国际化的不利影响。南海问题已经成为继台湾问题、人权问题、经贸问题之后，中美关系中的一个重要问题和双方博弈的新热点。围绕航行自由、军事部署和岛礁建设等问题，中美展开了激烈的战略博弈。这不仅给中美新型大国关系的构建增添了新的变数，也加重了中国周边环境的不确定性。事实上，美国是中国应对域外国家介入南海问题的首要考虑因素。因此，增进中美在南海问题上的良性互动，提升海上战略对话质量，进而共同致力于构建新型大国海洋关系十分重要。日本、印度等国虽在对南海问题的介入力度和影响上不能与美国相提并论，也需要给予恰当评估，并制定应对策略。

特朗普执政期间，尤其是2018年以来，美国开始实施围绕贸易战、科技封锁、意识形态攻击、干涉港台问题等一系列全方位对华遏制政策。同时，美国尚处于转型之中的"印太战略"，虽缺乏实质性内容，但从经贸层面、安全层面等多维度遏制中国发展的战略意图已经逐渐明晰，成为牵制中国崛起的地区性综合战略。2020年，新冠疫情在全球蔓延，这一"黑天鹅"事件对国际政治和经济格局产生了深刻的影响和变化，尽管当前两国关系处于严峻的一面，也不用过于担忧。从长远来看，鉴于中国是一个成长的、保守的崛起国，无意称霸世界，即使中美两国在经济体量、金融地位、科技实力和军事力量等方面的实力差距逐渐消弭，随着两国合作领域的增多和合作程度的加深，最终实现权力和平转移的可能性比较大。从整体来看，中美关系仍将呈现其在历史大变局下的动态平衡性，基于竞争与合作并存的周期性波动。具体到南海问题，自2017年特朗普政府上台以来，其不仅将中国定义为"战略竞争对手"，还推出旨在遏制中国的"印太战略"，进一步凸显出南海问题在中美安全博弈中的重要性。[①] 中美南海博弈呈现结构性和战略性的特征，对中国来说，南海事关国家主权、安全和发展利益。美国则不仅将南海视为牵制中国的重要棋子，也视其为维护美国在西太平洋海上霸主地位的重要海域。因此，即使在疫情重创美国的背景下，美国也并未放松与中国在南海的博弈，战斗力和部署受疫情严重影响的美军依然在南海变本加厉，频繁在进行海上军事行动。总的来说，未来美国南海政策将依据自身利益，立足中美关系的发展方向和性质，在动态调整中不断变化和发展，但美国继续加大对南海问题的介入力度，以遏制中国并加强美国主导地位和影响力的战略意图不会改变。同时，美国也会继续推动南海问题的国际化，不过两国在南海发生直接军事对抗的可能性不大。随着美国加大军事力量投放，也不排除擦枪走火的可能性。为防止中美在南海地区的对峙和对抗加剧，减少美国对"准则"等南海区域合作机制建设的介入，进而实

---

① 吴士存：美军未因疫情而放松搅动南海，环球网，2020年4月21日，https://opinion.huanqiu.com/article/3xv3dFCOA4c。

现中美南海博弈的良性互动和危机预防与管理，中国应积极主动制定相应的策略。

首先，建立和发展关于南海问题的专门中美对话机制，提升海上战略对话的质量，构建新型大国海洋关系，增信释疑，消除双方之间的信任赤字。尽管中国政府多次表示，美国不是南海问题当事国，不希望也不欢迎美国介入南海问题，但美国的介入已是不可回避的事实。中国必须正面应对。美国对南海的深度介入，以及掣肘"准则"磋商进程在很大程度上反映了两国缺乏信任。因此，通过对话机制加强信息沟通与交流显得尤为必要。对此，中美应利用好双方于2017年4月建立的高级别对话机制，保持足够的战略沟通与对话。但由于这几个对话机制并不是专门针对南海问题而设立的，即使涉及南海议题，也不够具体和深入。因此，还是有必要设立专门的南海对话机制，着重开展技术性磋商，解决关于航行自由、海上军事行动规则、军备控制等具体问题，进而提升海上战略对话的质量。此外，为增强中美之间的相互信任，两国有必要构建一种不冲突、不对抗、相互尊重、合作共赢的新型大国海洋关系。这不仅有助于"准则"磋商的顺利开展，也有利于南海问题的解决。

其次，中美应建设性管控分歧，构建冲突防范和解决机制。当前美国南海政策"军事化"色彩日益浓厚，美军不仅明显加大了在南海地区实施"航行自由行动"的强度和频率，也强化了前沿存在和战略威慑，未来在南海频繁搅局，进一步实施海上军事行动，鼓励部分声索国在争议地区采取单边行动。这一系列行动的累进叠加，很可能使总体稳定、可控的南海局势出现动荡，中美南海博弈也可能会逼近小规模武装冲突甚至战争的门槛。事实上，之前中美在南海地区已经发生了如"撞机"事件、"无暇"号事件等不少摩擦和冲突，类似事件今后依然可能发生。因此，为应对将来出现的紧急情况和危机，有必要建立冲突防范和解决机制，防止事态发展到失控的地步，将冲突调整至可控的范围。

最后，中美两国在南海并不存在争议，维护南海地区的繁荣稳定和航行自由与安全是中美在南海的共同战略利益。因此，两国在开展海上战略对话、建立和发展相关对话机制，以摆脱当前南海问题带来的误解和安全困境的同时，中美也应该加强在亚太海洋事务中的合作。一方面，在打击海盗、海上走私、贩毒、海上恐怖主义及大规模杀伤性武器扩散等维护南海通道安全的一系列非传统安全领域，中美两国拥有广泛的共同利益，能够开展合作。同时，在预防南海自然环境的破坏、保护海洋环境，以及针对南海地区自然灾害和海啸频繁发生所开展的海洋水文及地质科学考察、气象预报、海洋预警等方面的研究上，中美双方也具有广阔的合作空间。另一方面，中美还可以加强在军事领域的合作，减少军事误判，增进军事互信。两国海军之间可以开展相互学习和交往，就建立重大军事行动相互通报机制和海空相遇安全行为准则这两个军事互信机制持续进行密切有效的沟通与合作。同时，在落实这两个军事互信机制，以及运用《海上意外相遇规则》的背景下开展联合军事演习、海空意外相遇规则演习、联合搜救演习等，有效减少海上误判和碰撞事件的出现。此外，中国海警局与美国海岸警卫队也可以在海洋执法领域加强交流与合作，借鉴经验，取长补短。

此外，由于南海并不是日本、印度、澳大利亚等域外国家的战略重点及力量辐射中心，且它们插手南海问题更多也是追随和迎合美国。因而，相较于美国，日、印、澳等国在南海问题上的介入态势不及美国积极，介入力度及产生的影响也没有美国那么大，但它们是除美国之外南海问题国际化的重要推手。对于日、印、澳等域外国家介入南海问题及可能造成的消极影响和后果，我国应做出恰当评估，不仅要正视其合理关切，也要对其恶言、敌意进行有力的回击，要时刻保持高度警惕并制定应对策略。首先，中国应寻求发展与这些国家之间的友好合作关系，构建战略平衡点，预防这些域外国家形成针对中国的联合干预体制。中国在与这些国家发展双边关系时，一方面，要认清双方之间存在的矛盾，并在坚持原则的基础上充分释放善意，树立中国友善和负责任地区大国的形象，提升双方在各领域之间的务实合作水平，进而扩大共同利益基础，打消对方对中国崛起的疑虑；另一方面，确保将双方之间的其他矛盾和分歧点与南海问题分割处理。例如在中日、中印之间应避免将钓鱼岛问题、中印边界冲突与南海问题形成联动，防止这些国家通过介入南海问题来增加解决与中国存在的相关矛盾和分歧的筹码。其次，中国应在"21世纪海上丝绸之路"倡议下，进一步加强同南海周边国家的经济与安全合作，积极主动提供更多的地区公共安全产品与服务，进而降低南海周边国家对域外国家的物质利益与安全需求。同时，为减少猜忌，增加互信，中国也应与日、印、澳等国就南海问题建立畅通的会晤机制，并就一些拥有共同合作议题的领域开展广泛合作。

本章小结

尽管中国—东盟国家南海区域合作机制的构建面临一系列主要变量和干扰变量的影响，困难重重，但仍存在比较大的可挖掘空间，对其推进做出理性的思考十分必要。

首先，在中国—东盟国家南海区域合作机制的构建中，一些基础性因素的存在有助于克服困境、开展合作。其一，以《公约》为主的海洋综合性立法，以及针对不同海洋功能性领域的专门性立法为南海各方开展海洋问题的合作奠定了法律基础，尤其是《公约》第122条和123条及第74条和第83条关于海洋区域合作的相关法律规定；其二，中国与东盟国家已构建的南海区域合作机制虽存在诸多不足，却是相关合作机制创设、推进和发展的重要实践基础；其三，中国提出的"海洋命运共同体"理念作为全球海洋治理的新方案，其蕴含的丰富内涵及具有的理论价值和现实意义，为中国与东盟国家之间区域海洋合作及相关海洋合作机制的开展提供了契机；其四，自20世纪90年代以来，中国与东盟及东盟国家之间整体维持的友好合作关系，尤其是在经济上相互依赖程度的加深，为相关合作机制的构建提供了坚实的现实基础。实际上，源自法律、实践、理念和现实方面的基础，不仅为中国—东盟国家南海区域合作机制的构建提供了克服困境的可能性，也将会是其推进的动力。

其次，从"领导者"、共同利益和地区认同三个主要影响变量层面，以及机制构建层面探讨如何破解中国—东盟国家南海区域合作机制构建困境和推进的现实之路十分重要。在"领导者"层面，基于中国尚未成长为"领导者"，东盟难以胜任该角色，再加上南海地区复杂的局势不允许单个国家主导，但国际机制的创设又离不开扮演"领导者"角色的国家或国家集团存在的背景下，可以考虑在南海地区培育多元化互动合作主体，即充分发挥中国作为地区大国的应有作用，基于其拥有能够成为南海区域合作机制"领导者"的能力和责任，寻求成为不公开的"领导者"，并携手其他南海国家共同促成相关机制磋商与谈判，同时注重发挥东盟的建设性作用，并将其他国际政府间与非政府间组织作为补充力量，以多元主体之间的互动为南海区域合作机制建设贡献合力。在共同利益层面，主要是南海问题所涉及的领土主权问题所具有的高度政治敏锐性，直接消减了中国与东盟国家南海区域合作机制的构建，但我们应正确看待这一问题。南海海洋权属争议问题的解决具有长期性，但基于各相关国家在维护南海地区和平稳定上达成的共识，南海地区爆发局部冲突甚至战争的可能性极低。伴随着海上非传统安全问题的逐步凸显及其相较于主权问题的较低敏感性，再加上领土主权与使用能够实现分离，中国与东盟国家之间仍存在推进合作的空间。在地区认同层面，通过在宏观层面加强中国与东盟在政治、经济、文化、安全等方面的合作与交流，以及在微观层面通过在《公约》和"海洋命运共同体"理念基础上，寻求区域海洋合作的最大利益公约数，进而增强中国与东盟国家的合作互信与利益共识，是推进中国—东盟国家南海区域合作机制创设的重要一环。在机制构建层面，基于存在诸多影响变量和整体机制化水平比较低的现状，在推进中国—东盟国家南海区域合作机制的构建和发展上要走一条务实之路，切勿枉谈机制化建设，可以以海洋环保、海上搜救、海洋科研，以及海洋渔业资源管理与养护等低敏感领域合作机制的构建作为突破口，同时以正在推进中的"准则"为核心，来寻求逐步推动中国—东盟国家南海区域合作机制建设。

最后，针对在南海区域合作机制的构建中，中国所发挥的作用与其自身力量对比不对称，中国应采取多种措施，积极作为并主动参与和推动相关合作机制建设，同时努力维护并巩固中国与东盟国家之间稳定的双边关系，并妥善应对以美国为首域外势力对南海事务的介入，进而使中国真正能在中国—东盟国家南海区域合作机制的构建中发挥应有的作用，扮演不公开的"领导者"角色。

余论

自 20 世纪 90 年代以来，为维护南海地区稳定局势，促进南海问题的有效解决，中国与东盟国家着手构建的相关南海合作机制不断发展，并逐渐呈现双多边协商机制共同推进、多领域合作同时开展的新局面。尤其是自 2002 年《宣言》的签署以来，南海地区各项争议逐步变得有章可循，中国与东盟由避免冲突向构建地区合作机制转变，南海问题逐步被纳入了机制建设的解决之路。不过从国际机制理论的视角来看，尽管现有中国—东盟国家南海区域合作机制，能够在一定程度上发挥规范并制约相关国家行为，以及促进相关海洋问题领域合作等方面功能，但制度化水平较低，仍属于非正式国际机制范畴，存在基于其自身缺陷和外在制约的局限性。

为什么中国—东盟国家南海区域合作机制经过 30 年的发展，机制化水平依然比较低？南海问题领域的正式国际机制为何难以创立，其背后的制约因素主要有哪些？为了探求更高层次或正式南海区域合作机制难以创设的原因，本书以分别基于权力、利益和知识因素的新现实主义、新自由制度主义和建构主义国际机制理论为基础，在糅合这三种解释变量，并利用理性主义和社会学这两种研究路径之间的差异和互补的基础上，搭建了一个分析框架，以求弥补国际机制理论在解释机制创设上的一些不足，并以此来分析中国—东盟国家南海区域合作机制建设。具体来说，影响国际机制创设的主要变量为存在能够扮演结构型、企业家型或智慧型等两种以上"领导者"角色的国家或国家集团；参与机制建设的国际行为体之间拥有共同利益或互补利益；参与者之间能够形成集体认同。同时，还存在一些重要的干扰变量，例如被理性主义的国际机制理论所忽视的国内政治因素,以及外来的霸权干涉和大国对抗带来的外生的结构性压力等。

通过将搭建的关于影响国际机制创设的主要变量的分析框架对相关南海区域合作机制展开分析,可以得出,在其创设的道路上,扮演"领导者"角色的国家的缺位使其推动力不足;在共同利益上,受南海问题领域敏感程度高的影响,以及在具体海洋问题领域上国家利益的差异和国家实力的悬殊,很难形成牢固的共同利益纽带使其缺少促进机制建设的根本性鼓励因素;地区认同的缺乏和难以建立,使机制建设缺少黏合利益分歧及协调利益政策预期的助推力;作为干扰变量的国内政治所发挥的影响有时是正向的,有时是反向的,尽管以美国为首的域外国家插手南海事务打破了地区权力格局,但作为南海问题非当事国,其很难参与南海合作机制的创设,再加上域外国家与部分南海声索国在制定南海合作机制的战略目标上存在差异,因而,以美国为首域外国家也很难通过发展与部分南海声索国的关系来间接操控机制磋商与制定,故其在南海合作机制的建设上影响力有限。

诚然,诸多影响变量的存在,使中国与东盟国家南海区域合作机制的构建充满艰难险阻,但在法律、实践、理念和现实四个方面基础性因素的存在,意味着相关合作的展开与推进是可能的,相关机制构建仍存在比较大的可挖掘空间。而通过培育多元化互动合作主体,正确看待南海区域合作中领土主权争端和海域划界问题,增强各方合作互信并凝聚利益共识,同时分别以低敏感领域合作机制建设和"准则"制定,作为推进中国—东盟国家南海区域合作机制建设的重要突破口和核心,可谓相关合作机制构建和发展的务实之路。

就当前地区局势来看,影响南海形势的消极、不确定因素将显著增多,已开始进入动荡期,但南海形势总体"趋稳、降温"的态势还未发生根本扭转。一方面,中国与东盟之间的关系发展总体良好,中国与菲、越、马、文等声索国之间的争议和分歧也维持在稳定和可控状态;另一方面,中国与菲律宾在中菲南海问题双边磋商机制下，相关海上合作稳步推进，中国与马来西亚也已就构建中马海上问题双边磋商机制达成一致，为两国通过对话协商途径解决争议创造出新的对话平台。

尽管存在诸多制约因素和分歧，但近几年"准则"磋商加速有序推进，已取得一系列阶段性成果，且中国与东南亚国家对于早日达成"准则"已形成明确共识，相信在中国与东盟各国继续共同加强协作下，"准则"磋商将很快重启。而在接下来的磋商中，中国仍应在坚持"双轨思路"的基础上，主动参与"准则"磋商进程，确保"准则"内容对中国有利，同时继续坚定维护南海领土主权及海洋权益的立场和决心，加强对南海的有效占领及实际控制。在国际法层面，尽快明确南海断续线的法律性质和范围，并做好应对南海问题"司法化"的挑战，加强我国对南海问题的宣传引导力度，抢夺话语主导权，做好两手准备，在必要时大胆运用军事手段进行有力的回击。面对以美国为首的域外国家对南海问题的积极介入，中国也有必要采取相应措施抵消南海问题国际化的不利影响。鉴于美国是域外国家中介入南海问题的重要和关键一方，中国应将美国作为首要考虑因素。两国可在寻求双方关系重回正轨的基础上，探索建立关于南海问题的专门对话机制，构建冲突防范和解决机制，同时开展海上战略对话。

总的来说，21世纪是海洋的世纪，海洋的流动性和整体性要求各相关国家之间开展合作。《公约》也为海洋国际或区域合作提供了法律规范依据，而南海地区传统安全与非传统安全问题交织，亟须南海周边国家通过相关合作机制建设推进区域海洋合作。中国—东盟国家南海区域合作机制建设，是一个重要的议题和系统工程，有其必要性和重要的现实意义及价值。但鉴于南海局势的异常复杂，尤其是其所面临的难以克服的安全困境，致使促进南海各方开展合作的共同利益极易被裹挟，且这种局面将会长期存在，严重影响中国—东盟国家南海区域合作机制构建的广度和深度，因此，未来中国与东盟国家南海区域合作机制建设仍有很长的路要走。这需要发挥作为负责任地区大国中国的力量和作用，携手各方循序渐进、逐步达成。

本书是从宏观层面对中国—东盟国家南海区域合作机制进行探究，尤其是通过分析框架的构建对其影响因素进行深入分析。但中国与东盟国家所构建的双边、多边合作机制涉及范围多而广，且不同领域的合作机制之间又存在诸多差异，受时间、精力及能力的限制，对一些具体问题领域合作机制的分析并不到位，也很难顾及所有相关问题的方方面面。因而，在某些问题的思考上可能有以偏概全之嫌，再加上南海地区局势复杂多变，对一些突发事件无法预测，难免使相关的研究存在一定的滞后性。在以后的学习和工作中，本人将立足现有研究，进一步完善论文的不足之处，以使该研究更具有理论价值和现实意义。

参考文献

著作

［1］［美］罗伯特·基欧汉、约瑟夫·奈著：《权力与相互依赖》，门洪华译，北京：北京大学出版社2012年版。

［2］［美］罗伯特·基欧汉著：《霸权之后：世界政治经济中的合作与纷争》，苏长河、信强、何曜译，上海：上海人民出版社2012年版。

［3］［美］萨利·马丁、贝思·西蒙斯著，黄仁伟、蔡鸿鹏译：《国际制度》，上海：上海世纪出版集团2006年版。

［4］［美］亚历山大·温特：《国际政治的社会理论》，秦亚青译，上海：上海人民出版社2008年版。

［5］［日］浦野起央：《南海诸岛国际纷争史》，南京：南京大学出版社2017年版。

［6］［英］戴维·米勒、韦农·波格丹诺编，邓正来主编：《布莱克维尔政治学百科全书》，北京：中国政法大学出版社1992年版。

［7］《南海更路薄——中国人经略祖宗海的历史见证》编委会：《南海更路薄——中国人经略祖宗海的历史见证》，海口：海南出版社2016年版。

［8］蔡鹏鸿：《争议海域共同开发的管理模式比较》，上海：上海社会科学院出版社1998年版。

［9］陈君峰、祁建华：《新地区主义与地区合作》，北京：中国经济出版社2007年第1版。

［10］成汉平：《越南海洋战略研究》，北京：时事出版社2016年版。

［11］葛红亮：《东南亚：21世纪"海上丝绸之路"的枢纽》，北京：世界图书出版公司2016年版。

［12］姜志达：《中美规范竞合与国际秩序演变》，北京：世界知识出版社2019年版。

［13］焦世新：《利益的权衡：美国在中国加入国际机制中的作用》，北京：世界知识出版社2009年版。

［14］鞠海龙：《南海地区形势报告：2013—2014》，北京：时事出版社2015年版。

［15］雷小华：《东盟国家海洋管理理论与实践研究》，北京：中国商务出版社2020年版。

［16］李德霞：《南海领土争议中的媒体角色研究》，厦门：厦门大学出版社2017年版。

［17］李剑：《中国在南海的历史性权利及证据目录》，厦门：厦门大学出版社2018年版。

［18］刘锋：《南海开发与安全战略》，北京：学习出版社2013年版。

［19］刘杰：《多边机制与中国的定位》，北京：时事出版社2007年版。

［20］门洪华：《和平的纬度：联合国集体安全机制研究》，上海：上海人民出版社2002年版。

［21］彭宾等著：《东盟的资源环境状况及合作潜力》，北京：社会科学文献出版社2013年版。

［22］秦亚青：《霸权体系与国际冲突》，上海：上海人民出版社1999年版。

［23］阮宗泽：《中国崛起与东亚国际秩序的转型》，北京：北京大学出版社2007年第1版。

［24］沈固朝：《南海经纬》，南京：南京大学出版社2016年版。

［25］宋秀琚：《国际合作理论：批判与建构》，北京：世界知识出版社2006年版。

［26］苏莹莹：《马来西亚南海政策研究》，北京：时事出版社 2019 年版。

［27］苏长和：《全球公共问题与国际合作：一种制度的分析》，上海：上海人民出版社 2000 年版。

［28］唐永胜、徐弃郁：《寻求复杂的平衡：国家安全机制与主权国家的参与》，北京：世界知识出版社 2004 年版。

［29］田野：《国际关系中的制度选择：一种交易成本的视角》，上海：上海人民出版社 2006 年版。

［30］王杰：《国际机制论》，北京：新华出版社 2002 年版。

［31］王铁崖：《国际法》，北京：法律出版社 1995 年版。

［32］王逸舟：《国际政治析论》，上海：上海人民出版社 1995 年版。

［33］王逸舟：《磨合中的建构——中国与国际组织关系的多视角透视》，北京：中国发展出版社 2003 年版。

［34］吴士存：《中菲南海争议 10 问》，北京：时事出版社 2014 年版。

［35］武一等著：《中国南海海域经济影响评估》，北京：经济科学出版社 2013 年版。

［36］许浩：《南海油气资源合作与开发的制度及实践研究》，广州：华南理工大学出版社 2017 年版。

［37］阳阳、庄国土：《东盟黄皮书：东盟发展报告（2018）》，北京：社会科学文献出版社 2020 年版。

［38］杨客：《南海周边国家海洋渔业资源和捕捞技术》，北京：海洋出版社 2017 年版。

［39］姚勤华、胡晓鹏等：《"21 世纪海上丝绸之路"与区域合作新机制》，上海：上海社会科学院出版社 2018 年版。

［40］张丹、贾宇：《中国海洋丛书—南海及南海诸岛（英）》，北京：五洲传播出版社 2014 年版。

［41］赵卫华：《权力扩散视角下的中越南海争端研究》，北京：

世界知识出版社 2019 年版。

［42］中国南海研究协同创新中心：《南海蓝皮书（2017）》，北京：世界知识出版社 2018 年版。

［43］中国南海研究院：《美国在亚太地区的军力报告：2016》，北京：时事出版社 2016 年版。

［44］朱峰、余民才：《菲律宾"南海仲裁案"透视》，北京：世界知识出版社 2018 年版。

［45］朱峰：《南海局势深度分析报告（2014）》，北京：世界知识出版社 2016 年版。

［46］Hedley Bull, *The Anarchical society*,New York: Colombia University Press, 1977.

［47］Oran R.Young,*Governance in World Affairs*,Ithaca:Cornell University Press, 1999.

［48］Robert Gilpin,*Global Political Economy :Understanding the International Economic Order*,Princeton:Princeton University Press, 2001.

［49］Robert Gilpin,*War and Change in World Politics*,New York:Cambridge University Press, 1981.

［50］Robert O.Keohane,*International Institutions and State Power:Essays in International Relations Theory*,Boulder:Westview Press, 1989.

［51］Volker Rittberger(ed.),*Regime Theory and International Relations*,Oxford:Clerendon Press,1993.

期刊

［1］［越南］陈长水：《海上问题的妥协与合作——〈南海各方行为宣言〉签署的案例》，《南洋资料译丛》，2015 年第 1 期。

［2］白续辉、陈惠珍：《美国海洋公共外交的兴起及其对南海问题的影响》，《太平洋学报》，2017 年第 4 期。

［3］白续辉：《追踪与研判：〈南海行为准则〉制定问题的研

究动向》,《南洋问题研究》,2014 年第 1 期。

[4]毕海东:《国际法视角下解决南海问题的"双轨思路"》,《重庆社会主义学院学报》,2016 年第 5 期。

[5]曾勇:《国外有关南海问题解决方案述评》,《中国边疆史地研究》,2014 年第 3 期。

[6]陈慈航、孔令杰:《中美在"南海行为准则"问题上的认知差异与政策互动》,《东南亚研究》,2018 年第 3 期。

[7]陈相秒、马超:《论东盟对南海问题的利益要求和政策选择》,《国际观察》,2016 年第 1 期。

[8]陈翔:《澳大利亚介入南海争端的路径、动因及影响》,《东南亚研究》,2017 年第 3 期。

[9]陈翔:《析老挝南海政策的成因及影响》,《学术探索》,2017 年第 1 期。

[10]陈忠荣:《菲律宾南海政策激进化的内外动因探析——以多重制衡理论为视角的研究》,《当代亚太》,2016 年第 5 期。

[11]崔荣伟:《国际机制与南海问题探析》,《贵州工业大学学报(社会科学版)》,2007 年第 5 期。

[12]丁梦丽、刘宏松:《南海机制的冲突管理效用及其限度》,《太平洋学报》,2015 年第 9 期。

[13]杜兰、曹群:《关于南海合作机制化建设的探讨》,《国际问题研究》,2018 年第 2 期。

[14]樊文光:《论〈宣言〉的条约属性及对〈公约〉争端解决机制的排除》,《亚太安全与海洋研究》,2018 年第 2 期。

[15]范晓婷:《对南海"共同开发"问题的现实思考》,《海洋开发与管理》,2008 年第 4 期。

[16]高婧如:《南海海洋科研区域性合作的现实困境、制度缺陷及机制构建》,《海南大学学报人文社会科学版》,2017 年第 2 期。

[17]高阳:《〈南海行为准则〉法律框架研究》,《贵州大学学报(社会科学版)》,2012 年第 5 期。

〔18〕高之国：《南海地区安全合作机制的回顾与展望——兼议设立南海合作理事会的问题》，《边界与海洋研究》，2016年第2期。

〔19〕葛红亮、鞠海龙：《"中国—东盟命运共同体"构想下南海问题的前景展望》，《东北亚论坛》，2014年第4期。

〔20〕葛红亮：《南海"安全共同体"构建的理论探讨》，《国际安全研究》，2017年第4期。

〔21〕葛红亮：《日本的南海政策及其与东盟在南海问题上的互动关系分析》，《南海学刊》，2016年第1期。

〔22〕龚晓辉：《佐科政府南海政策初探》，《东南亚研究》，2016年第1期。

〔23〕贺先青：《特朗普政府的南海政策：话语、行为与趋势》，《南海问题研究》，2018年第3期。

〔24〕洪农：《论南海地区海上非常传统安全合作机制建立的建设——基于海盗与海上恐怖主义问题的分析》，《亚太安全与海洋研究》，2018年第1期。

〔25〕洪农：《试析南海争议的务实解决机制——推进南海争议逐步解决合作性方案分析》，《亚太安全与海洋研究》，2017年第1期。

〔26〕侯强、周兰珍：《海峡两岸南海合作护渔维权的定位和选择》，《华侨大学学报（哲学社会科学版）》，2016年第5期。

〔27〕胡春艳：《中国对国际机制的参与与国家形象的建构》，《国际问题研究》，2011年第1期。

〔28〕胡潇文：《策略性介入到战略性部署——印度介入南海问题的新动向》，《国际展望》，2014年第2期。

〔29〕黄凤志、罗肖：《关于中国引领南海战略态势的新思考》，《国际观察》，2018年第2期，第136页。

〔30〕江红义、周理：《关于南海问题研究的回顾与反思——兼论海洋政治分析的基本要点》，《世纪经济与政治论坛》，2013年第4期。

［31］江宏春：《美国对南海问题的介入及其政策演变》，《太平洋学报》，2013 年第 12 期。

［32］蒋国学、林兰钊：《制订"南海行为准则"对中国南海维权的影响及对策分析》，《和平与发展》，2012 年第 5 期。

［33］焦世新：《"亚太再平衡"与美国对南海政策的调整》，《美国研究》，2016 年第 6 期。

［34］竭仁贵：《霸权护持战略视角下的美国南海政策调整及其表现》，《世界经济与政治论坛》，2017 年第 4 期。

［35］金永明：《论海洋法解决南海问题争议的局限性》，《国际观察》，2013 年第 4 期。

［36］金永明：《论南海资源开发的目标取向：功能性与规范性》，《海南大学学报人文社会科学版》，2013 年第 4 期。

［37］鞠海龙：《菲律宾南海政策中的美国因素》，《国际问题研究》，2013 年第 3 期。

［38］孔庆江：《解决南海争端的"双轨思路"》，《学术前沿》，2016 年第 23 期。

［39］孔庆江：《解决南海争端的新思维》，《边界与海洋研究》，2017 年第 2 期。

［40］李春霞：《大国博弈下越南南海策略调整：东盟化与国家化》，《太平洋学报》，2017 年第 2 期。

［41］李德霞：《南海领土争议中的美国主流媒体角色及其原因分析》，《南海学刊》，2017 年第 1 期。

［42］李东屹：《中国—东盟关系与东盟地区主义近期互动解析》，《太平洋学报》，2016 年第 8 期。

［43］李光春：《南海低敏感纠纷解决机制构建研究》，《大连海事大学学报（社会科学版）》，2016 年第 6 期。

［44］李贵州：《从美国国会议案看其南海问题态度及其根源》，《当代亚太》，2016 年第 5 期。

［45］李建勋：《南海航道安全保障法律机制对"21世纪海上

丝绸之路"的借鉴意义》，《太平洋学报》，2015 年第 5 期。

［46］李金明：《从东盟南海宣言到南海各方行为宣言》，《东南亚》，2004 年第 3 期。

［47］李金明：《当前南海局势与越南的南海政策》，《学术前沿》，2016 年第 23 期。

［48］李林杰：《南海问题化解与生态命运共同体建设》，《求索》，2016 年第 10 期。

［49］李聆群：《南海环保合作路径探析：波罗的海的实践与启示》，《南洋问题研究》，2018 年第 4 期。

［50］李聆群：《南海环境保护合作之路：欧洲的经验和启示》，《东南亚研究》，2019 年第 6 期。

［51］李聆群：《南海渔业合作：来自地中海渔业合作治理的启示》，《东南亚研究》，2017 年第 4 期。

［52］李文：《日菲在南海问题上的根本战略分歧》，《学术前沿》，2017 年第 1 期。

［53］李欣鑫：《2000—2018 年国内南海问题研究热点与前沿分析》，《黑河学刊》，2020 年第 1 期。

［54］李云鹏、沈志兴：《从"安全困境"看当前中美的南海博弈》，《东南亚南亚研究》，2015 年第 4 期。

［55］李忠林：《南海安全机制的有效性问题及其解决路径》，《东南亚研究》，2017 年第 5 期。

［56］林民旺：《印度政府在南海问题上的新动向及其前景》，《太平洋学报》，2017 年第 2 期。

［57］林亚将：《护航 21 世纪海上丝绸之路——南海海盗防范区域合作法律机制研究》，《福建论坛·人文社会科学版》，2016 年第 7 期。

［58］刘阿明：《两面下注与行为调整——中国—东盟在南海问题上的互动模式研究》，《当代亚太》，2011 年第 5 期。

［59］刘澈元、李露：《两岸合作解决南海问题的性质、限度

与方式》，《台湾研究》，2015 年第 2 期。

［60］刘宏松：《非正式国际机制与全球福利》，《国际观察》，2010 年第 4 期。

［61］刘宏松：《正式与非正式国际机制的概念辨析》，《欧洲研究》，2009 年第 3 期。

［62］刘静烨：《南海区域合作机制研究综述》，《中国边疆学》，2018 年第 2 期。

［63］刘丽娜：《建构南海水下文化遗产区域合作保护机制的思考：以南海稳定和区域和平发展为切入点》，《中国文化遗产》，2019 年第 4 期。

［64］刘艳峰：《区域主义与南海区域安全机制》，《国际关系研究》，2013 年第 6 期。

［65］刘中民、滕桂青：《20 世纪 90 年代以来国内南海问题研究综述》，《中国海洋大学学报》（社会科学版），2006 年第 3 期。

［66］娄亚萍：《中美在南海问题上的外交博弈及其路径选择》，《太平洋学报》，2012 年第 4 期。

［67］楼春豪：《印度莫迪政府南海政策评估》，《现代国际关系》，2017 年第 6 期。

［68］罗国强：《东盟及其成员国关于〈南海行为准则〉之议案评析》，《世界经济与政治》，2014 年第 7 期。

［69］罗婷婷：《南海油气资源共同开发合作机制探析》，《海洋开发与管理》，2011 年第 5 期。

［70］马建英、姜斌：《特朗普政府的南海政策：举措、动因与前景》，《南海学刊》，2018 年第 2 期。

［71］聂文娟：《东盟如何在南海问题上"反领导"了中国？——一种弱者的实践策略分析》，《当代亚太》，2013 年第 4 期。

［72］聂文娟：《中国的身份认同与南海国家利益的认知》，《当代亚太》，2017 年第 1 期。

［73］潘玥：《试析中印尼在南海问题上的互动模型》，《东

南亚南亚研究》，2017年第1期。

［74］庞卫东：《印度介入南海争端：战略投资还是战略投机？》，《南亚研究季刊》，2016年第4期。

［75］祁怀高：《近年来中国在南海的存在格局、面临挑战及因应之策》，《国际论坛》，2018年第1期。

［76］祁怀高：《南海声索国对华政策解析与中国的战略思考》，《边界与海洋研究》，2016年第3期。

［77］瞿俊锋、成汉平：《"南海行为准则"案文磋商演变、现状及我对策思考》，《亚太安全与海洋研究》，2018年第5期。

［78］任远喆：《东南亚国家的南海问题研究：现状与走向》，《东南亚研究》，2013年第3期。

［79］邵建平：《柬埔寨对南海争端的态度探析》，《国际论坛》，2013年第6期。

［80］沈海涛、刘玉丽：《日本在南海问题上的对华政策新调整》，《东北亚论坛》，2020年第2期。

［81］施余兵：《南海沿岸国区域环保合作机制的构建——以国际海运业温室气体减排的立法与执法为研究视角》，《海南大学学报人文社会科学版》，2018年第2期。

［82］宋燕辉：《两岸南海合作：原则、策略、机制及国际参与研析》，《台海研究》，2014年第3期。

［83］宋燕辉：《由〈南海各方行为宣言〉论"菲律宾诉中国案"仲裁法庭之管辖权问题》，《国际法研究》，2014年第2期。

［84］苏晓晖：《欧盟不愿强势介入南海问题》，《太平洋学报》，2016年第7期。

［85］隋军：《南海环境保护区域合作的法律机制构建》，《海南大学学报（人文社会科学版）》，2013年第6期。

［86］孙通、刘昌明：《澳大利亚对南海争端的认知与回应》，《国际论坛》，2018年第1期。

［87］王联合：《南海问题新趋势及前景探析》，《南洋问题研究》，

2012 年第 4 期。

［88］王玫黎、李煜婕：《"南海行为准则"谈判主要争议问题研究》，《国际论坛》，2019 年第 5 期。

［89］王森、杨光海：《东盟"大国平衡外交"在南海问题上的运用》，《当代亚太》，2014 年第 1 期。

［90］王森、杨光海：《对美国与南海关系相关研究的学术史考察》，《亚太安全与海洋研究》，2017 年第 3 期。

［91］王晓文：《美国"印太"战略对南海问题的影响——以"印太"战略支点国家为重点》，《东南亚研究》，2016 年第 5 期。

［92］王秀卫：《南海低敏感领域合作机制初探》，《河南财经政法大学学报》，2013 年第 3 期。

［93］王雪松、刘金源：《"双重依赖"下的战略困境——澳大利亚南海政策及其特点》，《和平与发展》，2017 年第 3 期。

［94］王宇、张晏瑲：《南海争议海域合作科研的法律基础及制度构建》，《亚太安全与海洋研究》，2019 年第 2 期。

［95］王振、徐亮：《越南金兰湾建设与南海"平衡"战略》，《亚太安全与海洋研究》，2017 年第 3 期。

［96］韦健锋、张会叶：《论冷战后印尼的南海政策及其利益考量》，《和平与发展》，2016 年第 1 期。

［97］韦强：《越南在南海问题上的舆论宣传策略》，《国际研究参考》，2014 年第 4 期。

［98］韦宗友：《解读奥巴马政府的南海政策》，《太平洋学报》，2016 年第 2 期。

［99］韦宗友：《特朗普政府南海政策初探》，《东南亚研究》，2018 年第 2 期。

［100］吴士存、陈相秒：《中国—东盟南海合作回顾与展望：基于规则构建的考量》，《亚太安全与海洋研究》，2019 年第 6 期。

［101］吴士存、刘晓博：《关于构建南海地区安全合作机制的思考》，《边界与海洋研究》，2018 年第 1 期。

［102］吴艳：《对外传播是实现国家利益的利器——美国主流媒体对"南海问题"的传播策略研究》，《对外传播》，2016年第12期。

［103］吴艳：《美国智库对南海问题的研究和政策观点》，《国际关系研究》，2016年第4期。

［104］夏立平、聂正楠：《21世纪美国南海政策与中美南海博弈》，《社会科学》，2016年第10期。

［105］向力：《南海搜救机制的现实抉择——基于南海海难事故的实证分析》，《海南大学学报人文社会科学版》，2014年第6期。

［106］谢茜、张军平：《日菲在南海问题上的互动与中国的应对》，《边界与海洋研究》，2017年第3期。

［107］信强：《"五不"政策：美国南海政策解读》，《美国研究》，2014年第6期。

［108］邢瑞利、刘艳峰：《欧盟介入南海问题：路径、动因与前景》，《现代国际关系》，2016年第5期。

［109］徐万胜、黄冕：《安倍政府介入南海问题的路径分析》，《东北亚学刊》，2017年第1期。

［110］许浩：《南海油气资源"共同开发"的现实困境与博弈破解》，《东南亚研究》，2014年第4期。

［111］薛力：《理解南海争端：来自非声索国专家的观点》，《东南亚研究》，2014年第6期。

［112］薛力：《美国学者视野中的南海问题》，《国际关系研究》，2014年第2期。

［113］杨翠柏、陈宇：《海峡两岸南海区域生态环境保护合作机制探究》，《南洋问题研究》，2015年第2期。

［114］杨震、周云亨、朱漪：《论后冷战时代中美海权矛盾中的南海问题》，《太平洋学报》，2015年第4期。

［115］杨志荣：《中美南海战略博弈的焦点、根源及发展趋势》，《亚太安全与海洋研究》，2017年第4期。

［116］叶泉：《南海渔业合作协定的模式选择》，《国际论坛》，

2016 年第 1 期。

［117］叶淑兰、俞慧敏：《菲律宾南海话语的法理论证：理据、说服与解构》，《亚太安全与海洋研究》，2020 年第 2 期。

［118］于向东、彭超：《浅析越南与日本的战略伙伴关系》，《东南亚研究》，2013 年第 5 期。

［119］余文全：《中菲南海争议区域共同开发：曲折过程与基本难题》，《国际论坛》，2020 年第 2 期。

［120］袁沙：《中国"南海行为准则"谈判进程中面临的障碍及对策——基于国际机制变迁视角的分析》，《学术探索》，2016 年第 5 期。

［121］张尔升、林玉珍、徐华：《南海海洋政策协调机制研究》，《亚太安全与海洋研究》，2018 年第 2 期，第 51 页。

［122］张明亮：《斡旋中"背书"——"东盟对华关系协调过"新加坡与南海问题》，《东南亚研究》，2017 年第 4 期。

［123］张明亮：《原则下的妥协：东盟与"南海行为准则"谈判》，《东南亚研究》，2018 年第 3 期。

［124］张明亮：《"南海问题化"的越南外交》，《东南亚研究》，2017 年第 1 期。

［125］张南侠：《调整与延续：杜特尔特政府的对华政策》，《战略决策研究》，2020 年第 2 期。

［126］张青磊：《中国—东盟南海问题"安全化"：进程、动因与解决路径》，《南洋问题研究》，2017 年第 2 期。

［127］张晟：《越南在南海油气侵权活动的新动向及中国的应对》，《边界与海洋研究》，2020 年第 1 期。

［128］张婷：《南海争议海区的单方开发问题及应对》，《西南政法大学学报》，2016 年第 6 期。

［129］张学昆、欧炫汐：《日本介入南海问题的动因及路径分析》，《太平洋学报》，2016 年第 4 期。

［130］张学昆：《美国介入南海问题的地缘政治分析》，《国

际论坛》，2013 年第 6 期。

［131］张学昆：《印度介入南海问题的动因及路径分析》，《国际论坛》，2015 年第 6 期。

［132］张蕴岭：《中国在南海问题上的战略选择》，《当代世界》，2016 年第 7 期。

［133］张祖兴、方仕杰：《"一带一路"建设中的南海深海渔业资源养护合作》，《东南亚研究》，2019 年第 4 期。

［134］赵国军：《论南海问题"东盟化"的发展——东盟政策演变与中国应对》，《国际展望》，2013 年第 2 期。

［135］赵卫华：《越南在南海新动向与中越关系走势》，《边界与海洋研究》，2020 年第 1 期。

［136］赵泽琳：《新加坡在南海问题上的弹性外交》，《战略决策研究》，2016 年第 3 期。

［137］钟飞腾：《国内政治与南海问题的制度化——以中越、中菲双边南海政策协调为例》，《当代亚太》，2012 年第 3 期。

［138］钟飞腾：《南海问题研究的三大战略性议题——基于相关文献的评述与思考》，《外交评论》，2012 年第 4 期。

［139］周江：《略论〈南海各方行为宣言〉的困境与应对》，《南洋问题研究》，2007 年第 4 期。

［140］周士新：《东盟在南海问题上的中立政策评析》，《当代亚太》，2016 年第 1 期。

［141］周士新：《关于"南海行为准则"磋商前景的分析》，《太平洋学报》，2015 年第 3 期。

［142］周意岷：《构建南海机制分析》，《东南亚南亚研究》，2013 年第 2 期。

［143］周永生：《杜特尔特的亚太战略与纵横之术》，《学术前沿》，2017 年第 1 期。

［144］朱坚真、黄凤：《中国参与南海海上搜救合作机制问题探讨》，《中国渔业经济》，2015 年第 5 期。

〔145〕朱坚真、黄凤：《中国参与南海海上搜救合作机制问题探讨》，《中国渔业经济》，2015 年第 5 期。

〔146〕左希迎：《南海秩序的新常态及其未来走向》，《现代国际关系》，2017 年第 6 期。

〔147〕AHMAD,MOHAMMAD ZAKI; MOHD SANI,MOHD AZIZUDDIN, "China's Assertive Posture in Reinforcing its Territorial and Sovereignty Claims in the South China Sea: An Insight into Malaysia's Stance," *Japanese Journal of Political Science*,2017.

〔148〕ANIS H. BAJREKTAREVIC, "What China wants in Asia:1975 or 1908?gunboat diplomacy in the South and East China Sea-Chinese strategic mistake," *Geopolitics,History,and International Relations*,Vol.4,No.2,2012.

〔149〕Anne Hsiu-An Hsiao, "China and the South China Sea 'Lawfare'," *Issues & Studies: A Social Science Quarterly on China,Taiwan,and East Asian Affairs,*Vol.52,No.2,2016.

〔150〕Bussert,James C, "Hainan Is the Tip of the Chinese Navy Spear," *Signal*,Vol.63,No.10,2009.

〔151〕Carl Thayer, "Vietnam Gradually Warms Up to US Military," *The Diplomat*,6 November,2013.

〔152〕Carlye A. Thayer, "Chinese Assertiveness in the South China Sea and Southeast Asian Responses," *Journal of Current Southeast Asian Affairs*,Vol.30,No.2,2011.

〔153〕Carlyle A. Thayer, "ASEAN,China and the Code of Conduct in the South China Sea," *SAIS Review*,Vol.33,No.2,2013.

〔154〕Carlyle A. Thayer, "China's New Wave of Aggressive Assertiveness in the South China Sea," *International Journal of China Studies*,Vol.2,No.3,2011.

〔155〕Colby,Elbridge, "Diplomacy and Security in the South China Sea," *Hampton Roads International Security Quarterly*,1

January,2017.

［156］Darshana M. Baruah, "South China Sea:Beijing's 'Salami Slicing' Strategy," *RSIS Commentaries*,No.54,2014.

［157］David Murphy, "Hainan:A Lure in the South China Sea," *Far Eastern Economic Review*,Vol.167,No.14,2004.

［158］David Scott, "Conflict Irresolution in the South China Sea," *Asian Survey*,Vol. 52,No.6,2012.

［159］Donald E. Weatherbee, "Re-Assessing Indonesia's Role in the South China Sea," *Perspective*,No.18,2016.

［160］Florian Dupuy,Pierre-Marie Dupuy, "A legal analysis of China's historic rights claim in the south China sea," *The American Journal of International Law*,Vol.107,2013.

［161］Gao Zhigou, "The South China Sea: From Conflict to Cooperation," *Ocean Development and International Law*,Vol. 25,1994.

［162］Glaser,Bonnie, "Seapower and Projection Forces in the South China Sea," *Hampton Roads International Security Quarterly*,1 January,2017.

［163］Huai-Feng Ren,Fu-Kuo Liu, "Transitional Security Pattern in the South China Sea and the Involvement of External Parties," *Issues& Studies*,Vol.49,No.2,2013.

［164］Ian Storey, "Assessing the ASEAN-China Framework for the Code of Conduct for the South China Sea," *ISEAS Perspective*, No.62,2017.

［165］James R. Holmes, "Strategic features of the South China Sea-a tough neighborhood for hegemons," *Naval War College Review*,Vol. 67,No. 2,2014.

［166］Jayadeva Ranade, "China,the South China Sea and Implications for India," *Indian Foreign Affairs Journal*,Vol. 7,No. 2,2012.

［167］Julia Luong Dinh, "China's Dilemma in the South

China Sea and the Arbitration Tribunal—Implications on China's Regional Strategy in Southeast Asia," *International Journal of China Studies*,Vol.7,No.3,2016.

［168］Lansing,Shawn, "The coast guard can reduce risk in the South China Sea," United States Naval Institute,2017.

［169］Leszek Buszynski, "Chinese Naval Strategy,the United States,ASEAN and the South China Sea," *Security Challenges*, Vol.8,No.2,2012.

［170］Leszek Buszynski, "Rising Tensions in the South China Sea Prospects for a Resolution of the Issue," *Security Challenges*,Vol. 6,No. 2,2010.

［171］Lowell Bautista, "Thinking Outside the Box: The South China Sea Issue and the United Nations Convention on the Law of the Sea (Options,Limitations and Prospects)," *Philippine Law Journal*,Vol.81,2007.

［172］Melda Malek , "A legal assessment of China's historic claims in the South China Sea," *Australian Journal of Maritime and Ocean Affairs*,Vol.5,No.1,2013.

［173］Nyuyen Hong Thao, "The Declaration on the Conduct of Parties in the South China Sea: A Vietnamese Perspective, 2002– 2007," in Sam Bateman and Ralf Emmers eds.,*Security and International Politics*,2009,p. 211.

［174］Peter Dutton, "Three disputes and three objectives:China and the South China Sea," *Naval War College Review*,Vol.64,No.4,2011.

［175］Prashanth Parameswaran, "Will a China-ASEAN South China Sea Code of Conduct Really Matter?" *The Diplomat*,4 August,2017.

［176］Ralf Emmers, "ASEAN's Search for Neutrality in the South China Sea," *Asian Journal of Peacebuilding*,Vol. 2 ,No. 1 ,2014.

［177］Renato Cruz De Castro, "The Challenge of Conflict Resolution in the South China Sea Dispute: Examining the Prospect of a Stable Peace in East Asia," *International Journal of Chin Studies*, Vol. 7, No. 1, 2016.

［178］Ristian Atriandi Supriyanto, "Indonesia's South China Sea Dilemma:Between Neutrality and Self-Interest," RSIS Commentaries, No. 126, 2012.

［179］Robert Beckman, "South China Sea:How China Could Clarify its Claims," RSIS Commentaries, No. 116, 2010.

［180］Robert O.Keohane, "International Institutions:Two Approaches," *International Studies Quarterly*, Vol. 32, No, 4, 1988.

［181］Rodolfo C. Severino, "ASEAN and the South China Sea," *Security Challenges*, Vol. 6, No. 2, 2010, p.44.

［182］Rodolfo Severino, "A Code of Conduct for the South China Sea?" Pacific Forum CSIS, Number 45A, 17 August, 2012.

［183］Sam Bateman, "Regime building in the South China Sea—current situation and outlook," *Australian Journal of Maritime and Ocean Affairs*, Vol.3, No.1, 2011.

［184］Scott Snyder, Brad Glosserman and Ralph A. Cossa, "Confidence Building Measures in the South China Sea," Pacific Forum CSIS, No. 2-01, August 2001.

［185］Shen Hongfang, "South China Sea Issue in China-ASEAN Relations:An Alternative Approach to Ease the Tension," *International Journal of China Studies*, Vol. 2, No. 3, December 2011.

［186］Stephen D.Krasner, "Structural Causes and Regime Consequences:Regimes as Intervening Variables," *International Organization*, Vol.36, No.2, 1982.

［187］Steven Groves, Dean Cheng, "A National Strategy for the South China Sea," BACKGROUNDER, NO.2908, 2014.

［188］Thao N.H., "Vietnam and the code of conduct of the South China Sea," *Ocean Development and International Law*, Vol.32,No.2,2001.

［189］Wendy N. Duong, "Following the Path of Oil: The Law of the Sea or Realpolitik—What Good Does Law do in the South China Sea Territorial Conflicts?" *Fordham International Law Journal*,Vol.30,Issue.4,2006.

［190］Wu Ningbo, "China's rights and interests in the South China Sea: challenges and policy responses," *Journal of Maritime & Ocean Affairs Liss C*,Vol.8,No.4,2016.

［191］YANN-HUEI SONG, "The Overall Situation in the South China Sea in the New Millennium: Before and After the September 11 Terrorist Attacks," Ocean Development & International Law,No.34,2003.

［192］Yee Andy, "Maritime Territorial Disputes in East Asia:A Comparative Analysis of the South China Sea and the East China Sea," *Journal of Current Chinese Affairs*,Vol.40,No.2,2011.

［193］Yukinori Harada, "South China Sea Disputes and Sino-ASEAN relations: China's Maritime Strategy and Possibility of Conflict Management," *Quarterly Journal of Chinese Studies*,Vol.3,No.1,2012.

学位论文

［1］白嵘：《中国参与国际环境机制的理论分析》，中国政法大学 2008 年博士学位论文。

［2］金珍：《大湄公河次区域经济合作与澜沧江—湄公河合作比较研究》，云南大学 2018 年博士学位论文。

［3］李明明：《欧洲联盟的集体认同研究》，复旦大学 2004 年博士学位论文。

［4］王明国：《国际制度有效性研究——以国际环境保护制度为例》，复旦大学 2011 年博士学位论文。

［5］徐婷：《全球气候治理中的非正式国际机制研究——以八

国集团为例》，上海外国语大学 2010 年博士学位论文。

［6］许正：《大湄公河次区域安全机制构建研究》，苏州大学 2017 年博士学位论文。

［7］于营：《全球化时代的国际机制研究》，吉林大学 2008 年博士学位论文。

［8］张全义：《全球集体认同的生成与模式转换研究》，上海外国语大学 2008 年博士学位论文。

［9］周乔：《欧盟理事会对外决策机制研究——以对华政策为例》，山东大学 2015 年博士学位论文。

报刊文献

［1］马晓霖：《"准则框架"：中国主导南海争端降温降噪》，《华夏时报》，2017 年 8 月 14 日，第 6 版。

［2］ "China Lodges Stern Representation to the Philippines on South China Sea Issue," *People's Daily*,14 March,2009.

［3］ "India,Vietnam sign pact for oil exploration in South China Sea," *The Hindu*,13 October,2011.

网络资料

［1］"南海行为准则"磋商迈出关键一步，人民网，2019 年 8 月 3 日，http://world.people.com.cn/n1/2019/0803/c1002-31273886.html。

［2］背景资料：落实中国—东盟面向和平与繁荣的战略伙伴关系联合宣言的行动计划，人民网，2016 年 6 月 27 日，http://world.people.com.cn/n1/2016/0627/c404981-28482045.html。

［3］第 19 次中国—东盟高官磋商举行 将共同举办 10 周年庆祝活动，国际在线，2013 年 4 月 3 日，http://news.cri.cn/gb/27824/2013/04/03/5951s4073067.htm。

［4］东盟外长会议通过"南海行为准则框架"越南对南海提出不同声音？王毅回应，观察者网，2017 年 8 月 7 日，https://www.

guancha.cn/Neighbors/2017_08_07_421695.shtml。

［5］俄罗斯和越南签署军事合作路线图，新华网，2018 年 4 月 4 日，http://www.xinhuanet.com/2018-04/04/c_1122640318.htm。

［6］海外网评：加速"南海行为准则"磋商，中国和东盟做了哪些工作？海外网，2019 年 12 月 16 日，http://opinion.haiwainet.cn/n/2019/1216/c353596-31682698.html。

［7］海洋局局长访问印尼并签海洋领域合作谅解备忘录，中华人民共和国中央人民政府，2007 年 11 月 16 日，http://www.gov.cn/gzdt/2007-11/16/content_807510.htm。

［8］美菲举行第八次战略对话，系杜特尔特上台后首次在菲举行，澎湃网，2019 年 7 月 16 日，https://www.thepaper.cn/newsDetail_forward_3927760。

［9］美国航母"卡尔 - 文森"号抵越南岘港 进行历史性访问，新华网，2018 年 3 月 6 日，http://www.xinhuanet.com/asia/2018-03/06/c_129823528_2.htm。

［10］外交部回应中菲南海问题双边磋商机制近期进展，人民网，2018 年 10 月 16 日，http://world.people.com.cn/n1/2018/1016/c1002-30345159.html。

［11］王毅：中方在南海问题上将始终奉行"五个坚持"，中华人民共和国驻以色列国大使馆，2015 年 8 月 3 日，https://www.fmprc.gov.cn/ce/ceil/chn/zgxw/t1285974.htm。

［12］吴士存：美军未因疫情而放松搅动南海，环球网，2020 年 4 月 21 日，https://opinion.huanqiu.com/article/3xv3dFCOA4c。

［13］习近平到访前夕 印度向越南购买两块油田，观察者，2014 年 9 月 16 日，https://www.guancha.cn/Neighbors/2014_09_16_267559.shtm。

［14］新闻背景："南海行为准则"框架谈判过程—新华网，新华网，2017 年 8 月 7 日，http://www.xinhuanet.com//2017-08/07/c_1121444462.htm。

［15］新闻背景："南海行为准则"框架谈判过程—新华网，新华网，2017 年 8 月 7 日，http://www.xinhuanet.com//world/2017-08/07/c_1121444462.htm。

［16］印度越南合作勘探南海石油 专家：或有政治目的，北方网，2013 年 11 月 22 日，http://news.enorth.com.cn/system/2013/11/22/011475633.shtml。

［17］印度总统访问越南期间双方将签署重要协议，中华人民共和国驻印度共和国大使馆经济商务处，2014 年 8 月 28 日，http://in.mofcom.gov.cn/article/express/jmxw/201408/20140800713637.shtml。

［18］印度总统拉姆·纳特·科温德圆满结束对越的国事访问，人民军队，2018 年 11 月 21 日，https://cn.qdnd.vn/cid-6123/7183/nid-555336.html。

［19］印度总统拉姆·纳特·科温德圆满结束对越的国事访问，人民军队，2018 年 1 月 21 日，https://cn.qdnd.vn/cid-6123/7183/nid-555336.html。

［20］英媒：菲油气公司希望同中企重启南海礼乐滩油气开发，中国经济网，2017 年 8 月 4 日，http://www.ce.cn/cysc/ny/gdxw/201708/04/t20170804_24794927.shtml。

［21］与马来西亚合作与交流，中国南海网，2016 年 7 月 22 日，http://www.thesouthchinasea.org.cn/2016-07/22/c_53580.htm。

［22］越南国会主席阮氏金银访问中国：重视推动越中全面战略合作伙伴与传统友好关系发展，人民军队，2019 年 7 月 6 日，https://cn.qdnd.vn/cid-6153/7190/nid-561656.html。

［23］越南泄露南海谈判内容 对华提出 5 项要求,中国如何反制？凤凰网，2019 年 1 月 11 日，https://mil.ifeng.com/c/7jNYnBOxBoP。

［24］越南政府首发外交蓝皮书 分析世界局势提及南海问题，环球网，2016 年 9 月 24 日，https://world.huanqiu.com/article/9CaKrnJXMn2。

［25］中国—菲律宾南海问题双边磋商机制第一次会议举行，

中新网，2017 年 5 月 19 日，https://www.chinanews.com/gn/2017/05-19/8229125.shtm。

［26］中国和新加坡经贸合作发展势头良好，新华网，2019 年 2 月 11 日，http://www.xinhuanet.com/fortune/2019-02/11/c_1124100481.htm。

［27］中国科学院岛礁综合研究中心永暑站、渚碧站启用，新华网，2020 年 3 月 20 日，http://www.xinhuanet.com/tech/2020-03/20/c_1125742608.htm。

［28］中国—马来西亚海洋合作，中华人民共和国自然资源部，2015 年 9 月 17 日，http://www.mnr.gov.cn/zt/hy/zdblh/sbhz/201509/t20150917_2105783.html。

［29］中国南沙岛礁气象观测站正式启用，中国日报网，2018 年 11 月 1 日，http://www.chinadaily.com.cn/interface/toutiaonew/53002523/2018-11-01/cd_37183128.html。

［30］中国派专业海洋救助船赴南沙待命 我外交部回应，北京时间，2018 年 7 月 31 日，https://item.btime.com/32r98026dm78apphh5qpqogonqt。

［31］中国文莱决定加强海上合作推进共同开发，中华人民共和国驻缅甸联邦共和国大使馆，2013 年 10 月 11 日，https://www.fmprc.gov.cn/ce/cemm/chn/zgxw/t1087761.htm。

［32］中国文莱两国决定加强海上合作推进共同开发，中华人民共和国中央人民政府，2013 年 10 月 11 日，http://www.gov.cn/jrzg/2013-10/11/content_2504467.htm。

［33］中国与马来西亚建立海上问题磋商机制，人民网，2019 年 9 月 12 日，http://world.people.com.cn/n1/2019/0912/c1002-31352011.htm。

［34］中国与马来西亚建立海上问题磋商机制，中华人民共和国中央人民政府，2019 年 9 月 12 日，http://www.gov.cn/guowuyuan/2019-09/12/content_5429469.htm。

［35］中华人民共和国政府关于领海的声明（1958 年 9 月 4 日），

中华人民共和国中央人民政府, 2006 年 2 月 28 日, http://www.gov.cn/test/2006-02/28/content_213287.htm。

［36］专家: 美国在南海地区"航行自由"行动凸显其焦虑, 人民网, 2018 年 8 月 7 日, http://military.people.com.cn/n1/2018/0807/c1011-30213977.html。

［37］ "China's note verbale to the UN Secretary General," 14 April,2011,http://www. un.org/Depts/los/clcs_new/submissions_files/vnm37_09/chn_2011_re_phl_e.pdf.

［38］ "Joint Statement Between the United States of America and the Socialist Republic of Vietnam," 24June ,2008,http://www.vietnamembassy.us/news/story.php?d=20080627045153.

［39］ "Tensions Rise in the South China Sea," New York Times (Online),6 April,2016,https://search.proquest.com/docview/1778866607?accountid=11523.

［40］Aileen S.P. Baviera, "China and the South China Sea:Time for Code of Conduct?" RSIS Commentaries,No.91,2011,https://www.researchgate.net/publication/265179903.

［41］Association of Southeast Asian Nations, "Declaration on Conduct of Parties in the South China Sea," Point 10,4 November,2002. http://www.aseansec.org/13163.htm.

［42］CNOOC and PNOC, "An Agreement for Joint Marine Seismic Undertaking in Certain Areas in the South China Sea," 1 September,2004,http://images.inquirer.net/documents/doc1.jpg.

［43］Moss,Trefor, "Asean Urged to Stand Up to Beijing Over South China Sea; Malaysia tells Asean to step up its role in solving long-standing territorial disputes in the South China Sea," Wall Street Journal (Online),4 August,2015,https://search.proquest.com/docview/1700960842?accountid=11523.

［44］Sanae Suzuki, "Conflict among ASEAN members over the

South China Sea issue," http://www.ide.go.jp.

［46］Shannon Tiezzi, "Why China Is Not Interested in a South China Sea Code of Conduct," *The Diplomat*,26 February ,2014,http:// thediplomat.com/2014/02/why-china-isnt-interested-in-a-south-china-sea-code-of-conduct/.

［47］The Regular Press Conference of China's Ministry of Defense on June 28,China,28 June ,2012,http://news. mod.gov.cn/headlines/2012-06/28/content_4381066.htm.

［48］Ventrell,Patrick, "US" ,3 August,2012,http://www.state.gov/r/pa/prs/ps/2012/08/196022.htm.

［49］Xue Hanqin, "China-ASEAN Cooperation: A Model of Good Neighbourliness and Friendly Cooperation," Singapore,19 November,2009,http://www.iseas.edu.sg/aseanstudiescentre/ Speech-Xue-Hanqin-19-9-09.pdf.

［50］Yizhou,Wang, "China's new foreign policy: Transformations and challenges reflected in changing discourse," Asan Forum,21 March,2014,http://www.theasanforum.org/chinas-new-foreign-policytransformations-and-challenges-reflected-in-changing-discourse/.

其他

［1］Carlyle A. Thayer, "Recent Developments in the South China Sea:Grounds for Cautious Optimism?" The RSIS Working Paper,No. 220,14 December,2010.

［2］Fu Ying,Wu Shicun, "South China Sea: How We Got to This Stage," The National Interest.html,June 2016.

［3］Lalita Boonpriwan, "The South China Sea dispute: Evolution,Conflict Management and Resolution," Lalita Boonpriwan–ICIRD,2012.

［4］Li Mingjiang, "Chinese Debates of South China Sea

Policy:Implications for Future Developments," The RSIS Working Paper, No. 239,17 May,2012.

［5］Nguyen Dang Thang and Nguyen Thi Thang Ha, "the Code of Conduct in the south China sea:the international law Perspective," The South China Sea Reader,Manila,Philippines,5–6 July,2011.

［6］Nguyen Dang Thang-Nguyen Thi Thang Ha, "the Code of Conduct in the south China sea:the intenational law Perspective," The South China Sea Reader,5–6 July,2011.

［7］Tran Truong Thuy, "Recent Developments in the South China Sea: Implications for Regional Security and Cooperation," Center for Strategic International Studies,2011.